国家出版基金项目

图说组织动力学

图说

耳和眼组织动力学

史学义　张清莲　著　　第五卷

郑州大学出版社

图书在版编目(CIP)数据

图说耳和眼组织动力学 / 史学义，张清莲著. — 郑州：郑州大学出版社，2014.12

（图说组织动力学；5）

ISBN 978-7-5645-2040-3-01

Ⅰ.①图… Ⅱ.①史… ②张… Ⅲ.①耳-人体组织学-图解 ②眼-人体组织学-图解 Ⅳ.①R322.9-64

中国版本图书馆 CIP 数据核字（2014）第 226406 号

郑州大学出版社出版发行

郑州市大学路40号　　　　　　　　　　邮政编码：450052

出版人：王　锋　　　　　　　　　　　发行电话：0371-66966070

全国新华书店经销

郑州金秋彩色印务有限公司印制

开本：787 mm×1 092 mm　1/16

印张：17.25

字数：260千字

版次：2014年12月第1版　　　　　　　印次：2015年1月第2次印刷

书号：ISBN 978-7-5645-2040-3-01　　定价：174.00元

本书如有印装质量问题,请向本社调换

编委会名单

主　任：章静波

副主任：陈誉华

委　员：吴景兰　张云汉　楚宪襄　郭志坤

　　　　张钦宪　史学义　宗安民　杨秦予

分类事实并据之推理的艰苦而无情的小径是弄清真理的唯一道路。

——卡尔·皮尔逊

耐心是一切聪明才智的基础。

——柏拉图

内容提要

　　本书是医用形态学新学科组织动力学系
列出版物的第五卷。书正文前有"图说组织动力
学"的点评与序及引言，引言说明其思想来源和实践
来源、理念与方法、框架与范畴、规划与憧憬，作为阅读
之导引。本书正文主要由376幅彩图及其注释组成，共分两
章。第一章耳组织动力学主要描述豚鼠耳生长期器官、结构和
细胞水平上的动力学过程，豚鼠耳维生期螺旋器细胞直接分裂和
干细胞增补维持螺旋器结构与功能完整性，简要描述人内耳组织
动力学特点；第二章眼组织动力学主要描述大白鼠与狗眼视网膜
结构动力学过程，简单述及人眼组织动力学特点。本书是著者
多年科学研究成果，书中资料翔实、图像珍秘、观点独到、结
论新奇，极具创新性和挑战性。本书可供医学院校教师、本
科生与研究生，耳科与眼科临床医生，耳眼器官与组织
工程研究人员及系统科学工作者阅读和参考。

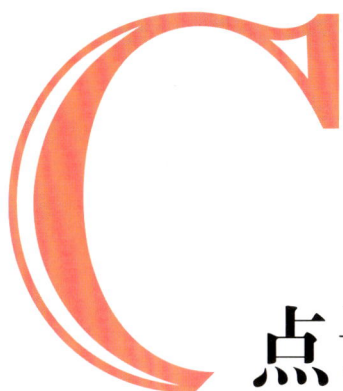

点评与序

组织学是研究机体微细结构与其相关功能及它们如何组成器官的学科。细胞是组成组织的主要成分，各种组织的构建和功能特点主要表现在它们的组成细胞上，因此，以细胞为研究对象的细胞学也是组织学的重要组成部分。鉴于组织和细胞是构成机体最基本的要素，组织学在医学与生命科学中具有较为重要的地位，组织学的教学与不断深入地研究的重要性也就不言而喻了。

迄今，组织学的研究方法大致分为两类：一类是活细胞和活组织的观察与实验，另一类是经固定后对组织结构的观察与分析。随着显微镜与显微镜新技术的不断改进、生物制片和染料化学的迅速发展，尤其是免疫细胞技术的建立，组织学曾经历过辉煌时期，但正如作者史学义教授所忧虑的那样，半个多世纪以来，组织学似乎被人们所漠视，其原因可能与组织学多以静止的观点观察机体的结构有关，与此同时，分子生物学、免疫学与细胞生物学的迅速发展，使得人们更多地将注意力放在当代新兴学科上。事实可能是这样的，当我还是个医学生的时候，组织学的教学手段基本上是在显微镜下观察组织切片，然后用红蓝铅笔依样画葫芦地画下来，硬记下组织的基本组成及特点。诚然，观察与绘图是必须的，但另一方面无形中在学生的脑海里形成了一个"孤立的"和"纵向的"不完全的组织学理念。

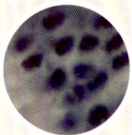

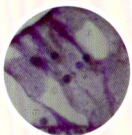

1

基于数十年的组织学专业教学与科研工作，本书作者史学义教授顿觉组织学不应只是"存在的科学"，而应是"演化的科学"；不应只以"静止的观点观察事物"，而应用"动态的观点观察事物"，于是查阅了大量的文献，历经数十载，不但观察了原河南医科大学近百年的全部库存组织学标本，而且还通过购置、交换从国内不少兄弟单位获得颇多的组织学切片，此外，还专门制作了适于组织动力学研究的标本。面对如此庞大工程，需要阅读上万张浩瀚的显微镜切片，作者闻鸡而起，忘寝废餐，奋勉劳作，终于经十余年努力完成该"图说组织动力学"鸿篇巨制。该套书共有10卷，资料翔实，观点独到，结论新奇，颇具独创性与挑战性，是一套更深层次研究组织动力学的全新力作，或许也称得上是一套组织动力学的宝典。纵观全套书，它在学术、研究思维及编写几个方面有如下主要特点。

（一）以动态的观点来观察与研究组织的结构与功能

作者以敏锐的洞察力，于看起来静止的细胞或组织中窥察到它们的动态过程。作者生动地描述，他在一张小白鼠肝细胞系的标本中惊讶地发现"一群细胞像鱼儿逐食一样趋向缺口处"，"原来这些细胞都是'活'的"。其实，笔者也有类似的经验，譬如在观察细胞凋亡（apoptosis）现象时，虽然只是切片标本，但即使在同一个标本中，往往也可以发现有的细胞皱缩，有的染色质凝聚与边集，有的起泡，有的产生凋亡小体等镜像。只要你将它们串联起来，便是活生生的细胞凋亡动态过程了。让读者能理解静态的组织学可反映出动态改变应是我们从事组织学教学与研究者的职责，更是意图力推动态组织学者的任务。

（二）强调组织与细胞的异质性

正如作者所一直强调的，"世界上没有完全相同的两片树叶"，无论是细胞系（cell line）或是组织（tissues），我们的观察与认识不能囿于"典型"表型，而应考虑到它们的异质性（heterogeneity），如此，我们便可发现构成组织的是一个"细胞社会"，它们不只会群聚，更是丰富多彩，充满着个性，并且相互有着关联。不但异常组织如此，即使正常组织也绝不是"千细胞一面"，呈均匀状态的，这在骨髓中是人们一直予以肯定的，属于递次相似法则。在如今炙热的干细胞研究中，人们也发现不少组织中存在有干细胞（stem cell）、祖细胞（progenitor cell）及各级前体细胞（precursor cell）直至成熟细胞（mature cell）等不同分化程度，以及形态特征各异的细胞群体。此外，即使在正常组织中也观察到"温和的"，不至于成为恶性的突变细胞。因此，作者强调从事组织学与细胞学研究不可将这种异质性遗忘于脑后。笔者十分赞同作者的观点。

（三）力挺直接分裂的作用与地位

细胞的增殖靠细胞分裂来完成。迄今，绝大多数学者认为有丝分裂（mitosis）是高等真核细胞增殖的主要方式，而无丝分裂（amitosis）则称为直接分裂（direct division），多见于低等生物，但也不排除高等生物在创伤、衰老与癌变细胞中也存在无丝分裂。此外，在某些正常组织中，如上皮组织、肌肉组织、疏松结缔组织及肝中也偶尔观察到无丝分裂。

但是本套书作者在大量切片观察的基础上认为人和高等动物的细胞增殖以直接分裂为主，而且认定早期、中期和晚期分裂方式和效率是明显不同的，早期的直接分裂由一个细胞分裂成众多子代细胞，中期直接分裂由一个母细胞分裂产生数个子细胞，晚期直接分裂通常由一个母细胞产生两个子细胞并且多为隔膜型与横缢型的直接分裂。史学义教授观察入微，证据凿凿，其观点显然是对传统观点与学说的挑战，至少对当前广为传播而名过其实的有丝分裂在细胞分裂研究领域中的独占地位提出强力质疑。本着学术争鸣的原则，或许会有不同看法，笔者认为需要有更多的观察。

（四）独创的编写形式

最后，本套书在编写上也别具一格，既不同于常见的教科书，以文字描述为主，配以插图；也不同于纯粹的图谱，图为主角辅以文字说明。另外，似乎与图文并重的，如*Junqueira's Basic Histology*也不完全一致。本套书以图为主，以一组图说明一段情节，相关的情节组合在一起构成一个演化过程。这种写法不仅形象，易于理解，更可反映出组织发生的动力学改变过程。这一写作技巧或许对于强调事物是动态的、发展的都有借鉴意义。

然而，诚如作者所说，"建立组织动力学这一新学科是一项宏大的工程，是需要千百万人的积极参与才能完成的艰巨任务"。本系列"图说组织动力学"只是一个抛砖引玉的试金之作，今后或许要从下述几个方面努力，以期更确证、更完整。

（1）用当代分子细胞生物学技术与方法阐明组织动力学的改变，尤其要证实干细胞在组织形成、衍生、衰老与萎缩中所扮演的角色。

（2）用经典的连续切片观察细胞的直接分裂过程和组织的动态变迁。

（3）用最新的生命科学技术与方法，如显微技术、纳米技术、3D打印技术，追踪、重塑组织结构。

（4）用更多种属、不同年龄阶段的组织标本观察组织动力学的改变，因为按一般规律不同种属、不同组织、不同年龄段的动力学改变是不会一致的。

总之，组织动力学是一个新概念，生命科学中诸多问题，需要医学形态学、系统生物学、细胞生物学、生理学及相关临床科学的广大科学工作者、教师与学生的共同参与。让我们大家一起努力，将组织动力学这门新学科做得更加完美。

最后，我谨代表本书编委会向国家出版基金管理委员会、郑州大学出版社表示感谢。为了我国学术繁荣、科学发展，他们向出版如此专业著作的作者伸出援手，由此我看到了我国科技赶超世界先进水平的希望。

章静波
2014年9月于北京

引言

一、困惑与思考

在医学院里初次接触到组织学，探究人体细胞世界的奥秘，令我向往与兴奋。及至从事组织学专业教学与科研工作，迄今已历数十载，由于组织学教学刻板，而科研又远离专业，使我对组织学的兴趣日渐淡薄。这可能与踏入专业之门时，正值组织学不景气有关。当时不少人认为组织学的盛采期已过，加之分子生物学的迅猛发展，不少颇有造诣的组织学家都无奈地感叹：人们连细胞中的分子都搞清楚了，组织学还有什么可研究的，组织学早该取消了！情况虽然并不至如此，但当时并延续至今的组织学在整个科学界的生存状态，确实值得组织学工作者深刻反思：组织学究竟是怎么了？

组织学面临困境的原因，首先是传统组织学的观念已经落后于时代的发展。新世纪首先迎来的是人类思维方式的革命。这种思维方式的转变，主要表现在从对事物的孤立纵向研究转向对事物的横向相互联系的研究，这样导致科学整体从机械论科学体系转向有机论科学体系，从用静止的观点观察事物转变为用动态的观点观察事物，使整个科学从"存在的科学"转向"演化的科学"。传统的组织学（histology），即显微解剖学(microscopic anatomy)，是研究人体构造材料的科学，是对机体各种构造材料的不同质地和各种纹理的描述性科学，其主要研究内容是识别不同器官的结构、组织和细胞，而这些结构、组织和细胞，似乎是与生俱来、终生不变的。传统组织学孤立、静止的逻辑框架，明显有悖于相互联系和动态演变的现代科学理念。不同种类的细胞像林奈时代的"物种"一样，是先验的和不可理解的。这就导致组织学教学与科学研究相脱离，知识更新率低，新观念难以渗入、扩展。尽管血细胞演化和骨组织更新研究已较深入，但那只是作为特例被接纳，并不能对整个人体组织静态框架产生多大冲击。组织学教育似乎只是旧有知识的传承，而对学习者也毫无创造空间可言。国家级的组织学专业研究项目很少，组织学专业文献锐减。这些学科衰落的征象确实令人担忧。

其次，组织学与胚胎学脱节。胚胎学研究内容由受精卵分裂开始，通过细胞的无性增殖、分化、聚集、迁移，从而完成器官乃至整个机体的构建，胚胎学发展呈现一片生机勃勃的景象。而一到组织学，其中的细胞、组织、结构突然一片沉寂，犹如一潭死水。20世纪中叶，许多世界著名研究机构都参与了心肌细胞何时停止分裂的研究，并涌现大量科研文献。研究结果有出生前20天、出生后7天、出生后3个月，争论多年。这足见"胚成论"对传统组织学影响之深。其实，心肌细胞何曾停止过分裂呢！研究成体的组织学与研究机体发育的胚胎学应该分开来看，细胞在组织学和胚胎学中的命运与行为犹如在两个完全不同的世界。

再次，组织学不能及时吸纳和整合细胞生物学研究的新成果。细胞生物学是组织学的基础，有意或无意长期拒绝细胞生物学来源的新知识，也使组织学不合理的静态结构框架日益僵化守旧，成为超稳定的知识结构。细胞分裂是细胞学的基本问题，也是组织学的基本问题。直接分裂在细胞生物学尚有简单论述，在组织学却被完全删除。近年，干细胞研究迅猛发展，干细胞巢的概念已逐步落实到成体组织结构中，但很难进入组织学教材。这与传统组织学静态观念的顽固抵抗有关，其中最大的障碍就是无视细胞直接分裂的广泛存在。

最后，组织学明显脱离临床实践。医学实践是医学生物学发展最强大的推动力。近年，受社会需求的拉动，各临床专业的基础研究迅猛发展。但许多临床上已通晓的基本知识、基本概念在组织学中还被列为禁区、被归为谬误。器官移植已在临床上广泛应用，组织学却不能为移植器官的长期存活提供任何理论支持，而仍固守移植器官细胞长寿之说。这样，组织学不能从临床实践寻找新的研究课题，使之愈发显得概念陈旧、内容干瘪，对临床实践很难起到指导、启迪作用。

二、顿悟与发掘

我重新燃起对组织学的兴趣缘于偶然。一次非常规操作显微

3

镜，在油镜下观察封固标本，所用标本是PC12细胞（成年大白鼠肾上腺髓质嗜铬细胞瘤细胞系）的盖玻片培养物（经吉姆萨染色的封存片）。当我小心翼翼地调好焦距时，我被视野中的景象惊呆了！只见眼前的细胞色彩绚丽、千姿百态。令我惊异的是，本属同一细胞系的同质性细胞竟是千细胞千面、各不相同。这使我想到，要认识PC12细胞，除了认识其遗传决定的共同特征外，这些形态差异并非毫无意义、可以完全忽略的。究竟哪一个细胞才是真正典型的PC12细胞呢？

以往观察组织标本多用低倍或高倍物镜。受传统组织学追求简单化思路的引导，通常是在高倍镜下尽力寻找符合书本描述的典型细胞。由于认为同种细胞表型都是相同的，粗略的观察总是有意、无意地忽略细胞间的差异。而这次非常规观察，彻底改变了我数十年来形成的对细胞的刻板印象，使我顿悟到构成组织的细胞原来并不一样。正如世界上没有完全相同的两片树叶一样，机体也绝没有完全相同的两个细胞，因为每个细胞都是特定时空的唯一存在物。由此，我突破了对组织中细胞的质点思维樊篱，直面细胞个体，发现细胞的个体差异是随机性的，服从统计规律。随级差逐渐缩小，便有了"演化"的概念。进而发现组织并不是形状与颜色都相同的所谓典型细胞的集合体，而是充满个性、丰富多彩、相互有演化关联的细胞社会。当我观察盖玻片培养的BRL细胞（小白鼠肝细胞系）时，凑巧培养盖玻片一边有个小缺口，一群细胞像鱼儿逐食一样趋向缺口处。这给我带来了第二重震撼，使我突然领悟，原来这些细胞都是"活"的。以前，尽管理论上知道细胞是生命的基本单位，但长期以来我们看到的都是死细胞，是经过人工固定染色的细胞尸体，从来没去想过细胞在干什么。这种景象，不禁使我想到上古时陷入沼泽里的猛犸象。趋向缺口的细胞不正像被发现的猛犸象一样，都是其生前状态瞬时的摄影定格吗？正是这些细胞运动过程中细胞形态变化的瞬时定格图像组合，提示了这些细胞的运动方向与目的。细胞内部决定性和内外随机性共同影响着细胞的生、老、病、死过程。这是细胞"活"的内在本质。进而，我还有了第三重感悟，原来很不起眼的普通组织标本，竟是如此值得珍爱。这不仅在于小小的标本体现着千千万万细胞生命对科学殿堂的祭献，而且，似乎突然发现常规组织标本竟含有如此无限丰富的细胞信息。这说明，酸碱染料复合染色，如最普通的苏木素-伊红染色，能较全面而深刻地反映细胞生命过程的本质特征。对于细胞群体研究来说，任何高新技术，包括特定物质分子的测定及其更高分辨率观察结果分析，都离不开对研究对象具体细胞学的分析。高新技术只能在准确的细胞学分析基础上进行补缺、增强、校正，进一步明确化、精细化。之后，我在万用显微镜的油镜下重新观察教学用的全部组织学切片，更增强了上述获得的新观念。继而，又找出原河南医科大学近百年的全部库存组织学标本，甚至包括不适合教学的废弃标本，另外，还通过购买、交换从国内外不少兄弟单位获得很多组织切片。除此之外，我们也专门制作更适于组织动力学研究的标本。一般仍多采用常规酸碱染料复合染色。为提高发现不同器官、结构、组织和细胞之间的过渡类型的概率，专门制作的组织动力学切片的主要特点有：①尽量大；②尽量包括器官的被膜、门、蒂、茎及器官连接部；③最好是整个器官或大组织块的连续切片；④尽量多种属、多年龄段和多部位取材；⑤同一器官要有纵、横、矢三个方位切片。如此获得大量资料后，我夜以继日、废寝忘食地观察不同种属、不同年龄、不同方位的组织标本。这样的观察，从追求典型细胞与细胞同一性，到注重过渡性细胞和细胞的个性。通过观察发现，镜下视野里到处都是细胞的变化和运动。我如饥似渴地追寻感兴趣、有意义的观察对象，并做显微摄影。如此反复地观察数万张组织切片，大海捞针似的筛查有价值的观察目标，像追寻始祖鸟一样，寻觅存在率只有千万分之一的过渡性细胞。当最终找到预期的过渡性细胞时，我兴奋不已，彻夜难眠。如此数十年间，获得上万张有价值的显微照片。

三、理念与方法

从普通组织切片的僵死细胞中，怎么可能看出细胞的变化过程呢？为什么人们通常看不到这些变化？怎样才能观察到这些变化过程呢？其实，这在传统组织学中早有先例，人们从骨髓涂片的杂乱细胞群中就观察到红细胞系、粒单细胞系、淋巴细胞系及其变化规律。那么，肝细胞、心肌细胞、肾细胞、肺细胞、神经细胞乃至人体所有细胞，是否也都有相应的细胞系和类似的变化规律呢？

一个范式的观察者，不是那种只能看普通观察者之所看，只能报告普通观察者之所报告的人，二是那种能在熟悉的对象中看见别人前所未见的东西的人。这是因为任何观察都渗透着理论。观察者的观察活动必然植根于特定的认识背景之中，先前对观察对象的认识影响着观察过程。从骨髓涂片中之所以能看出各种血细胞系是因为在观察之前，我们就对血细胞有如下设定：①血细胞是有生有灭的；②骨髓涂片里存在这种生灭过程；③这种过程是可以被观察到的。这些预先设定，分别涉及动态观念、随机性和时空转换三个方面的问题。此外，从骨髓涂片中看出各种血细胞系，还有一个重要的经验性法则，即递次相似法则。递次相似法则又可用更精细化的模糊聚类方法来代替，以用作对观察结果更精确的分析。

（一）动态观念

"万物皆动"是既古老又现代的科学格言。"存在也是过程"的动态观念是新世纪思维革命的重要方面。胚胎学较好地体现了动态变化的观念，特别是早期胚胎发育中胚胎细胞不断演化，胚胎结构不断形成又消失；而到了组织学，似乎在胚胎发育某一时刻形成的细胞、组织、结构就不再变化（胚成论）。实则不然，出生后人体对胚体中进行的细胞、结构演化变动模式既有继承，也有抛弃。从骨髓涂片研究血细胞发生的前提是认知血细胞有生成、死亡的过程。那么，肝细胞和肝小叶、肺泡上皮细胞和肺泡、外分泌腺上皮细胞和腺泡、心肌细胞和心肌束、肾细胞和泌尿小管、神经细胞和脑皮质等，也会有类似演化与更新过程。承认这些过程存在可能性的动态观念，是研究组织动力学必须具有的基本观念。

（二）随机性

随机性是客观世界固有的基本属性。在小的时空尺度内，随机性影响具有决定性意义。主要作为复杂环境中介观存在的生命系统，有很强的外随机性，因为生命系统元素数量巨大，又有很多来自系统内部自身确定性的内随机性。希波克拉底（Hippocrates）做了人类最早的胚胎学实验。他将20个鸡蛋用5只母鸡同时开始孵化，而后每天打破一个鸡蛋，观察鸡胚发育情况。直至20天后，最后一个鸡蛋孵出小鸡。他按时间顺序整理每天的观察结果，总结出鸡胚发育过程与规律。然而，生命具有不可逆性和不可入性，如此毁灭性的实验方法所得结果并不能让人完全信服。因为，这样所观察到的第2天鸡胚的发育状态，并不是第1天观察到的那个鸡胚的第2天状态，而是另一个鸡胚的第2天的发育状态。后经无数人重复观察，不断对观察结果进行修正，才得到大家认可的关于鸡胚发育过程的近似描述。这是因为，重复试验无形中满足了大数法则，接近概率统计的确定性。用作组织学研究的组织切片就很像众多不同步发育的鸡胚发育实验。而在切片制作中，每个细胞、结构都在固定时同时死亡，所看到的组织切片中的每个细胞，都在其死亡时被"瞬间定格"。这些"瞬间定格"分别代表处于演化过程不同阶段细胞的瞬时存在状态。将这些众多不同状态，按时间顺序整理、归类、排序，就可得出细胞演化的整个动力学过程。组织动力学家与传统组织学家不同。传统组织学家偏好"求同"，极力从现存的类同个体中找出合乎要求的典型，并为此而满足；组织动力学家则偏重"求异"，其主要工作是寻觅可能存在于某组织标本中的过渡态，故永远感到不满足。因此，组织动力学家总是在近乎贪婪地搜集、观察组织标本，以寻求更多、更好的过渡态。

（三）时空转换

生命是其内在程序的时空展开过程。这里的时间与空间是指生物体的内部时间和内部空间。内部时间即生物体内部生命程序展开事件的先后次序。而生命的不可逆性和不可入性，使内部过程的时间顺序很难用外部时间标定。这就需要换用生命事件的可察迹象来排列事件的先后次序。这实际上就是简单的函数置换。若已知变化状态S是自变量时间t的函数，其他变量，如空间变量l，也是时间t的函数，则可以 l 置换 t 作为状态 S 的自变量。

这一函数置换，实现了生物形态学领域习惯称谓的时空转换。这在胚胎学中经常用到，如在胚胎发育较早期，常以体长代替孕月数，表示胚胎发育状态。在组织学中，有了"时空转换"，许多空间量纲测度，如细胞及细胞核的形状、大小、长短、距离等差别都有了时间意义，都可以用来表征细胞演化进程。其他测度，如细胞特有成分的多少、细胞质与细胞核的嗜碱性/嗜酸性强度、细胞衰老指标等，也都可以代替时间作为判定细胞长幼序的依据。如此一来，所观察的标本中满目尽见移行变化，到处是过程的片段。骨髓涂片中，血细胞演化系主要就是依据细胞形状、细胞核质比、细胞质与细胞核的嗜碱性/嗜酸性强度及细胞质内特殊颗粒多少等参量来判定的。同理，也可以此来观测、判定心肌细胞系和肝细胞系等。

（四）模糊聚类分析

从骨髓切片或涂片中，运用判定红细胞系和白细胞系演化进程所遵循的递次相似法则时，如果评判指标较少，单凭经验就可以完成。但当所依据的评判指标众多时，特别是各指标又缺乏均衡性，单凭经验就显得困难。模糊聚类分析，可使递次相似法则更精细、更规范，细胞精确和模糊的特征参量，通过数据标准化，标定相似系数，建立模糊相似矩阵。在此基础上，根据一定的隶属度来确定其隶属关系。聚类分析的基本思想，就是用相似性尺度来衡量事物之间的亲疏程度，并以此来实现分类。模糊聚类分析方法，为组织动力学判定细胞系提供了有效的数学工具。

著者在观察中对研究对象认知的顿悟，正是在动态观念、随机性和时空转换预先的理性背景下发生的。三者也是整理观察结果的指导思想，可看作组织动力学的三个基本理念。

四、框架与范畴

对于归纳性科学的研究方法，卡尔·皮尔逊总结为：①仔细而精确地分类事实，观察它们的相关和顺序；②借助创造性想象发现科学定律；③自我批判和对所有正常构造的心智来说是同等有效的最后检验。有人更简单归结为搜集事实和排列次序两件事。据此，著者对已获得的大量图片资料，依据上述理念与方法归纳整理，得到人体结构的动态框架。

组织动力学（histokinetics），按字面意思理解是研究机体组织发生、发展、消亡、相互转化的科学，但更准确的理解应该是organization dynamics，是研究正常机体自组织过程及其规律的科学，包括细胞动力学和各器官系统组织动力学，后者涵盖各种器官、结构、组织的形成、维持、转化与衰亡等演化规律。组织动力学的逻辑框架主要由细胞、细胞系、结构、器官和机体5个基本范畴构建而成。

（一）细胞

细胞是组成人体系统的基本元素，是机体生命的基本单位，也是组织动力学研究的基本对象。组织动力学认为，细胞是有生命的活体，其生命特征包括繁殖、新陈代谢、运动和死亡。

1. 细胞繁殖　细胞繁殖是细胞生命的本质属性，是细胞群体生存的根本性条件。细胞分裂繁殖取决于细胞核。细胞分裂能力取决于超循环生命分子复合体自复制、自组织能力。人和高等动物的细胞分裂是直接分裂，早期、中期和晚期直接分裂的方式和效率明显不同。早期直接分裂，由一个细胞分裂形成众多子代细胞；中期直接分裂，由一个母细胞分裂产生数个子细胞；晚期直接分裂，是一个母细胞一般产生两个子细胞，多为隔膜型与横缢型直接分裂。

2. 细胞新陈代谢　新陈代谢是细胞的又一本质属性。新陈代谢是细胞个体生存的根本性条件，是生命分子复合体超循环系统运转时需要物质、能量、信息交换的必然。为获得生存条件，细胞具有侵略性，可侵蚀或侵吞别的细胞或细胞残片，通常是低分化细胞侵蚀或侵吞高分化细胞。细胞又有感应性，细胞要获得营养物质、避开有害物质，必须感应这些物质的存在，还必须不断与外界进行信息交流。细胞还具有适应性，需要与环境进行稳定有序交换、互应、互动，包括细胞组分之间彼此合作与竞争、互应与互动。

3. 细胞运动　运动也是动物细胞的本质特征。运动是与细胞繁殖和维持新陈代谢密切相关的细胞功能。细胞运动包括细胞生长性位移、被动运动和主动运动，伴随细胞分裂增殖，细胞位置发生改变，可谓细胞的生长性位移，是最普遍的细胞运动。血细胞随血流移动属被动运动，细胞趋化移动则为主动运动。细胞主动运动的主导者是细胞核，神经细胞运动更是如此。

4．细胞死亡　细胞死亡的一般定义是细胞解体，细胞生命停止。细胞死亡也是细胞的本质属性。细胞的自然死亡是超循环分子生命复合体生命原动力衰竭的结果。一般细胞死亡可分细胞衰亡和细胞夭亡两大类。细胞衰亡是演化成熟细胞自然衰老死亡；细胞夭亡是细胞接受机体内部死亡信息，未及演化成熟而早亡，或是在物理、化学及生物危害因子作用下导致的细胞早亡。

（二）细胞系

细胞系（cell line）是借用细胞培养中的一个术语，原指一类在体外培养中可以较长时间分裂传代的细胞。组织动力学中，细胞系是指特定干细胞及其无性繁殖所产生的后代细胞的总体。传统组织学也偶用此术语，如红细胞系、粒细胞系、淋巴细胞系等，但对组成大多数器官结构的细胞群体多用组织来描述。组织（tissue）原意为织物，意指构成机体的材料。习惯将组织定义为"细胞和细胞间质组成"，这一定义模糊了细胞的主体性。另有将组织定义为"一种或几种细胞集合体"，这又忽略了细胞群内细胞的时空次序，这样的组织实际缺乏组织性。传统组织概念传达的信息量很小，其概念效能随着机体结构的微观研究日益深入而逐渐降低。组织并非一个很完善的专业概念，首先，其没有明确的时空界定；其次，其内涵与外延都不严整；再者，其解理能力较弱。在细胞与器官两个实体结构系统层次之间，夹之以不具体的、系统性极弱的结构层次，显得明显不对称。僵化、静态的组织概念严重阻碍显微形态学研究的深入开展。而细胞系，是一个内涵较丰富、有较明确的时空四维界定的概念，所指的是有一定亲缘关系的细胞社会群体。一个细胞系就是一个细胞家族，是细胞社会的最基本组织形式。同一细胞系里的细胞，相互之间都有不同的时空及世代亲缘关系。

（三）结构

这里专指亚器官结构。结构是细胞系的存在形式与形成物，大致可分6类。

1. 细胞团和细胞索 细胞系无性增殖产生的后代细胞群称为细胞克隆。细胞团和细胞索是细胞克隆的初级形成物。细胞团是细胞克隆在较自由空间的最基本存在形式，细胞索则是细胞克隆在横向空间受限时的存在形式。

2. 囊和管 是细胞克隆的次级形成物。囊是细胞团中心细胞死亡的结果，管则是细胞索中心细胞死亡而形成的。中心细胞死亡是由机体发育程序决定的，而且是通过细胞自组织法则调控的结果，而且生存条件被剥夺也起重要作用。

3. 板和网 是细胞团、细胞索形成的囊和管因其他细胞参与致细胞群体形态显著改变而成。细胞板相互连接成网，如肝板和犬肾上腺髓质。

4. 细胞束 受牵拉应力作用，细胞呈长柱状、长梭形，细胞群形成梭形束状结构，如心肌束、骨骼肌束、平滑肌束等。

5. 腱、软骨和骨 这些结构的细胞之间有大量间质成分。骨则是由骨细胞与固体间质构成的骨单位这种特殊结构组成的。

6. 脑和神经 脑内神经细胞以其特有的突触连接方式及细胞间桥共同组成神经网，神经是神经细胞从中枢神经系统向靶器官迁移的通道。

（四）器官

器官是机体的一级组件，具有特定的形态、结构和功能。器官的大小、位置和结构模式由遗传决定，成体的器官组织场胚胎期已形成器官雏形。成体的器官也有组织场（organizing field）。成体器官组织场是居住细胞与微环境相互作用的结果，由物理因素、化学因素和生物因素组成。成体器官组织场承袭其各自的胚胎场而来。场效应主要表现为诱导干细胞演化形成特定细胞。成体的器官组织场，除保留雏形器官原有干细胞来源途径，还常增加另外的多种干细胞来源途径。在各种生理与病理条件下，机体能更经济地调动适宜的干细胞资源，以保证这些结构的完整性和正常功能。

（五）机体

机体是由不同器官组成的整体。其整体性不只在于中枢神经系统与内分泌系统指挥和调控下的功能统一性，还在于由干细胞的流通与配送实现的全身结构统一性。血源性干细胞借血流这种公交性渠道到达各器官，经双向选择成为该器官的干细胞；中枢神经系统通过外周神经这种专线运送干细胞直达各器官，为其提供大量干细胞；淋巴系统是干细胞回流的管道系统，逃逸、萃聚或出胞的裸核循淋巴管，经淋巴结逐级组织相容性检查并扩增后补充机体干细胞总库，或就近迁移并补充局部干细胞群。如此，机体才成为真正意义上的结构和功能统一的整体。

五、规划与憧憬

是否将所积累的资料与思考公开发表，我犹豫再三。每想到用如此普通、如此简单的研究方法要解决那么多具有挑战性的问题，得出如此众多颠覆性的结论，提出如此多的新概念与新观点，内心总觉唐突。几经踌躇，终在我父亲一生务实、创新精神的激励下，决心以"图说组织动力学"为丛书名陆续出版。这是因为我相信"事实是科学家的空气"这句箴言。我所提供的全部是亲自观察拍摄的真实图像，都是第一手的原始照片。对于不愿接受组织动力学理念的显微形态学研究者，一些资料可填补传统组织学中某些空缺的细节描述。要知道，其中一些图像被发现的概率极小，它们是通过大海捞针式的工作才被捕获到的！对于愿意探索组织动力学的读者，若能起到抛砖引玉的作用，引起更多学者注意和讨论，也算是我对从事过的专业所能尽的一点心意。

本书以模型动物组织动力学为参照，汇集人和多种哺乳动物的组织动力学资料，内容包括多种动物细胞动力学和各种器官、结构、组织的形成、维持、转化与衰亡等演化规律，但尽量以正常成人细胞、结构、器官层次的自组织过程为主，以医学应用为归宿。

图说是一种新文体，意思是以图说话。但本书不是普通的组织图谱，而是用一组图说明一段情节，相关情节组合在一起构成一个演化过程。图片所含信息量大，再辅以图片注解，形象易懂。图像显示结构层次多、形态复杂。为便于理解，本书采用多种符号标示观察目标：★表示结构；※表示细胞群或多核细胞等；不同方向的实箭头指示细胞、细胞器、层状或条索状结构及小腔隙等；虚箭头表示细胞迁移方向或细胞流方向；不同序号①、②、③……表示相关联的结构、细胞或结构层次等。

现有资料涉及全身各主要器官系统，但不是全部。血液和骨骼在组织学中已有初步的动力学研究，故暂不列入。因组织标本来源繁杂，染色质量不一，致使图像质量也良莠不齐。现择其图像较清晰，说明问题较系统、较充分的部分收编成册，首批包括《图说心脏组织动力学》《图说血管组织动力学》《图说内分泌系统组织动力学》《图说神经系统组织动力学》《图说耳和眼组织动力学》《图说消化系统组织动力学》《图说呼吸系统组织动力学》《图说泌尿系统组织动力学》《图说生殖系统组织动力学》《图说细胞动力学》，共计10卷。

组织动力学是一门新的学科，主要研究机体内细胞、组织之间的演化动力学过程。组织动力学沿用了不少传统组织学的概念、名词，但将组织动力学内容完全纳入从宏观到微观的还原分析路线而来的传统组织学的静态结构框架实为不妥，会造成内部逻辑混乱而不能自洽。因为传统组织学崇尚的是概念明晰（其实很难做到），而组织动力学要处理的多为模糊对象。从逻辑上讲，组织动力学与从微观到宏观的人体发生学关系密切，组织动力学可以看作胚胎学各论的延伸。这种思想在我们编著的《人体组织学》（2002年郑州大学出版社出版）中已有提及。该书中增加了不少研究组织动力学的内容，但仍被误当作描述人体构造材料学的普通组织学。因此，将研究人体结构系统维生期的组织动力学过程的学科独立出来是顺理成章的。这也为容纳更多对人体结构的系统学研究内容留有更大空间，为人体结构数字化开辟道路。从这个意义上讲，人体组织学刚从潜科学转为显科学，是一个襁褓中的婴儿，又如一个蕴藏丰富的矿藏尚待开发。可见，认为组织学已经衰退、已无可作为的悲观看法，若是针对传统组织学而言是可以理解的，而对于组织动力学来说则是杞人忧天。组织动力学研究，不但有利于科学人体观的建立，而且必将对原有临床病理和治疗理论基础带来巨大冲击，并迎来临床基础研究的新高潮。传统组织学曾经在探究人体结构奥秘的过程中取得辉煌成就，许多成果已载入生物医学发展史册，至今仍普惠于人类。目前，在学习人体结构的初级阶段，传统组织学仍有一定的认识功能。但传统组织学名实不符，宜正名为显微解剖学，将其纳入人体解剖学更为合理。

建立组织动力学这一新的学科是一项宏大的工程，是需要千百万人的积极参与才能完成的艰巨任务，困难是不言而喻的。首先，图到用时方恨少，一动手编写，才发现现有资料并不十分完备。若全部按组织动力学要求重新制作并观察不同种属、不同品系、不同个体所有器官有代表性部位的连续切片，其工作量十分浩大，绝非少数人之力所能完成。现有组织学标本重复性较高，要寻找所预期的有价值的观察目标十分困难。而且所求索图像的意义越大，遇到的概率越小。这种资料搜集是一种永无止境的工作。其次，缺少讨论群体，有价值的学术思想往往是在激烈争论中产生并成熟的。组织动力学涉及医学生物学许多重大问题，又有许多新思想、新概念，正需要医学形态学广大师生与科研工作者、系统科学家、生物学家、细胞生物学家、生理学家及相关临床专家的共同参与、争论和批评，才能逐步明晰与完善。

在等待本书出版期间，显微形态学领域又取得了许多重要科研成果。干细胞研究更加深入，成体器官多发现有各自的干细胞，干细胞概念就是组织动力学的基石。特别是最近又发现许多器官干细胞巢和侧群细胞，更巩固了组织动力学的基础，因为组织动力学就是研究干细胞到成熟实质细胞的演化过程。成体器官干细胞与干细胞巢的证实有力地推动了组织动力学研究，组织动力学已经走上不可逆转的发展道路。相信组织动力学研究热潮不久就会到来，一门更成熟、更丰富、更严谨的组织动力学必将出现。

作者自知学识粗浅，勉力而成，书中谬误与疏漏在所难免，恳请广大读者不吝批评指教。

史学义

2013年12月于河南郑州

前言

千百万失聪患者恢复听力、失明者恢复视力的迫切需要有力地推动着耳科学和眼科学的基础与临床科学研究。近年来，在毛细胞再生与视神经再生研究领域取得不少有价值的科研成果，但从总体来看仍难以摆脱静态、孤立的研究少数细胞的结构与功能的局限性。

本书第一章揭示豚鼠耳蜗生长期，从器官、结构和细胞三个水平上描述豚鼠耳蜗、螺旋器和听觉细胞的动态过程，以图从宏观到微观建立听觉器官的动态框架。成体豚鼠耳蜗的生长历经蜗顶细胞增生灶中空形成蜗顶腔，原听膜与感音盘出现使蜗顶腔初步分隔，感音盘周缘部边缘化到初级螺旋器形成，初级螺旋器通过细胞透明化成为次级螺旋器等一系列过程。豚鼠耳蜗维生期通过细胞直接分裂和螺旋器干细胞增补保持次级螺旋器结构与功能的完整性，螺旋器干细胞主要经螺旋神经束由螺旋神经节迁移而来。豚鼠耳蜗的衰退是耳蜗、螺旋器与听觉细胞的全面衰退。参照豚鼠内耳组织动力学，简要描述人内耳组织动力学特点。

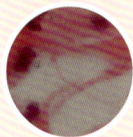

第二章描述大白鼠眼与狗眼眼球壁结构动力学，特别是视网膜的结构动力学过程，首先揭示视网膜各层细胞动力学与层间细胞迁移，其次揭示由视盘和黄斑双中心性细胞增生引起的

1

视网膜周向演化与迁移运动。视神经是以无髓神经纤维模式提供视网膜干细胞的主要供应者，视柄外层衍生物则是眼球壁其他各层的干细胞主要来源。通过比较，简单提及人眼组织动力学特点。

位听神经源和视神经源干细胞分别演化形成内耳与眼球，为神经参与器官实质构建理论提供进一步坚实证据。耳与眼动态结构框架的建立充分体现系统学还原论与整体论辩证统一认识论的基本特征。

本书得以完成首先感谢原河南医科大学组织学与胚胎学教研室吴景兰教授对此项目早期研究的启发与引导。感谢付士显教授帮我们突破理论与实践之间的屏障，走上从对组织学标本的实际观察中研究组织学的道路。感谢原河南医科大学党委书记宗安民教授对组织动力学研究的关注和热情帮助。感谢邢文英老师和金辉老师提供很有价值的观察报告。感谢黄忻老师在本卷部分资料整理工作的热心帮助。感谢任知春、阎爱华高级实验师对有关实验研究的参与和帮助。感谢王一菱、乐晓萍、张娓高级实验师提供丰富的观察标本。

本书得以出版有赖国家出版基金的资助，感谢国家新闻出版广电总局有关领导与专家、郑州大学和郑州大学出版社有关领导的关注与支持。感谢郑州大学出版社有关编辑、复审、终审和校对工作者的辛勤工作。特别感谢郑州大学出版社杨秦予副总编辑对此创新项目的选定、策划和组织方面所做的艰苦努力以及在书稿编校、刊印中付出辛勤而精细的劳作。

作　者
2014年2月

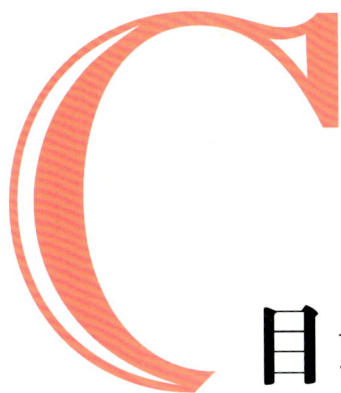

目录

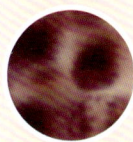
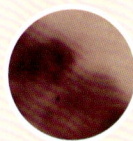

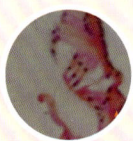
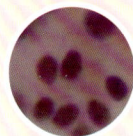

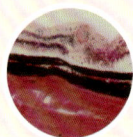

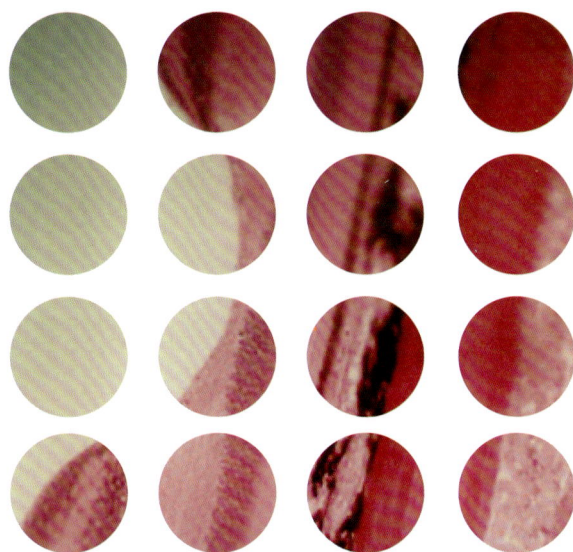

第一章
耳组织动力学

　　豚鼠内耳除耳蜗比人多1～2圈之外，其余组织结构与人内耳有很强的可比性。通常豚鼠内耳组织标本制作不必经脱灰过程，比人内耳组织标本制作容易得多，故豚鼠内耳常常作为人内耳生理和病理研究的模型。豚鼠内耳也包括听觉器官和位觉器官两部分。

第一节　豚鼠听觉器官组织动力学

豚鼠内耳组织动力学具有明显年龄特征，生后豚鼠内耳大致经历生长期、维生期和衰退期三个时期。

一、豚鼠耳蜗生长期组织动力学

豚鼠耳蜗生长期可分别从蜗管再生、螺旋器演化和螺旋器细胞动力学三个层次来描述。

（一）蜗管再生

生长期豚鼠蜗管再生大体分为蜗顶细胞增生、蜗顶腔分隔、感音盘与螺旋器原基形成、蜗管腔再分隔和蜗底蜗管退化等阶段。

1. 蜗顶细胞增生灶　耳蜗顶板与蜗轴顶端相互诱导，出现明显的细胞增生灶，其中间逐渐形成裂隙（图1-1）。

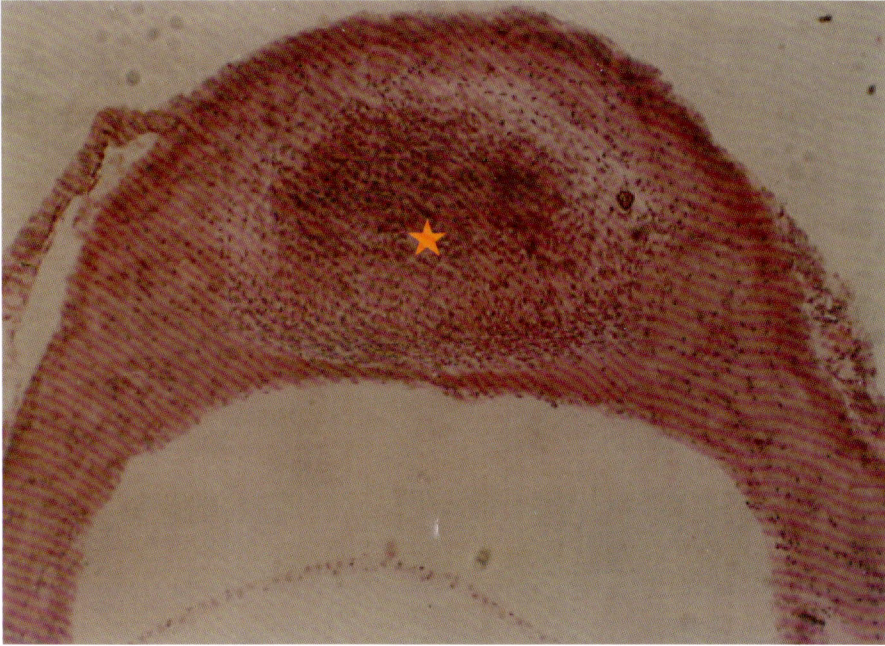

■ 图1-1 豚鼠蜗顶细胞增生灶
苏木素–伊红染色 ×100
★示蜗顶细胞增生灶。

2. **蜗顶腔分隔** 蜗顶细胞增生灶因中心细胞死亡，其中间裂隙扩大成腔，即原始蜗顶腔。蜗顶腔上下细胞致密带分别称为顶板和底板（图1-2），而后底板又逐渐分出两层，上层为原听膜，下层为隔板（图1-3、图1-4），将原始蜗顶腔分为上方的原前庭阶和下方的左右联合的鼓阶（图1-5、图1-6）。稍后，从原蜗顶腔顶壁又分出一层薄膜，即前庭膜，原前庭阶随之分为上面的联合前庭阶和下面的联合中阶（图1-7、图1-8）。此时，原蜗顶腔从上到下分隔为联合前庭阶、联合中阶和联合鼓阶（图1-9、图1-10）。有时可见前庭膜出现较早，独立的原听膜形成较晚（图1-11）。

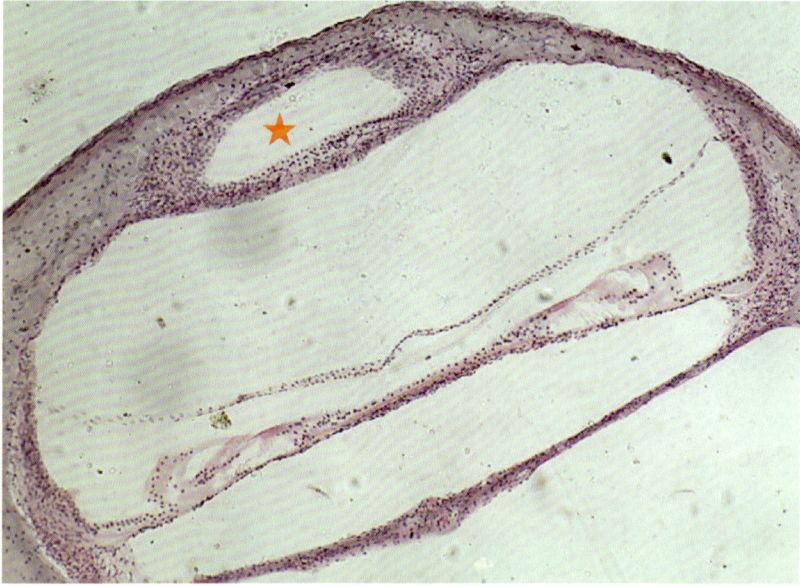

■ 图1-2 豚鼠蜗顶腔

苏木素-伊红染色 ×100

★示原蜗腔，腔上为顶壁，腔下为底壁。

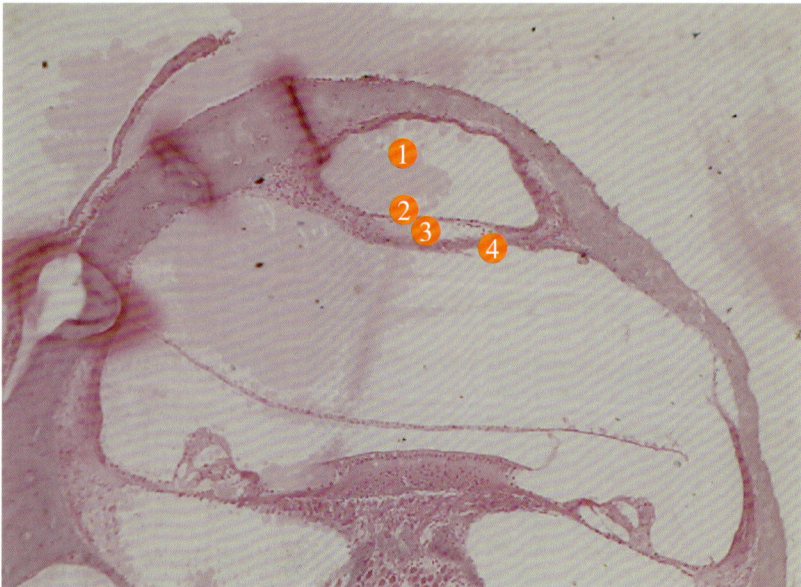

■ 图1-3 豚鼠蜗顶腔分隔（1）

苏木素-伊红染色 ×100

❶示原前庭阶；❷示原听膜；❸示联合鼓阶；❹示蜗管隔板。

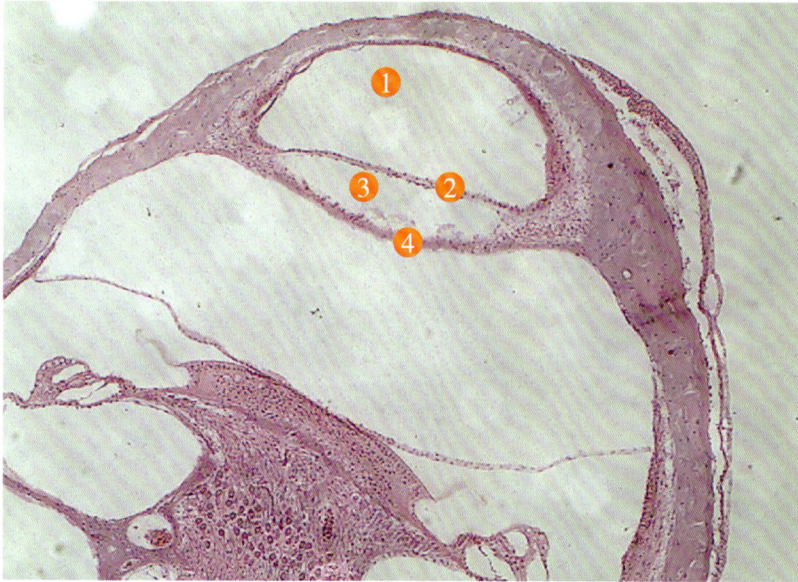

■ 图1-4 豚鼠蜗顶腔分隔（2）

苏木素-伊红染色 ×100

❶示原前庭阶；❷示原听膜；❸示联合鼓阶；❹示蜗管隔板。

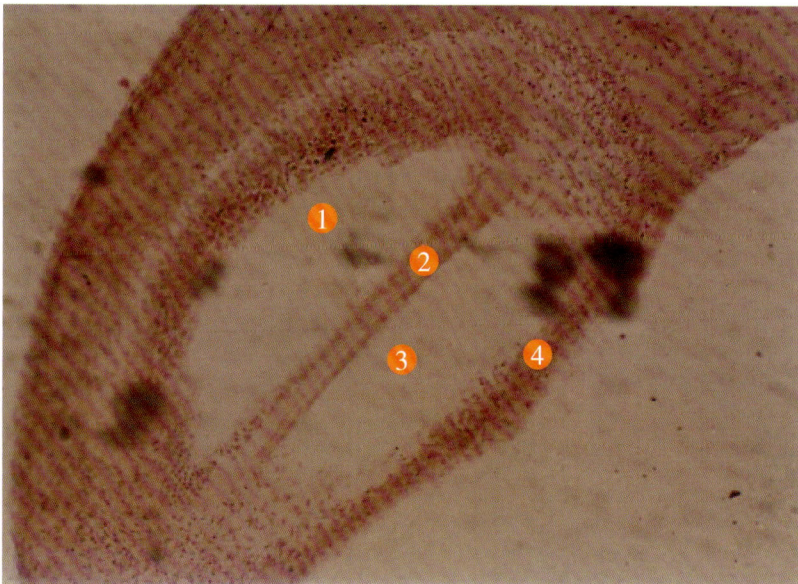

■ 图1-5 豚鼠蜗顶腔分隔（3）

苏木素-伊红染色 ×100

❶示原前庭阶；❷示原听膜；❸示联合鼓阶；❹示蜗管隔板。

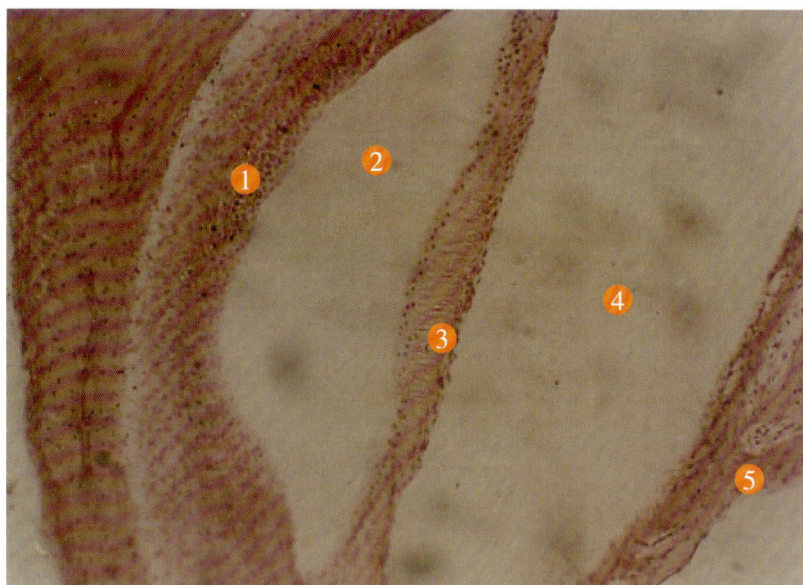

■ 图1-6　豚鼠蜗顶腔分隔（4）
苏木素-伊红染色　×100
❶示顶板；❷示原前庭阶；❸示原听膜；❹示联合鼓阶；❺示蜗管隔板。

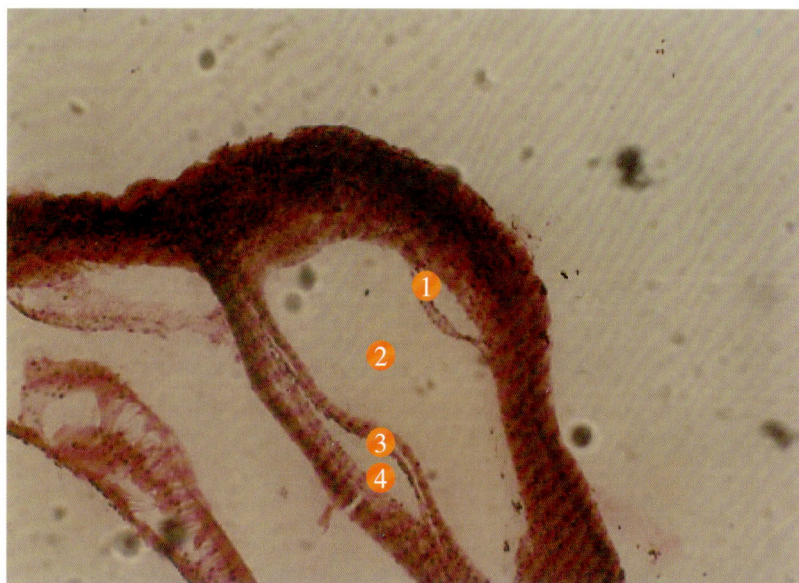

■ 图1-7　豚鼠蜗顶腔分隔（5）
苏木素-伊红染色　×100
❶示前庭膜；❷示联合中阶；❸示原听膜；❹示联合鼓阶。

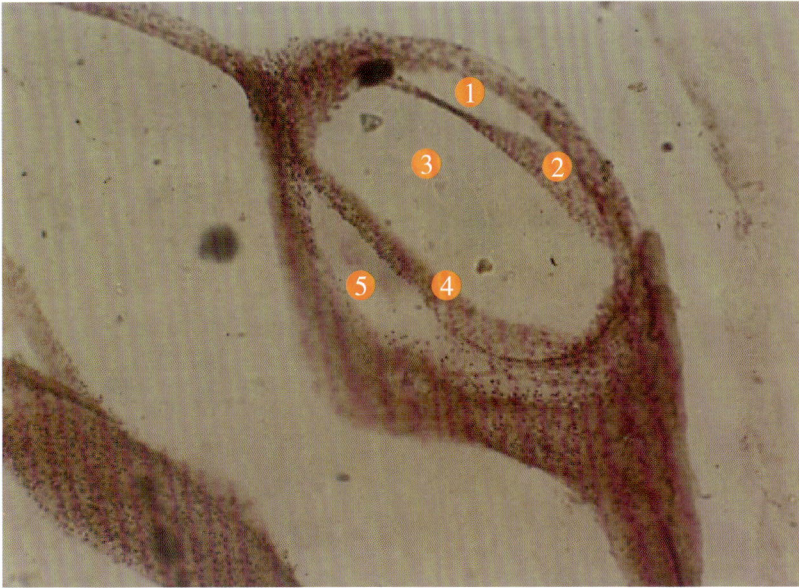

■ 图1-8　豚鼠蜗顶腔分隔（6）

苏木素-伊红染色　×100

❶示联合前庭阶；❷示前庭膜；❸示联合中阶；❹示原听膜；
❺示联合鼓阶。

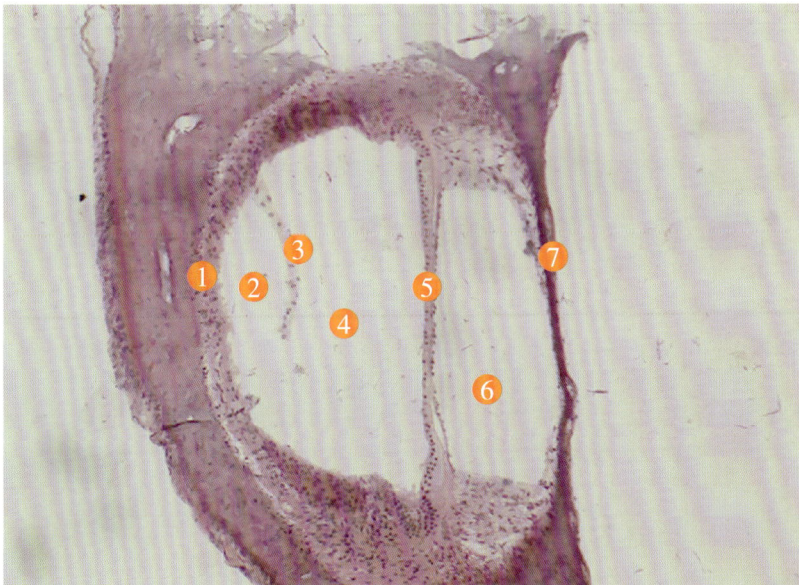

■ 图1-9　豚鼠蜗顶腔分隔（7）

苏木素-伊红染色　×100

❶示顶板；❷示联合前庭阶；❸示前庭膜；❹示联合中阶；❺示
原听膜；❻示联合鼓阶；❼示蜗管隔板。

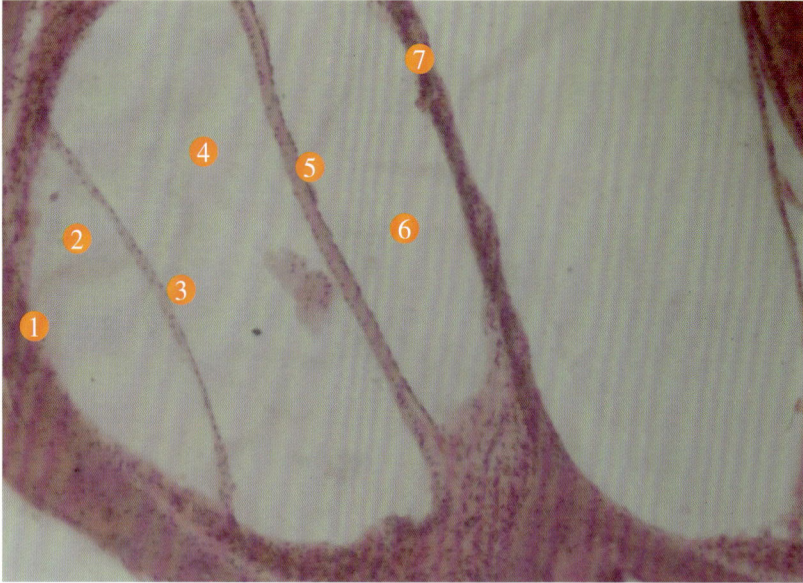

■ 图1-10　豚鼠蜗顶腔分隔（8）

苏木素-伊红染色　×100

❶示顶板；❷示联合前庭阶；❸示前庭膜；❹示联合中阶；❺示原听膜；❻示联合鼓阶；❼示蜗管隔板。

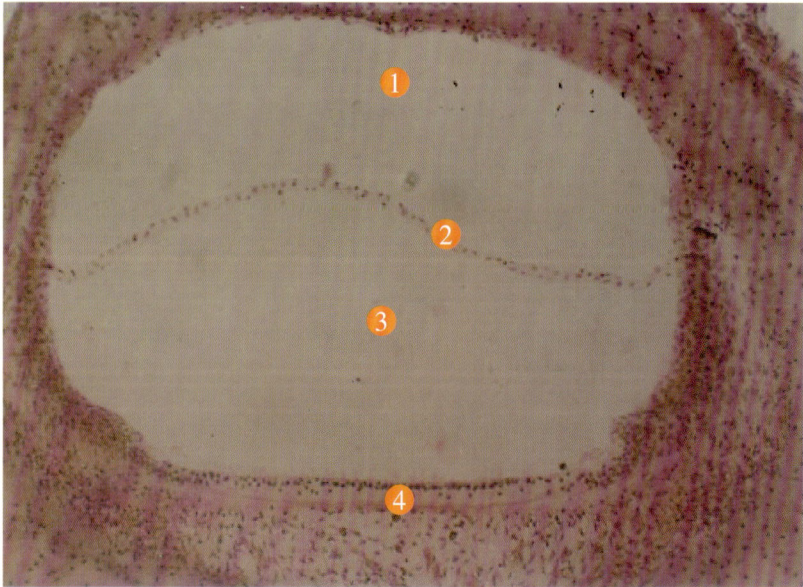

■ 图1-11　豚鼠蜗顶腔分隔（9）

苏木素-伊红染色　×100

❶示联合前庭阶；❷示前庭膜；❸示联合中阶；❹示原听膜。

3．感音盘与螺旋器原基形成　原听膜逐渐增厚，形成所谓原听盘（图1-12）。增厚的原听盘的多层细胞在声波作用下逐渐整合成层（图1-13）。而后细胞整齐排列成原听盘的上下两层细胞（图1-14～图1-16），上层细胞逐渐移向原听盘的上表面（图1-17、图1-18），最终原听盘细胞向上伸出长突起，直达原听盘上表面，成为原始的感音盘，每个感音细胞，切面很像竖琴琴弦，故又可称之为竖琴细胞（图1-19、图1-20）。感音盘中心感音细胞因营养剥夺而死亡（图1-21、图1-22），存活的感音细胞逐渐被中部原螺旋板排挤到感音盘周缘，成为螺旋器的原基（图1-23～图1-25）。

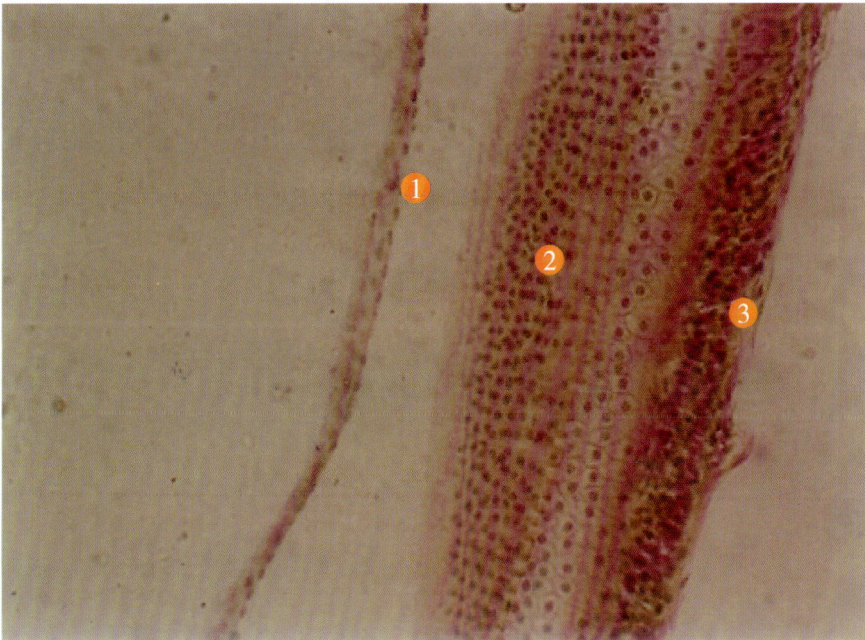

■ **图1-12　豚鼠原听盘（1）**
苏木素-伊红染色　×200
❶示前庭膜；❷示原听盘；❸示原螺旋板。

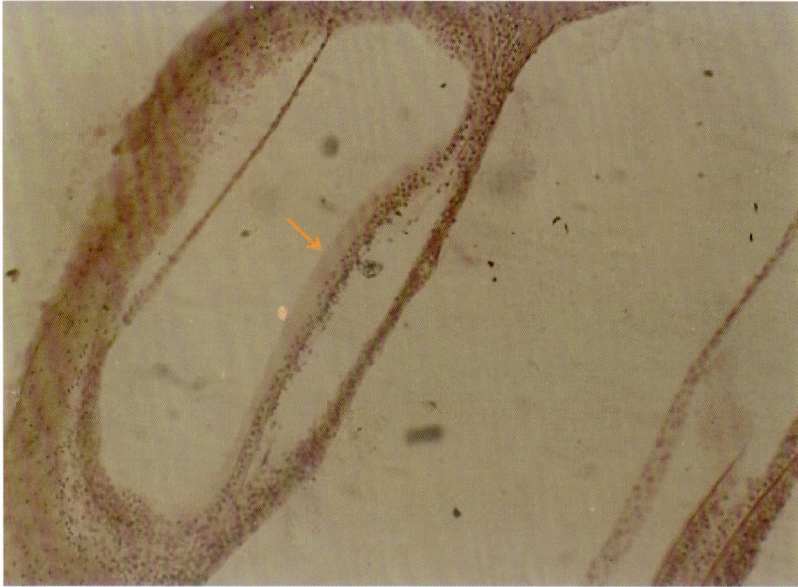

■ 图1-13　豚鼠原听盘（2）

苏木素–伊红染色　×100

示原听盘细胞排列变整齐。

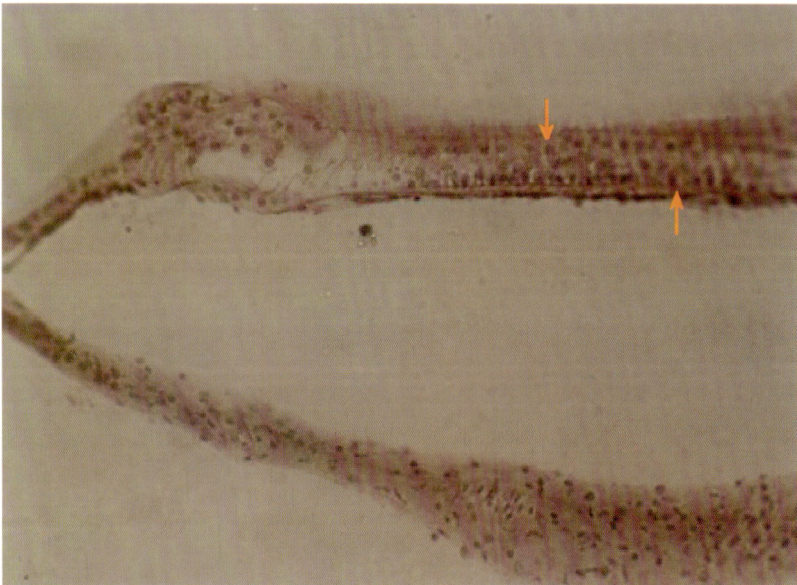

■ 图1-14　豚鼠感音盘（1）

苏木素–伊红染色　×200

和 分别示原听膜的上下层细胞。

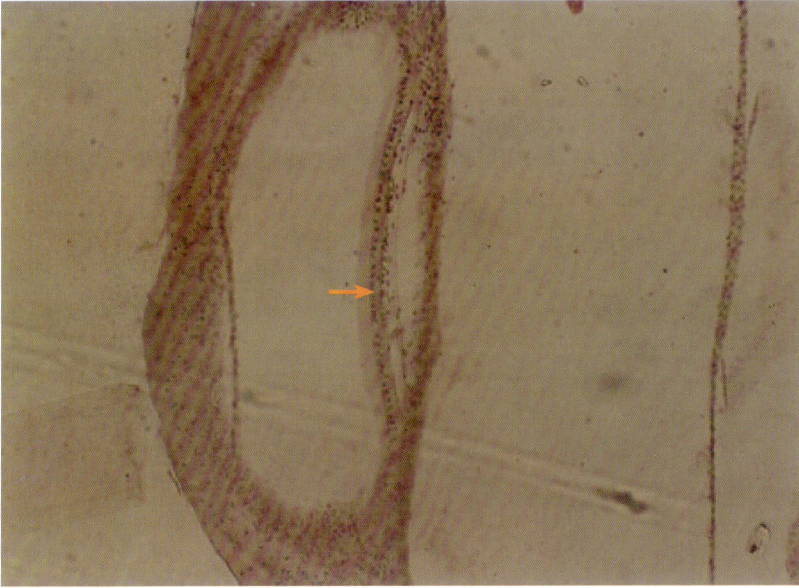

■ 图1-15 豚鼠感音盘（2）

苏木素–伊红染色 ×100

→示原听膜细胞排列变整齐。

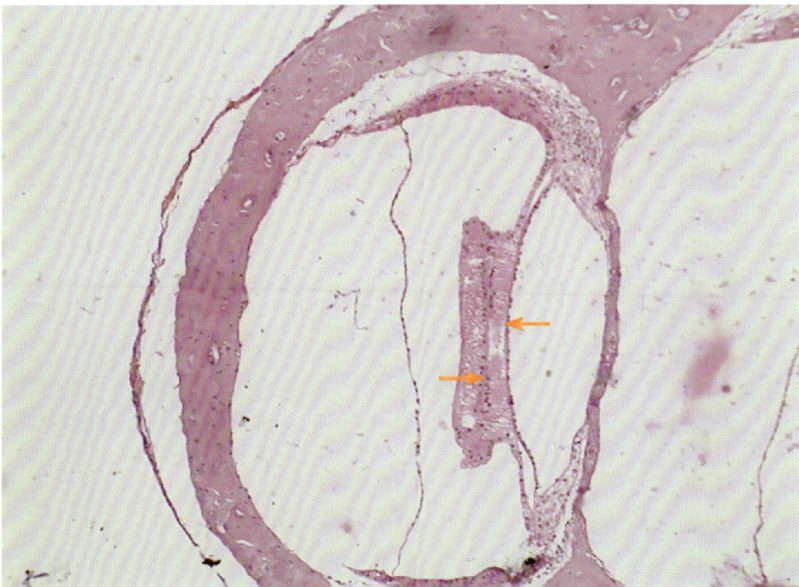

■ 图1-16 豚鼠感音盘（3）

苏木素–伊红染色 ×100

→和←分别示原听膜细胞排列成上下两层。

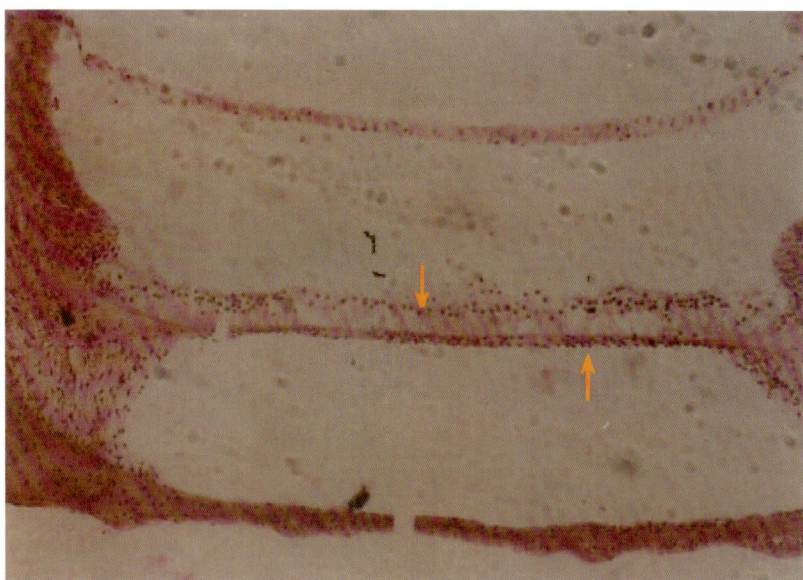

■ 图1-17　豚鼠感音盘（4）

苏木素-伊红染色　×100

↓示原听膜的上层细胞趋于原听膜上表面。↑示原听膜的下层细胞。

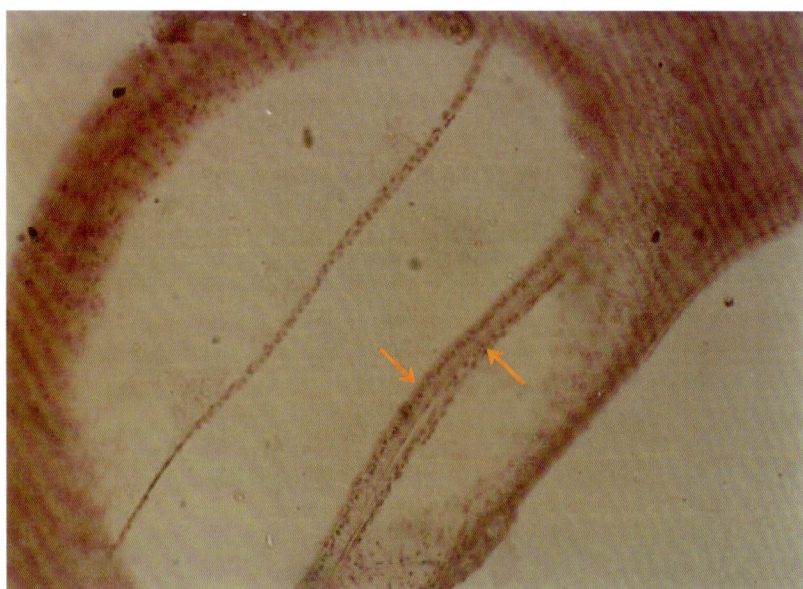

■ 图1-18　豚鼠感音盘（5）

苏木素-伊红染色　×100

↘示原听膜的上层细胞趋于原听膜上表面。↖示原听膜的下层细胞。

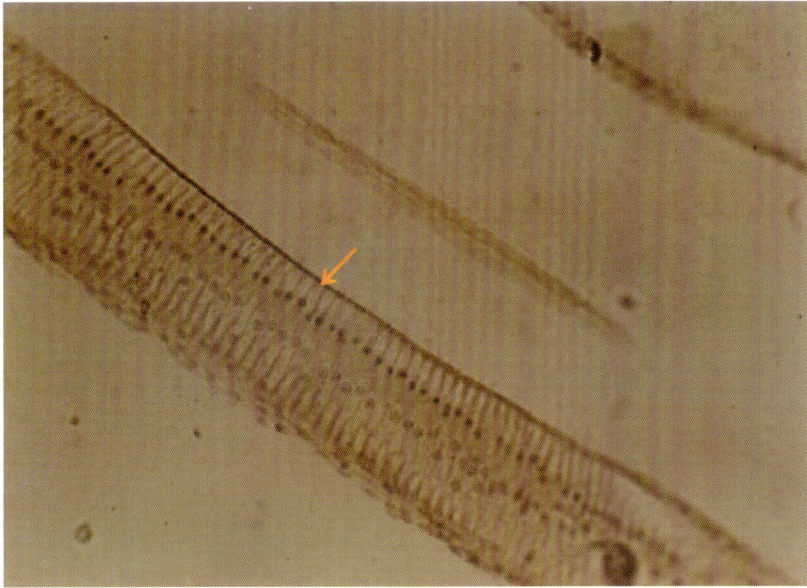

■ **图1-19 豚鼠感音盘（6）**

苏木素-伊红染色 ×200

↙ 示感音盘。

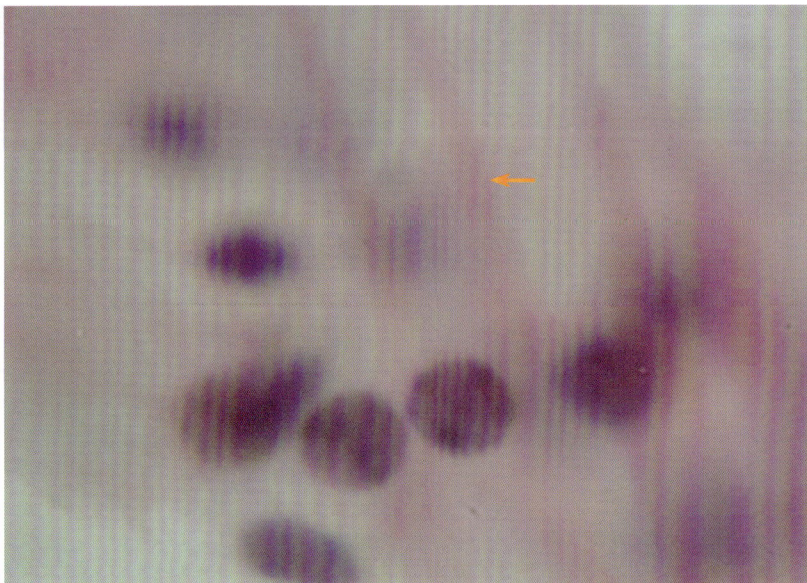

■ **图1-20 豚鼠感音盘（7）**

苏木素-伊红染色 ×1 000

← 示感音盘感音细胞的竖长突起。

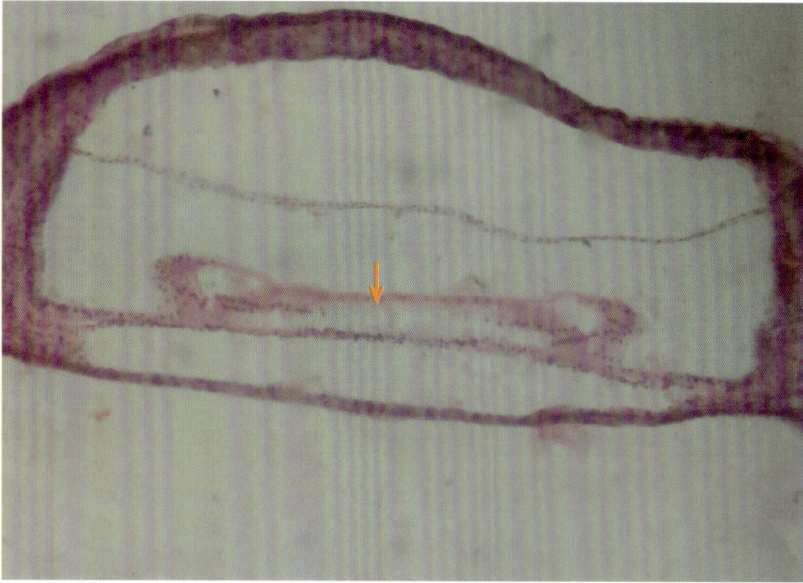

■ 图1-21　豚鼠感音盘演化（1）

苏木素-伊红染色　×100

↓示感音盘中部感音细胞死亡。

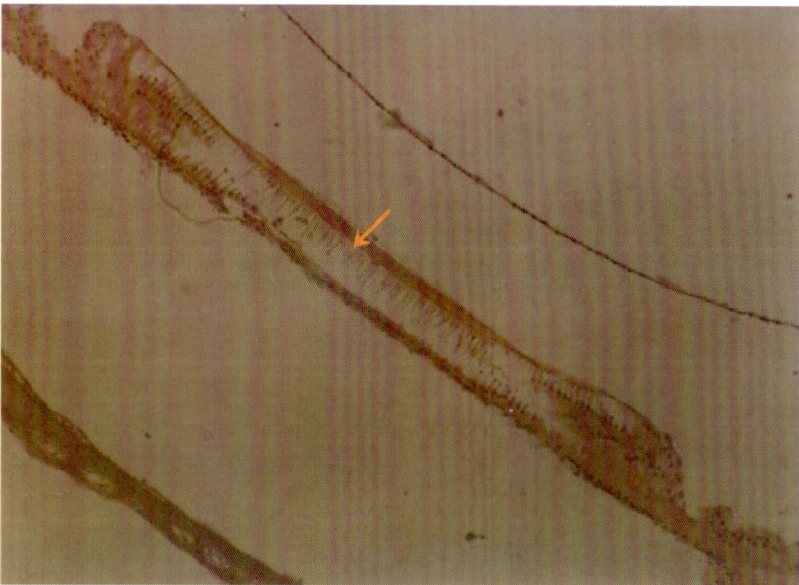

■ 图1-22　豚鼠感音盘演化（2）

苏木素-伊红染色　×100

↙示感音盘中部感音细胞死亡。

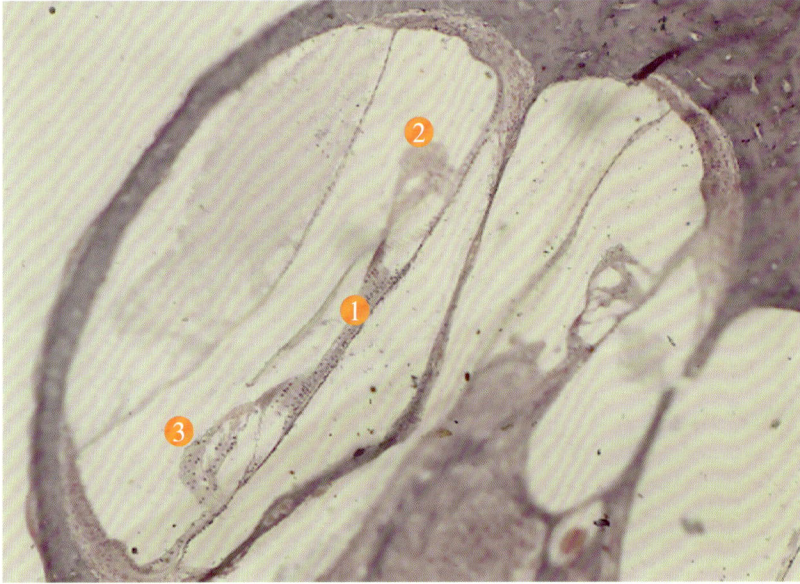

■ 图1-23 豚鼠螺旋器原基（1）

苏木素-伊红染色 ×100

❶示中央部原螺旋板；❷和❸示原感音盘周边部。

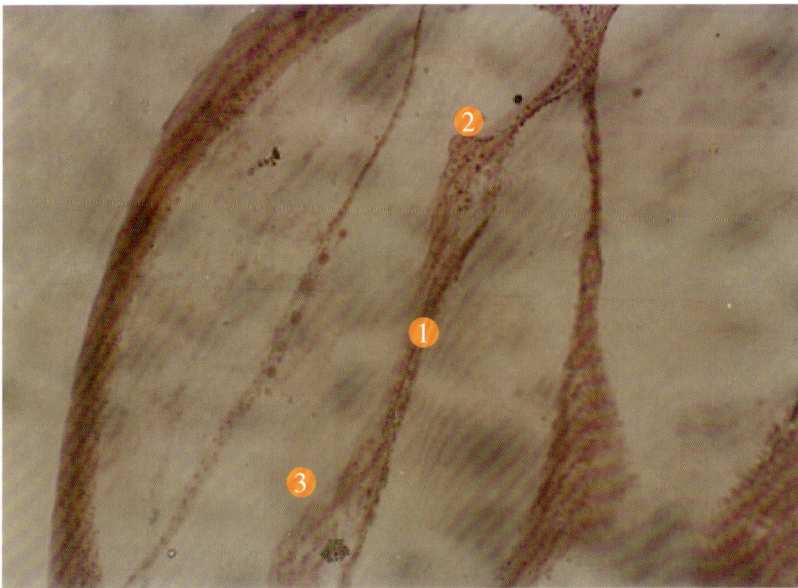

■ 图1-24 豚鼠螺旋器原基（2）

苏木素-伊红染色 ×100

❶示中央部原螺旋板；❷和❸示原感音盘周边部。

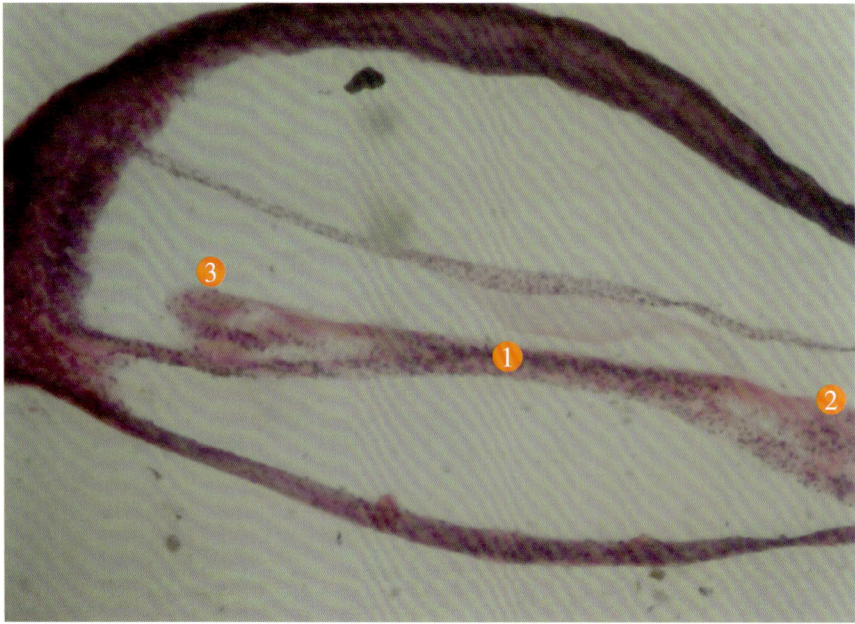

■ 图1-25 豚鼠螺旋器原基（3）

苏木素-伊红染色 ×100

❶示原螺旋板中央部；**❷**和**❸**示原感音盘周边部。

4. 蜗管腔再分隔 随着蜗轴组织继续向上生长，在原感音盘中部所在部位逐渐由原螺旋板上面凸现螺旋唇盘（图1-26），螺旋唇盘继续不断增大、增高（图1-27、图1-28）。同时，前庭膜逐渐下垂（图1-29），最后前庭膜与螺旋唇盘接触，前庭膜逐渐贴附于螺旋唇盘表面，并与之融合在一起（图1-30）。此时，蜗管腔被分隔成联合前庭阶和分开的新生膜蜗管和鼓阶（图1-31、图1-32）。蜗轴继续生长，蜗轴组织占据原螺旋唇盘中心位置，螺旋唇盘被边缘化，分隔成为螺旋唇（图1-33）。蜗顶与蜗轴尖相互诱导，相向延伸生长（图1-34），最后二者汇合，连成一体，联合前庭阶才被分隔开，蜗管腔的分隔终告完成（图1-35），耳蜗又可开始下一轮再生过程。

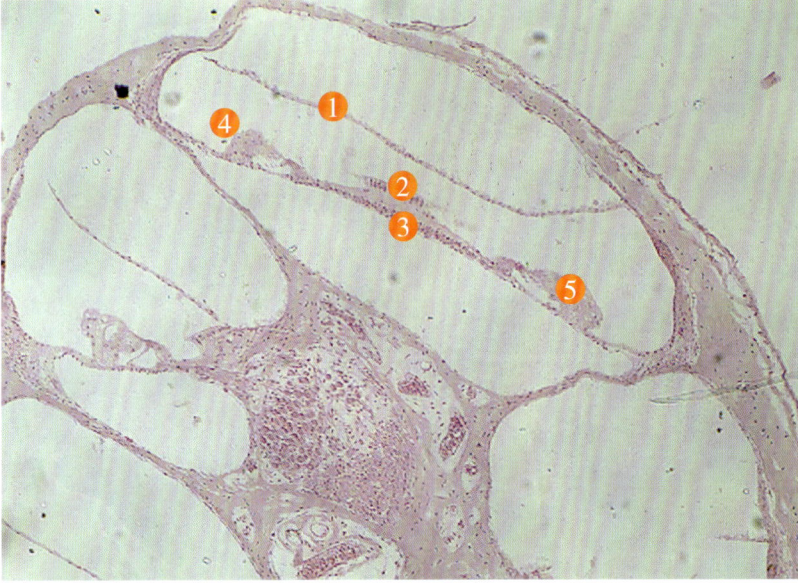

■ 图1-26 豚鼠螺旋唇盘形成

苏木素-伊红染色 ×100

❶示前庭膜；❷示螺旋唇盘；❸示螺旋板；❹和❺示初级螺旋器。

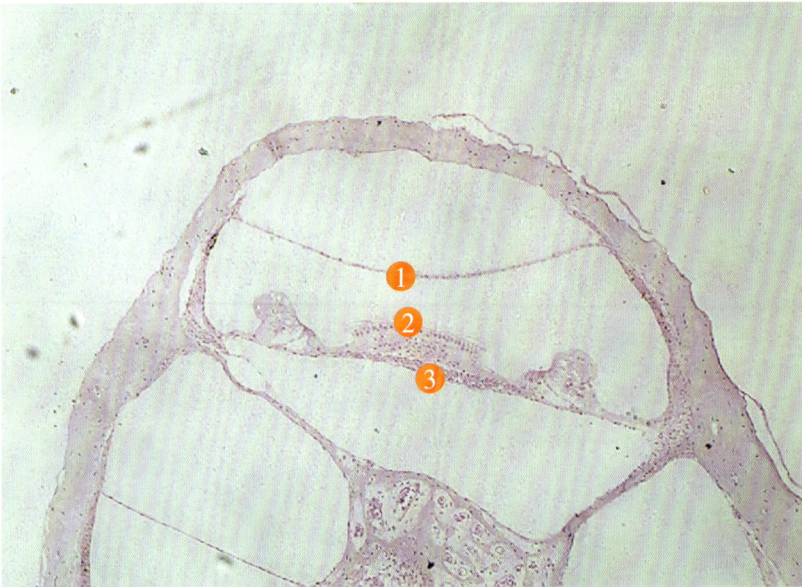

■ 图1-27 豚鼠螺旋唇盘增长（1）

苏木素-伊红染色 ×100

❶示前庭膜；❷示螺旋唇盘；❸示螺旋板。

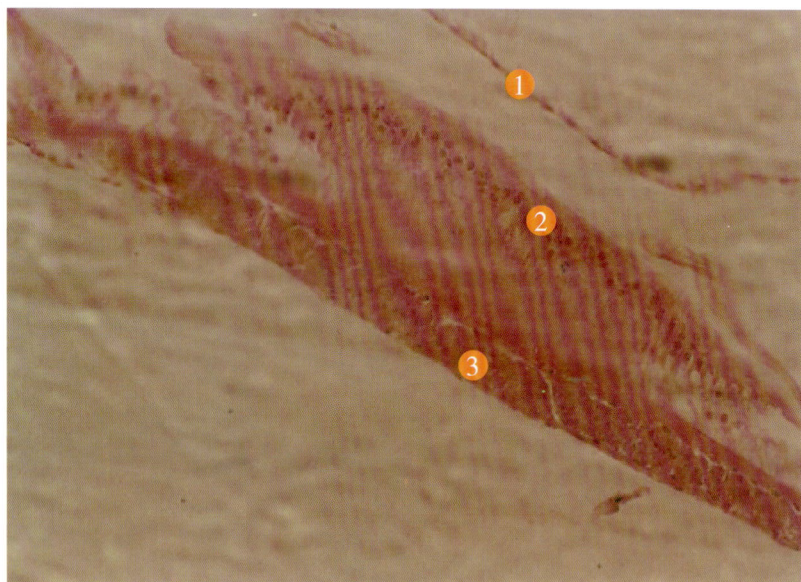

■ 图1-28　豚鼠螺旋唇盘增长（2）

苏木素–伊红染色　×200

❶示前庭膜；❷示螺旋唇盘；❸示螺旋板。

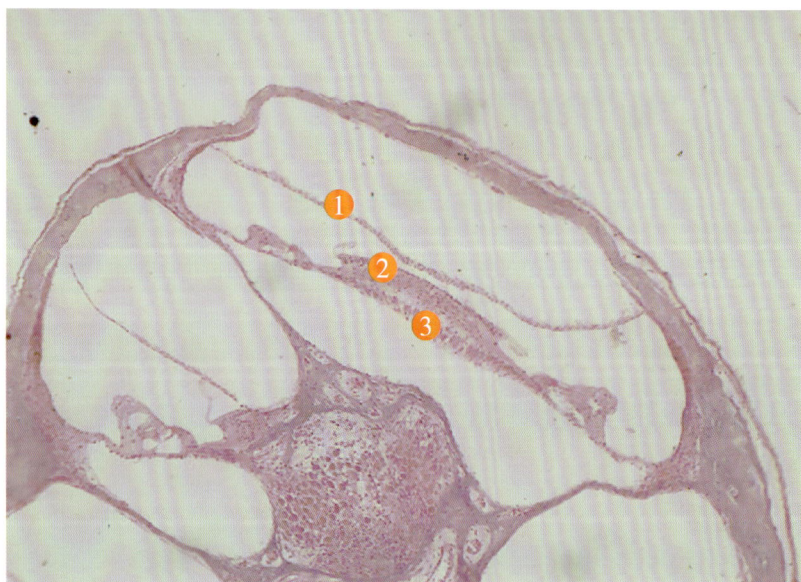

■ 图1-29　豚鼠螺旋唇盘与前庭膜接近

苏木素–伊红染色　×100

❶示前庭膜；❷示螺旋唇盘；❸示螺旋板。

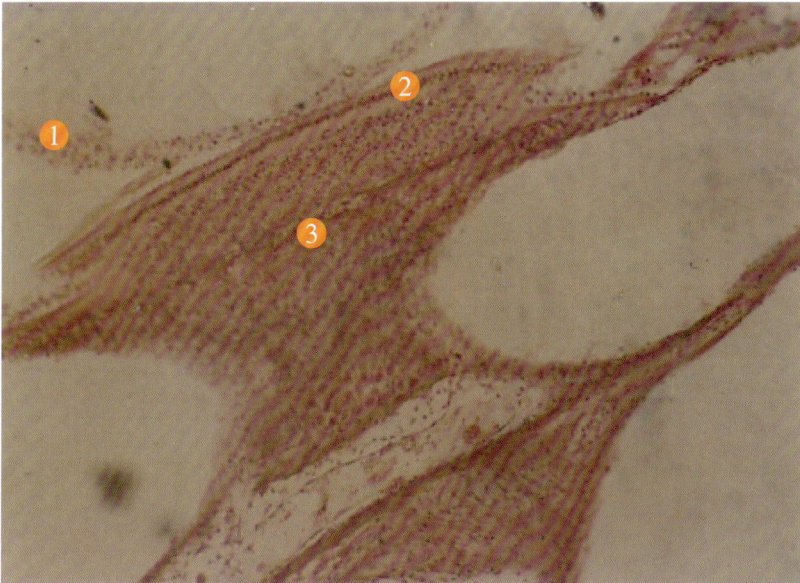

■ 图1-30　豚鼠螺旋唇盘与前庭膜接触

苏木素-伊红染色　×100

❶示前庭膜；❷示螺旋唇盘；❸示螺旋板。

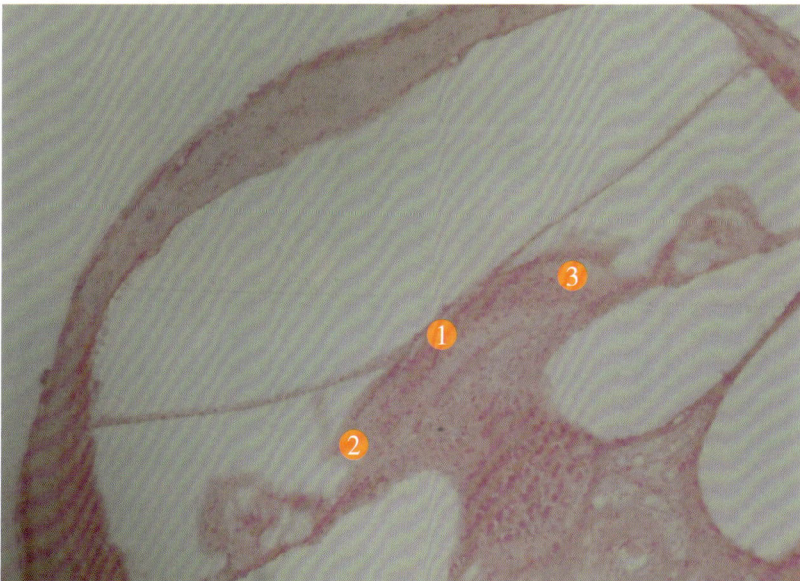

■ 图1-31　豚鼠前庭膜与螺旋唇盘融合（1）

苏木素-伊红染色　×100

❶示前庭膜与螺旋唇盘融合处；❷和❸示螺旋唇。

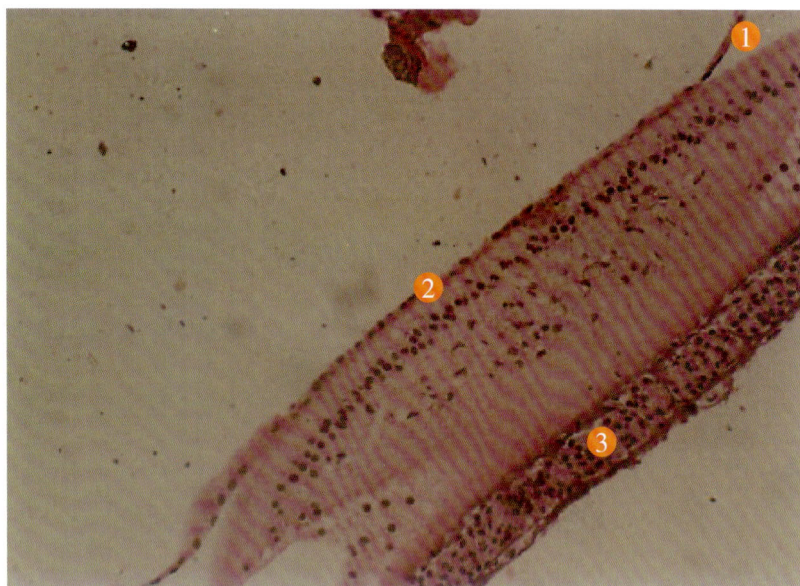

■ 图1-32　豚鼠前庭膜与螺旋唇盘融合（2）

苏木素-伊红染色　×200

❶示前庭膜；❷示前庭膜与螺旋唇盘融合处；❸示螺旋板。

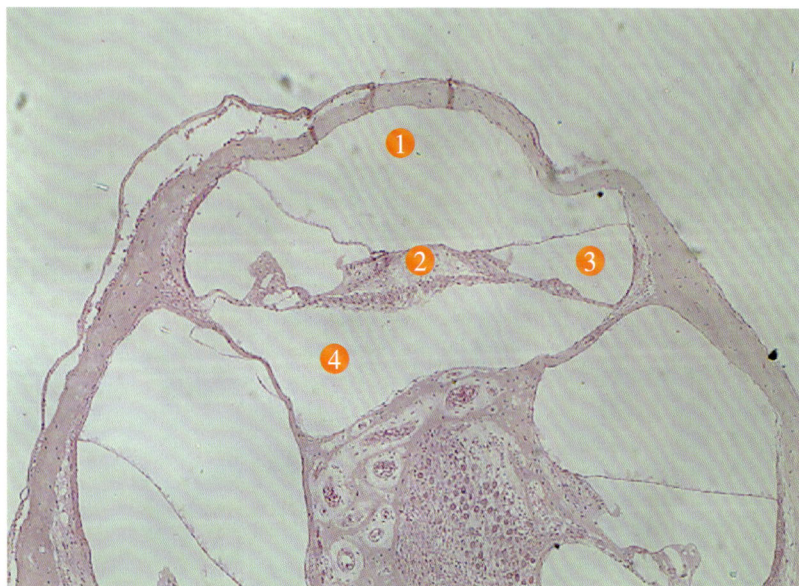

■ 图1-33　豚鼠新膜蜗管成形

苏木素-伊红染色　×100

❶示联合前庭阶；❷示蜗轴顶；❸示膜蜗管；❹示鼓阶。

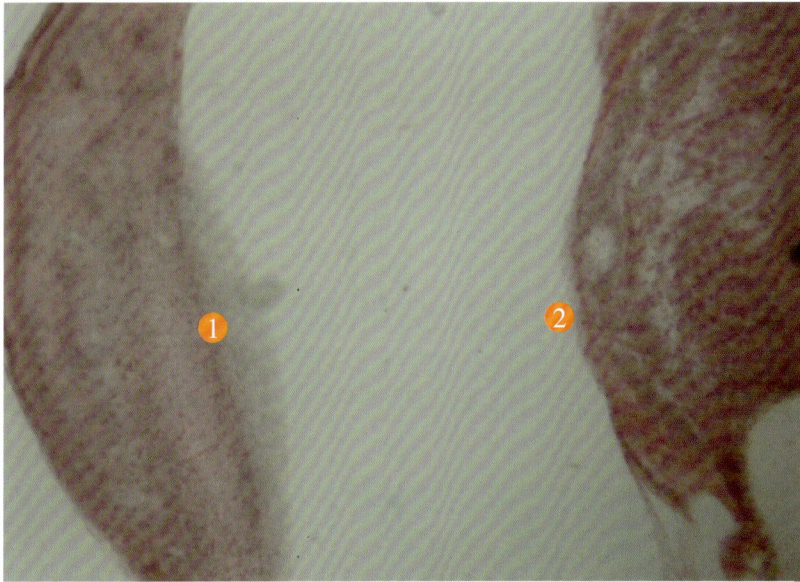

■ 图1-34　豚鼠蜗顶与蜗轴相互诱导增生

苏木素-伊红染色　×100

❶示蜗顶增生细胞群；❷示蜗轴顶尖增生细胞群。

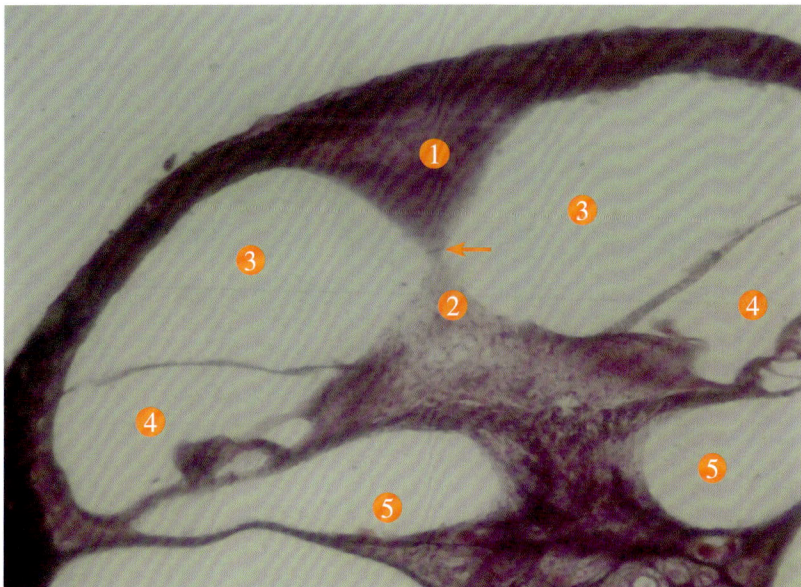

■ 图1-35　豚鼠蜗顶与蜗轴增生细胞群连接

苏木素-伊红染色　×100

❶示蜗顶增生锥；❷示蜗轴顶尖；❸示前庭阶；❹示中阶膜蜗管；❺示鼓阶。←示蜗顶增生锥与蜗轴顶尖汇合处。

5. 豚鼠蜗底蜗管退化 豚鼠耳蜗从蜗顶到蜗底呈现明显演化梯度，蜗底蜗管结构明显退化，表现为失去螺旋器结构，前庭膜过度肥厚，仅保留变形的膜性管道（图1-36）；或表现为蜗管底部隔板去骨化，成为薄薄的纤维性隔膜，最后破裂消失（图1-37）。原蜗底段鼓阶遂并入蜗底腔。

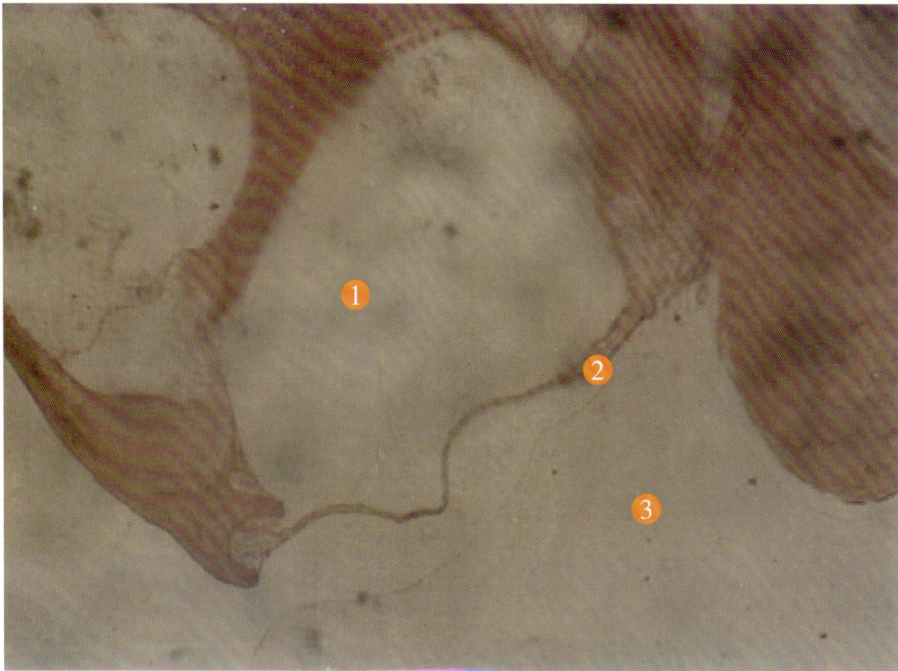

■ 图1-36 豚鼠蜗底蜗管退化（1）

苏木素-伊红染色 ×100

❶ 示蜗底鼓阶；❷ 示薄弱的膜性蜗底隔板；❸ 示蜗底腔。

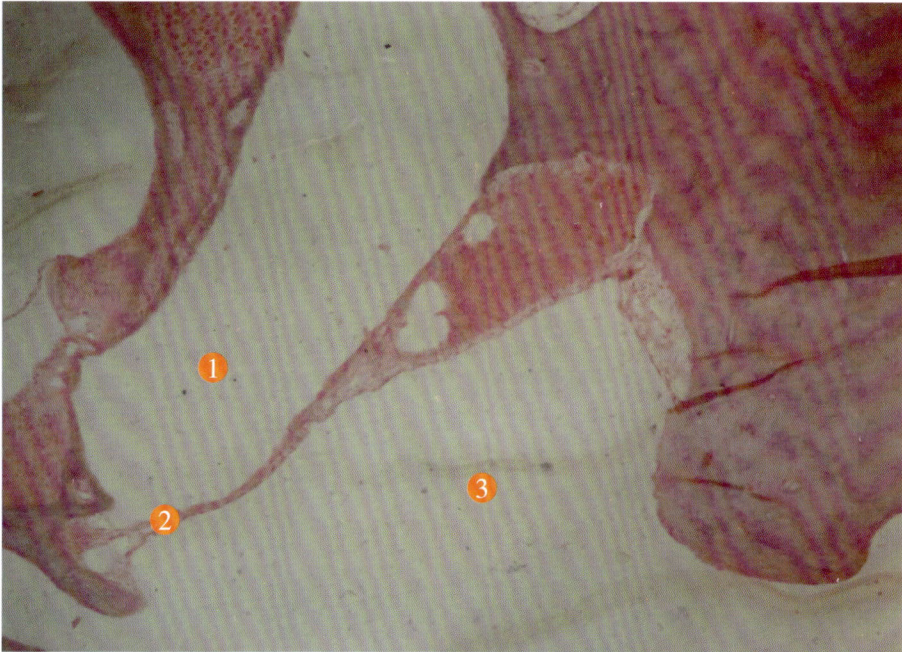

■ 图1-37　豚鼠蜗底蜗管退化（2）

苏木素–伊红染色　×100

❶示蜗底鼓阶；❷示薄弱的膜性蜗底隔板；❸示蜗底腔。

（二）螺旋器的演化

感音盘是蜗管再生过程中的原始感音装置，晚期感音盘中心部细胞死亡，多呈单层排列的存活感音细胞主要保留在周缘部（图1-38~图1-40）。此周缘部即演化形成螺旋器的原基。

1. 螺旋器一般演化进程　由于感音盘周缘部结构不同，显示多种不同的演化进程，但其间也有一般规律可循，一般均经历初级螺旋器和次级螺旋器两个阶段。

（1）初级螺旋器形成　感音盘周缘部被逐渐扩大凸出的螺旋唇盘向外推移到周边，当从膜性螺旋板形成向外推进的内侧细胞群时，初级螺旋器雏形即告形成（图1-41、图1-42）。

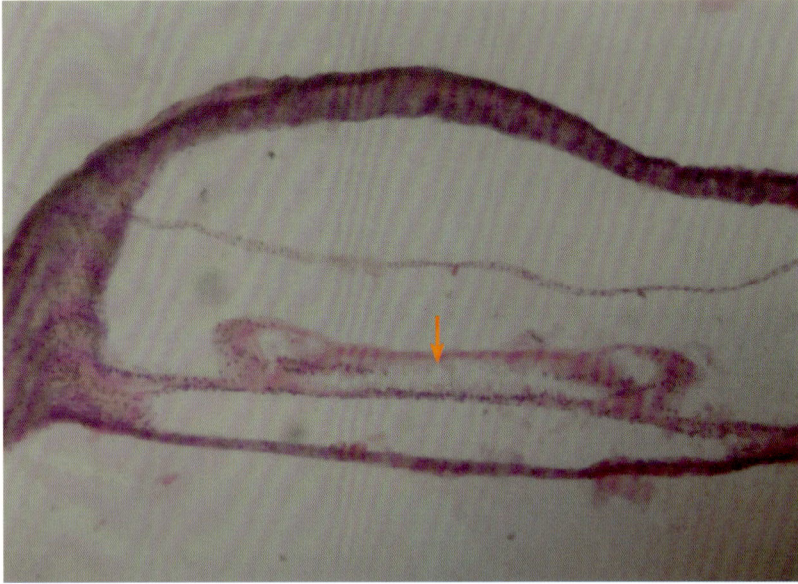

■ **图1-38　豚鼠晚期感音盘（1）**

苏木素–伊红染色　×100

↓ 示晚期感音盘。

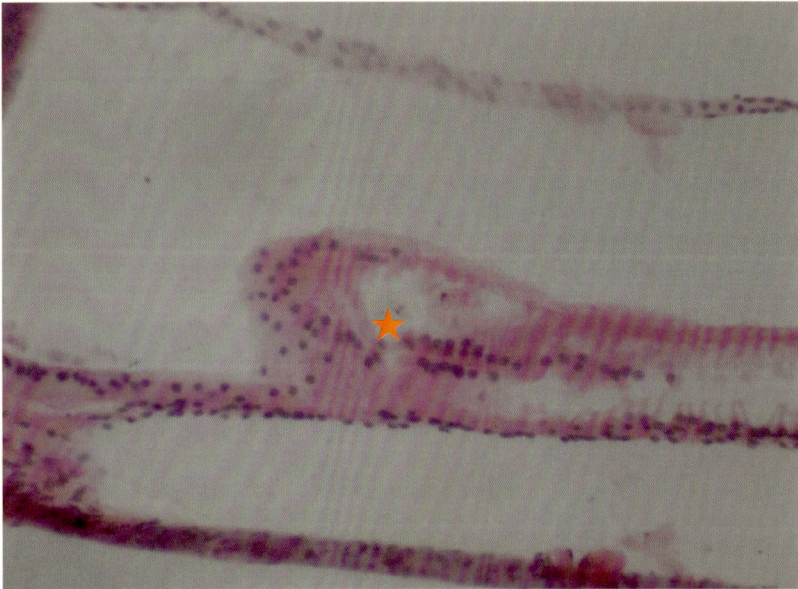

■ **图1-39　豚鼠晚期感音盘（2）**

苏木素–伊红染色　×200

★ 示感音盘的周缘部。

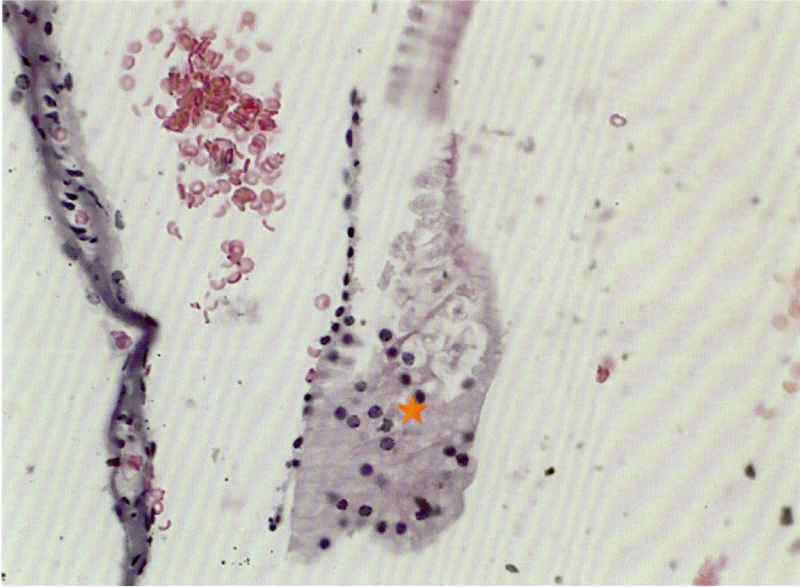

■ 图1-40　豚鼠晚期感音盘（3）

苏木素-伊红染色　×200

★ 示感音盘的周缘部。

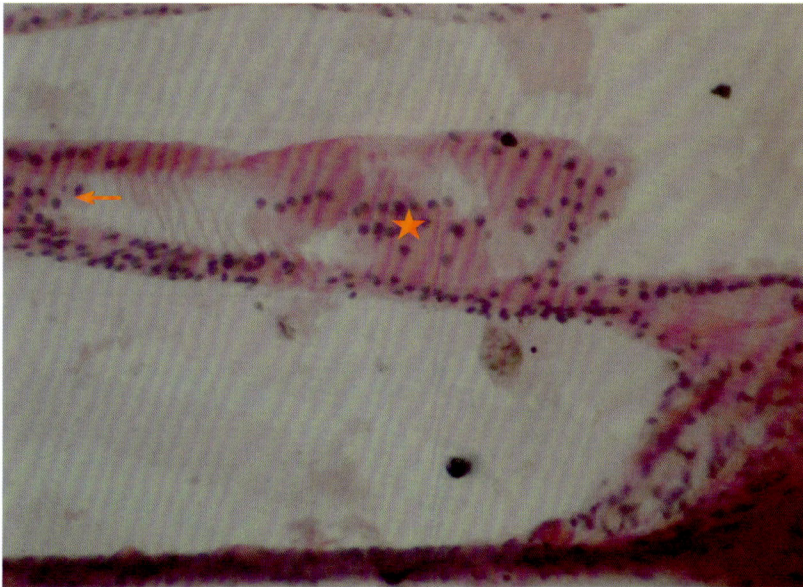

■ 图1-41　豚鼠初级螺旋器（1）

苏木素-伊红染色　×200

★ 示初级螺旋器。　← 示内侧细胞群。

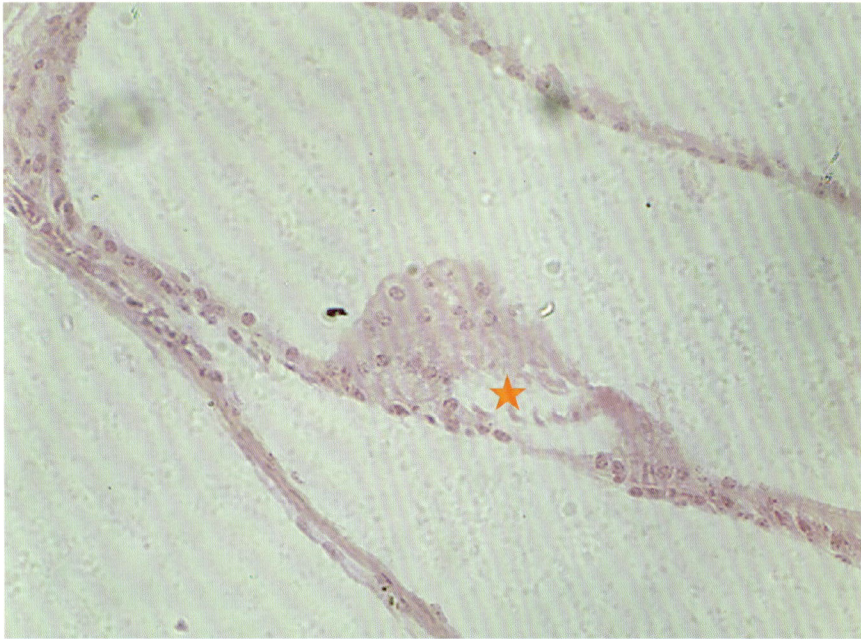

■ 图1-42 豚鼠初级螺旋器（2）

苏木素-伊红染色 ×200

★ 示初级螺旋器。

（2）内隧道的演化 初级螺旋器保留的原感音盘周缘部和膜性螺旋板形成内侧细胞群之间的区域，即原始内隧道。最初原始内隧道并非完全空腔，其中多留有原始感音细胞残余（图1-43、图1-44），随着演化进展，保留的原始感音细胞逐渐减少（图1-45、图1-46）。保留较晚的少数原始感音细胞暂时代行柱细胞作用，主要是代外柱细胞（图1-47）。初级柱细胞的出现以明显的头板形成为标志（图1-48、图1-49），待较晚初级内柱细胞成形，初级内隧道的构建始告完成（图1-50），初级内隧道将初级螺旋器细胞分为内侧细胞群和外侧细胞群两大部分。初级内隧道改建为次级内隧道从次级柱细胞出现为标志，而次级柱细胞的特点是细胞质透明化，通常外柱细胞改建先于内柱细胞完成（图1-51、图1-52），有时则内柱细胞早于外柱细胞实现透明化（图1-53、图1-54）。待内外柱细胞都已改建，次级（最终）内隧道构建过程才算完成（图1-55~图1-57）。

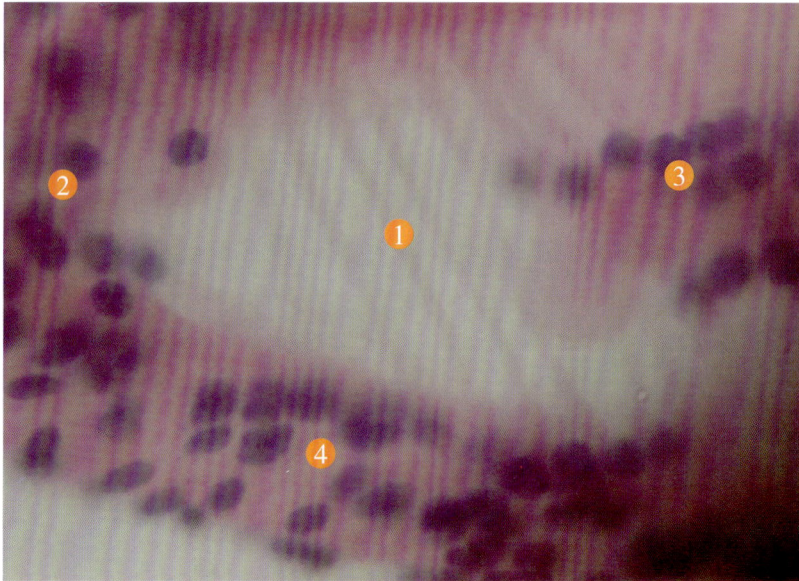

■ 图1-43　豚鼠原始内隧道内残留感音细胞（1）

苏木素-伊红染色　×400

❶示初级内隧道及其残存的感音细胞；❷示内侧细胞群；❸示外侧细胞群；❹示基底膜。

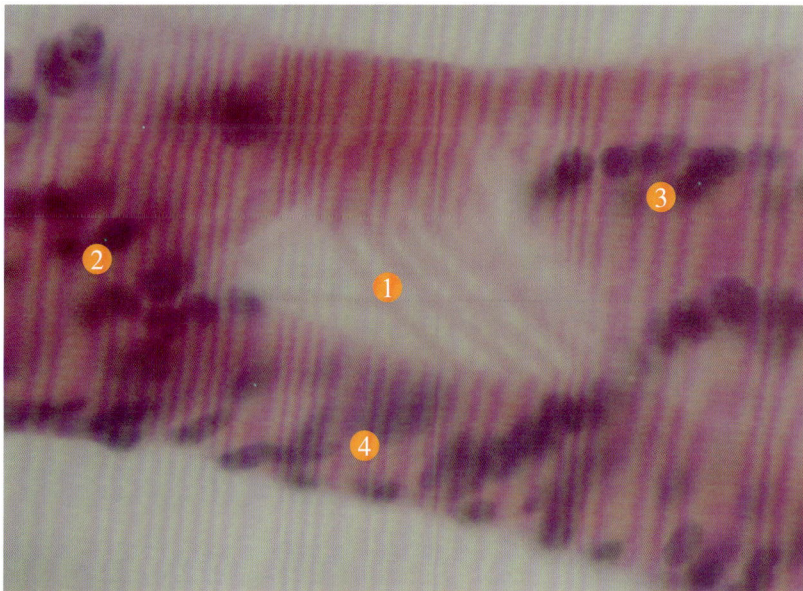

■ 图1-44　豚鼠原始内隧道内残留感音细胞（2）

苏木素-伊红染色　×400

❶示初级内隧道及其残存的感音细胞；❷示内侧细胞群；❸示外侧细胞群；❹示基底膜。

27

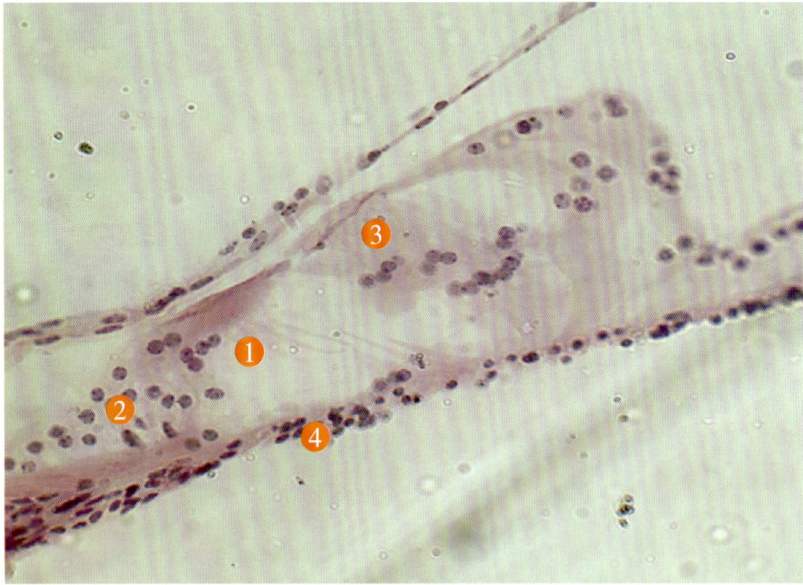

■ 图1-45　豚鼠原始内隧道内残留感音细胞（3）

苏木素-伊红染色　×200

❶示初级内隧道及残留感音细胞逐渐减少；　❷示内侧细胞群；
❸示外侧细胞群；❹示基底膜。

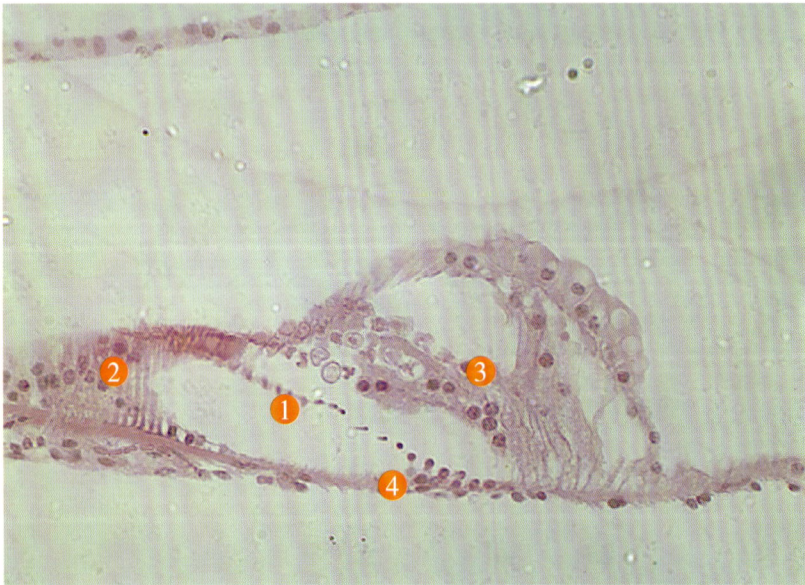

■ 图1-46　豚鼠原始内隧道内感音细胞残余

苏木素-伊红染色　×200

❶示初级内隧道及其感音细胞残余；❷示内侧细胞群；❸示外
侧细胞群；❹示基底膜。

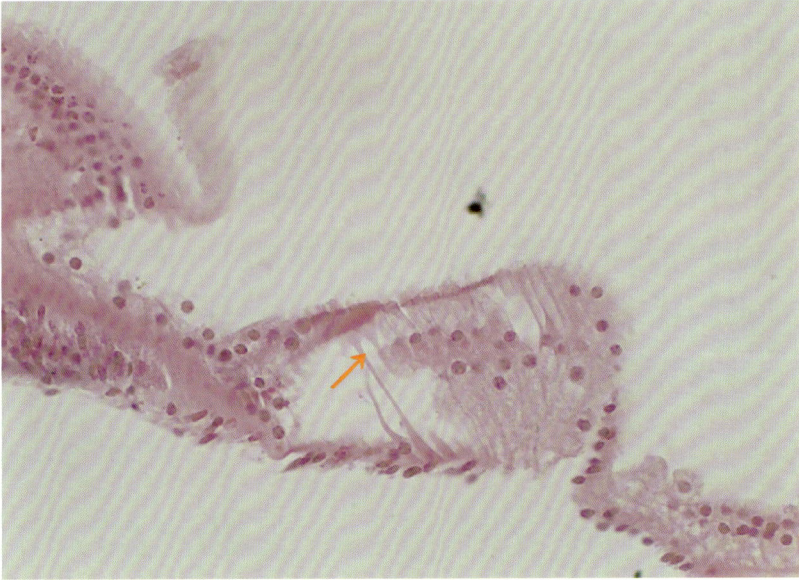

■ 图1-47　豚鼠代外柱细胞
苏木素-伊红染色　×200
示初级内隧道演化内残留的感音细胞代行外柱细胞作用。

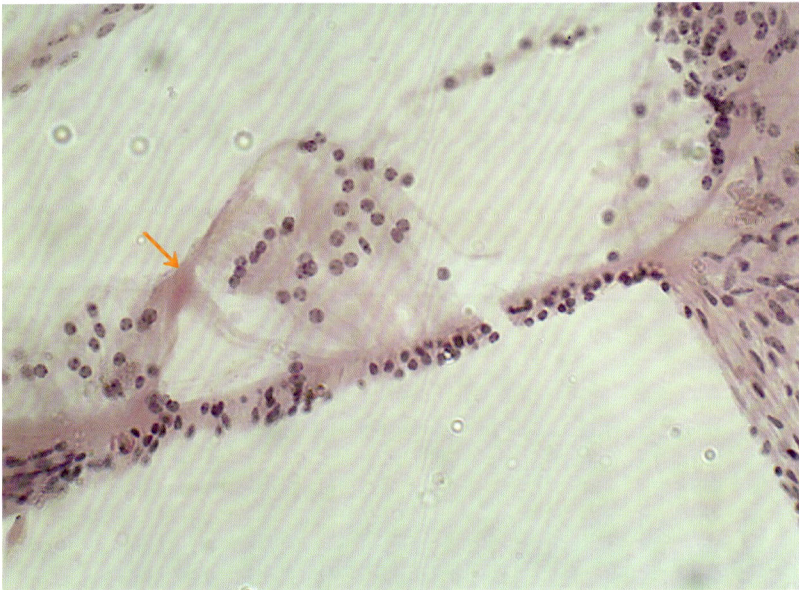

■ 图1-48　豚鼠初级柱细胞头板形成（1）
苏木素-伊红染色　×200
示初级柱细胞头板形成。

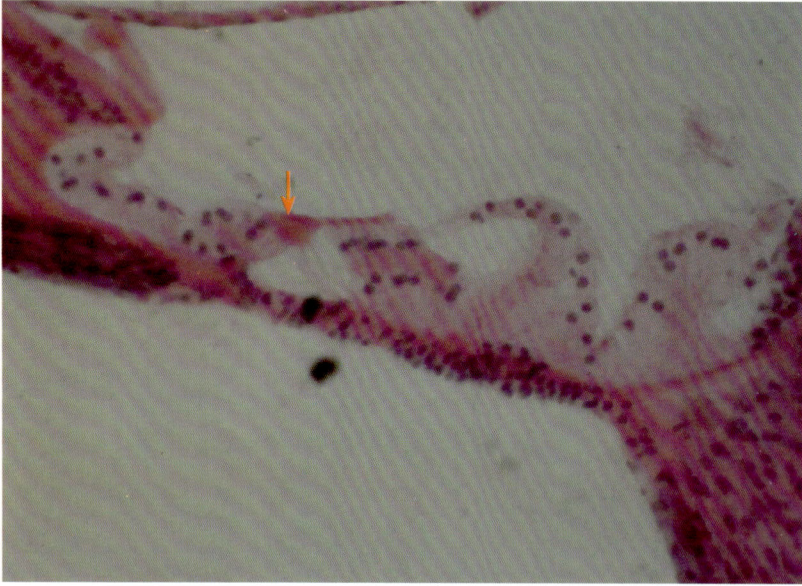

■ 图1-49　豚鼠初级柱细胞头板形成（2）

苏木素-伊红染色　×200

↓ 示初级柱细胞头板形成。

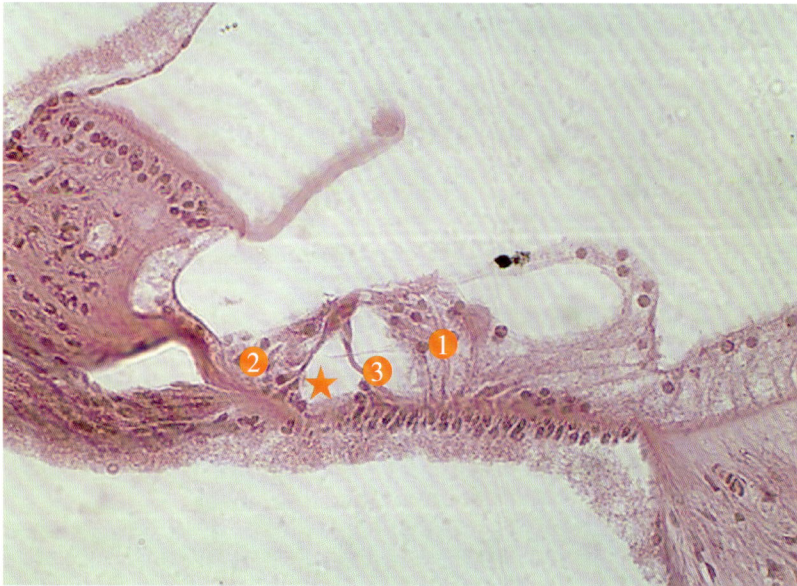

■ 图1-50　豚鼠初级内隧道

苏木素-伊红染色　×200

★示初级内隧道。❶示外侧细胞群；❷示内侧细胞群；❸示
Nuel间隙。

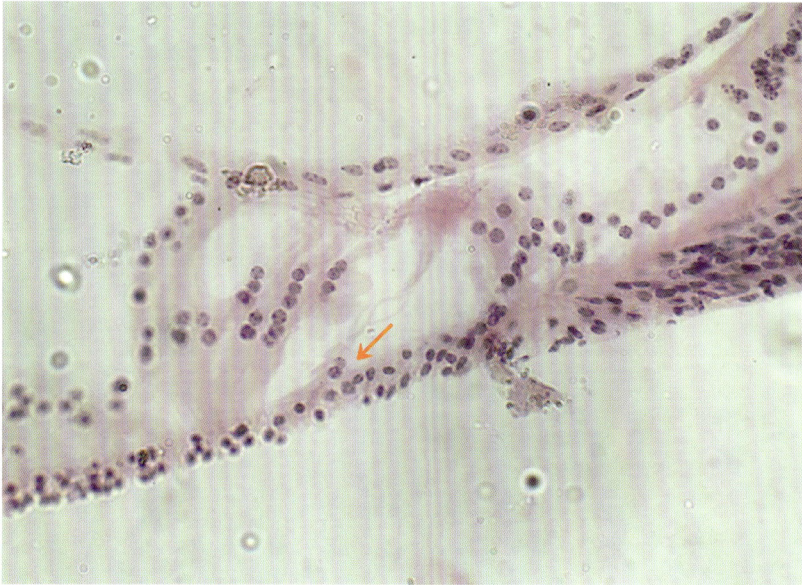

■ 图1-51 豚鼠外柱细胞透明化（1）

苏木素-伊红染色　×200

示外柱细胞胞质率先透明化。

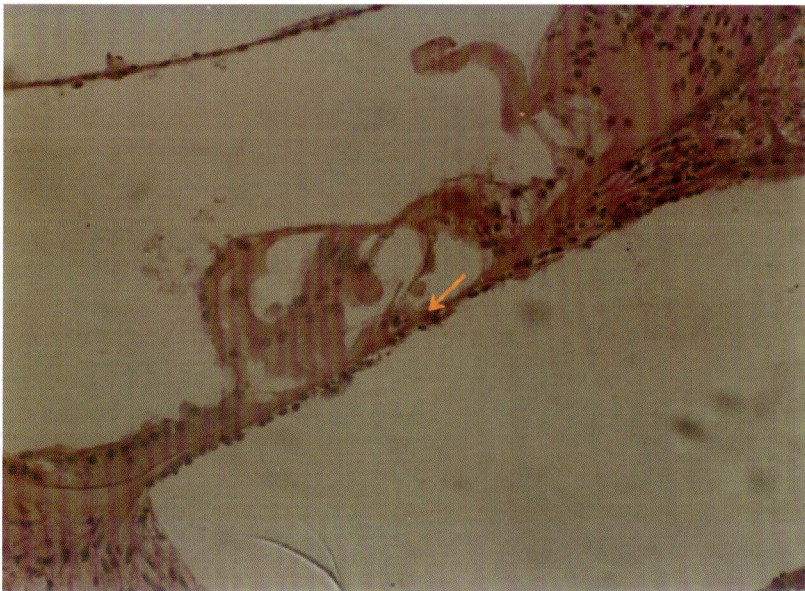

■ 图1-52 豚鼠外柱细胞透明化（2）

苏木素-伊红染色　×200

示外柱细胞胞质率先透明化。

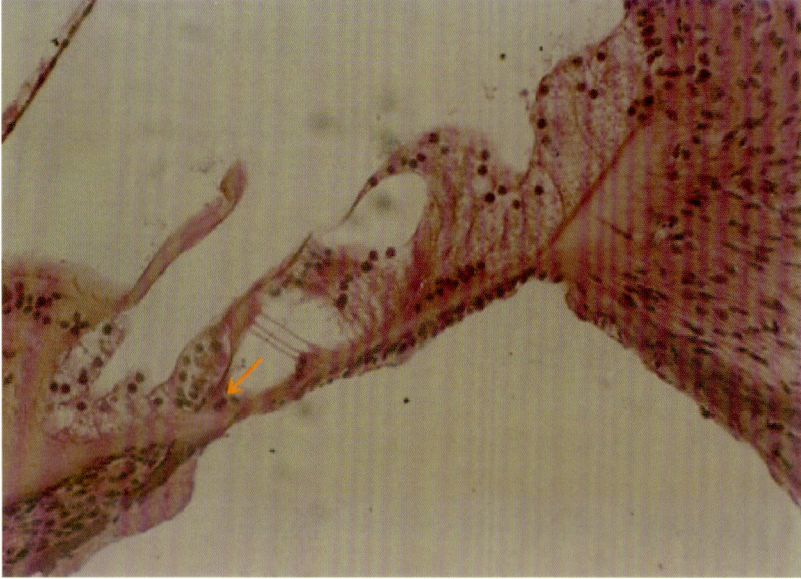

■ **图1-53　豚鼠内柱细胞透明化（1）**
苏木素-伊红染色　×200
示内柱细胞先于外柱细胞胞质透明化。

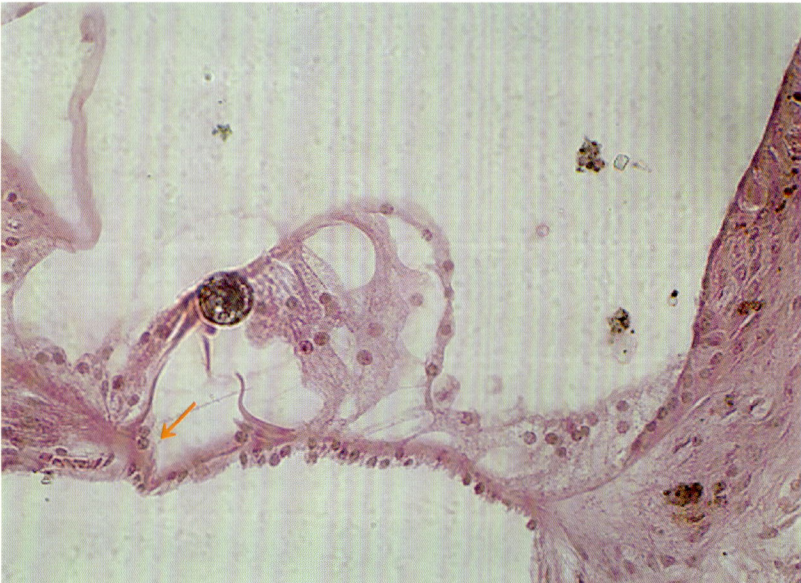

■ **图1-54　豚鼠内柱细胞透明化（2）**
苏木素-伊红染色　×200
示内柱细胞先于外柱细胞胞质透明化。

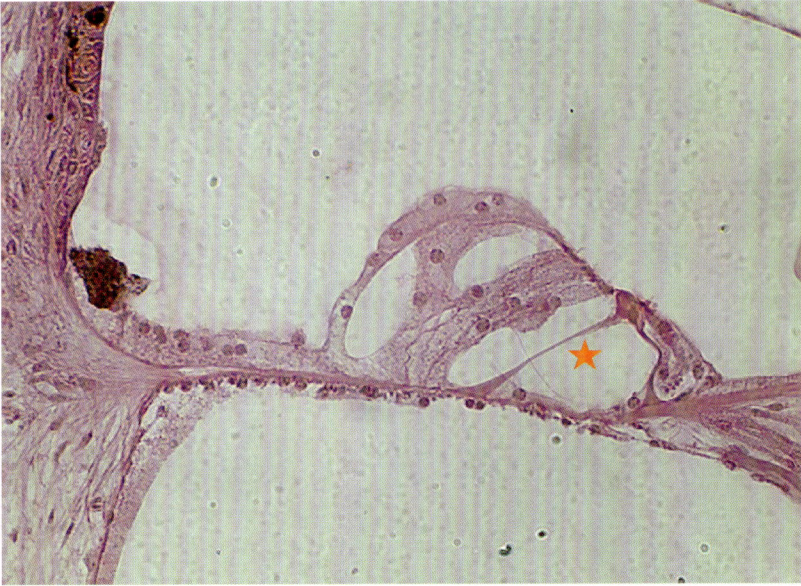

■ 图1-55 豚鼠次级内隧道（1）

苏木素-伊红染色 ×200

★示次级内隧道，外柱细胞与内柱细胞胞质均已透明化。

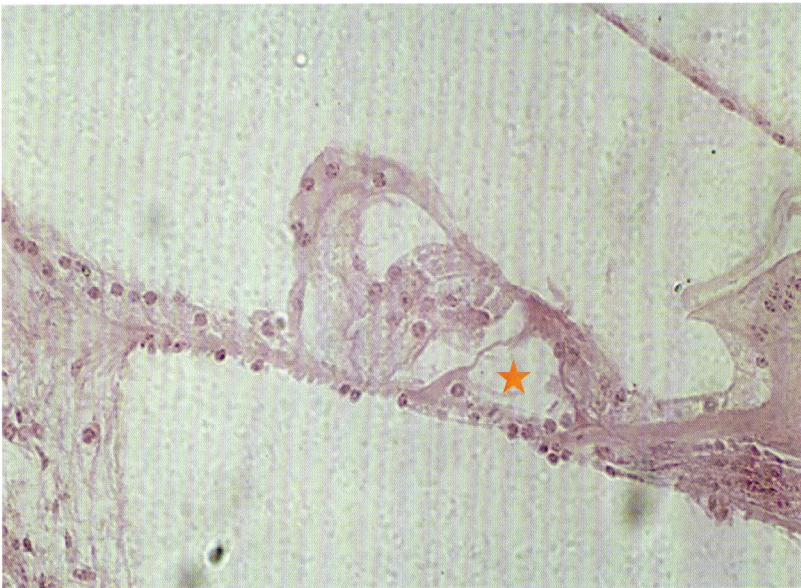

■ 图1-56 豚鼠次级内隧道（2）

苏木素-伊红染色 ×200

★示次级内隧道，外柱细胞与内柱细胞胞质均已透明化。

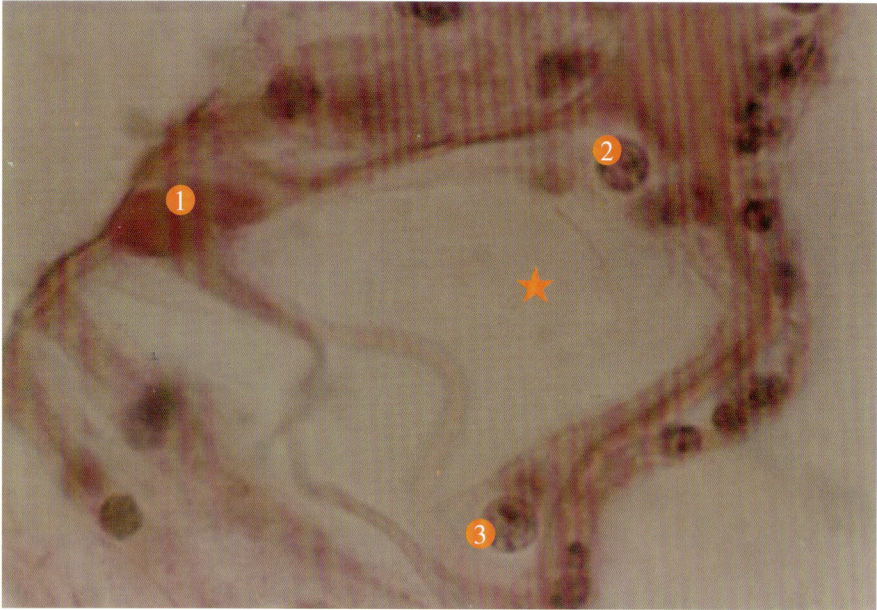

■ 图1-57　豚鼠次级内隧道（3）

苏木素-伊红染色　×400

★示次级内隧道。❶示柱细胞头板；❷示胞质透明化的内柱细
胞；❸示胞质透明化的外柱细胞。

（3）外侧细胞群演化　内隧道外侧的外侧细胞群是螺旋器的主体，
其演化过程包括外隧道出现、外听细胞群演化、外缘细胞群演化和外沟细
胞群演化。

1）外隧道演化　螺旋器的结构中外隧道出现最早，早在原始的感音
盘周边部即可见明显的外隧道样腔隙（图1-58、图1-59）。外隧道是由初
级螺旋器其外侧细胞群中间细胞死亡溶解所致（图1-60、图1-61），外柱
细胞与外侧细胞群之间也因细胞死亡溶解出现另一间隙，称为Nuel间隙。
外隧道出现将初级螺旋器的外侧细胞群又分为其内侧的外听细胞群和其外
侧的外缘细胞群。外隧道内侧的外听细胞群多呈多层排列，外侧的外缘细
胞群排列仍不规则。

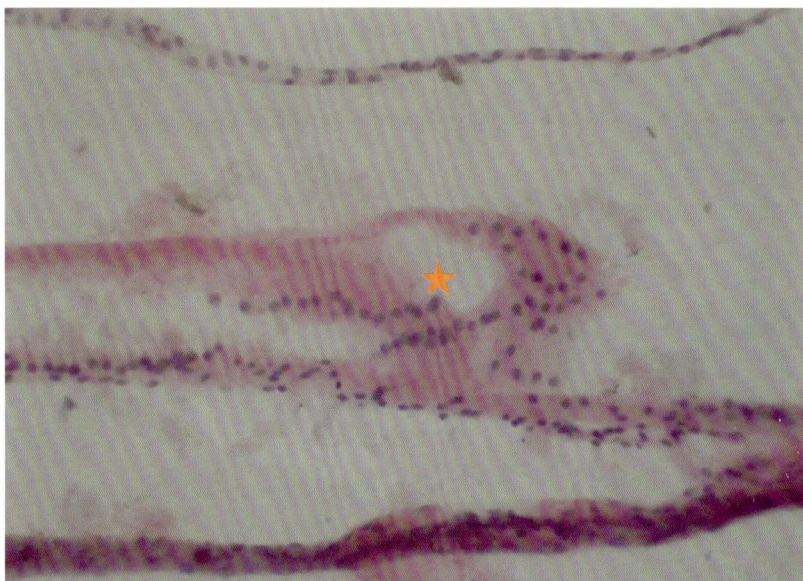

■ **图1-58 豚鼠外隧道演化（1）**

苏木素-伊红染色 ×200

★ 示晚期感音盘周边部外隧道样腔隙。

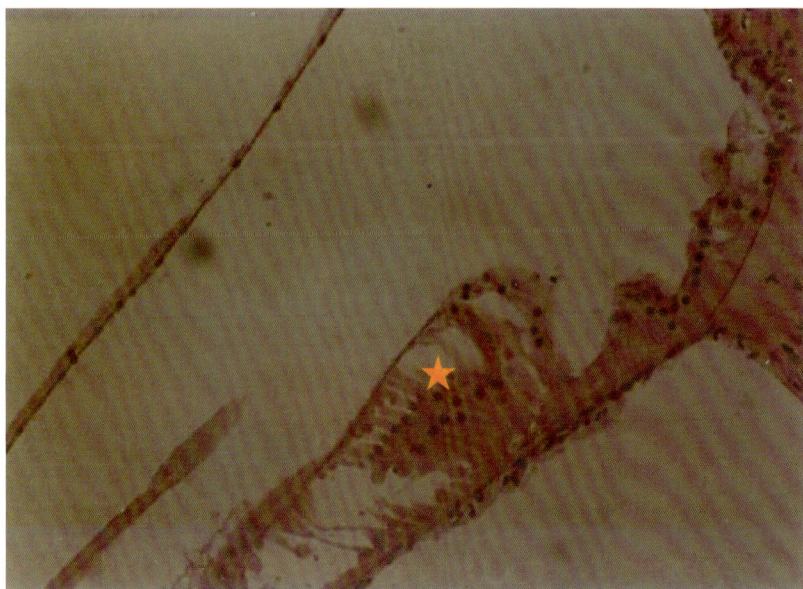

■ **图1-59 豚鼠外隧道演化（2）**

苏木素-伊红染色 ×200

★ 示晚期感音盘周边部外隧道样腔隙。

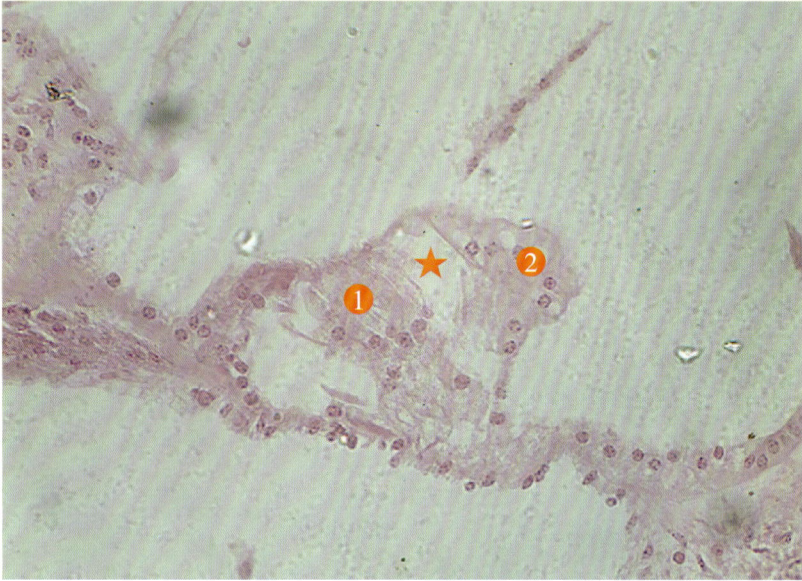

■ 图1-60　豚鼠外隧道演化（3）

苏木素-伊红染色　×200

★示初级螺旋器外隧道。❶示外听细胞群；❷示外缘细胞群。

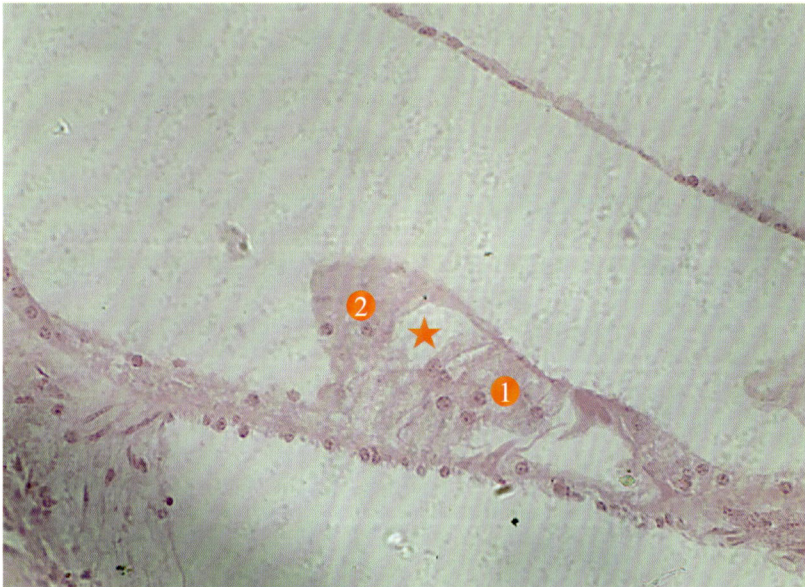

■ 图2-61　豚鼠外隧道演化（4）

苏木素-伊红染色　×200

★示初级螺旋器外隧道。❶示外听细胞群；❷示外缘细胞群。

2）外听细胞群演化　初级螺旋器的外听细胞群最初为多排多列细胞阵（图1-62），而后逐渐整合为2排（图1-63），上排为初级毛细胞，下排成为初级指细胞。有时可见双核初级指细胞（图1-64）和双核初级毛细胞（图1-65），皆为细胞直接分裂象。初级螺旋器演化为次级螺旋器首先见于初级指细胞逐渐被透明化的次级指细胞，即Deiters'（代特斯）细胞替换(图1-66、图1-67)，有时也见初级毛细胞透明化较早发生（图1-68、图1-69），逐渐波及大多毛细胞与指细胞（图1-70），最终，整个外听细胞群皆为胞质透明的Deiters'细胞和次级毛细胞所代替（图1-71～图1-74）。

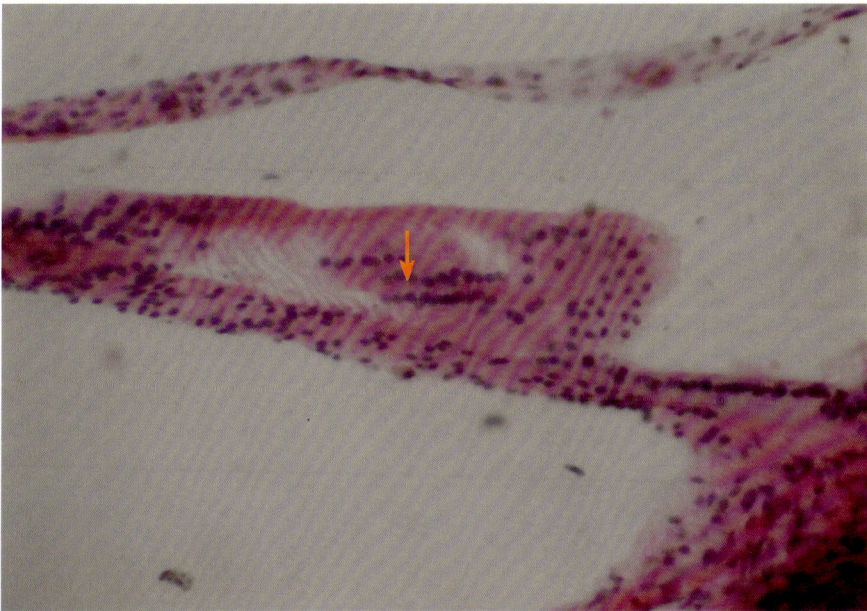

■ **图1-62　豚鼠外听细胞群演化（1）**
苏木素-伊红染色　×200
↓ 示初级螺旋器外听细胞群。

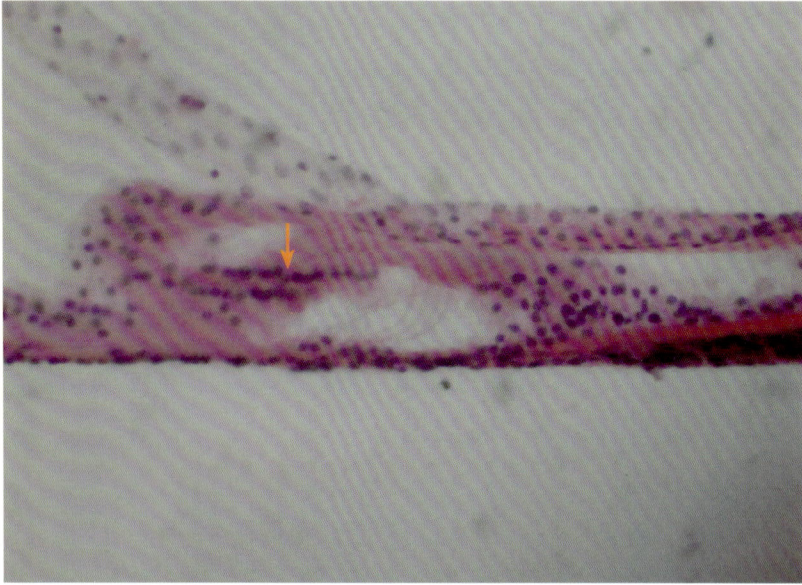

■ **图1-63　豚鼠外听细胞群演化（2）**

苏木素–伊红染色　×200

↓示初级螺旋器外听细胞群。

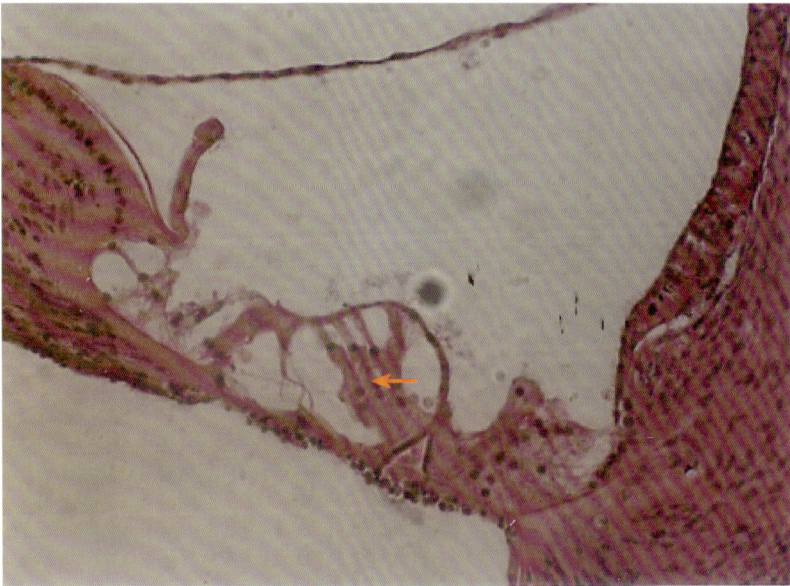

■ **图1-64　豚鼠外听细胞群演化（3）**

苏木素–伊红染色　×200

←示双核初级外指细胞。

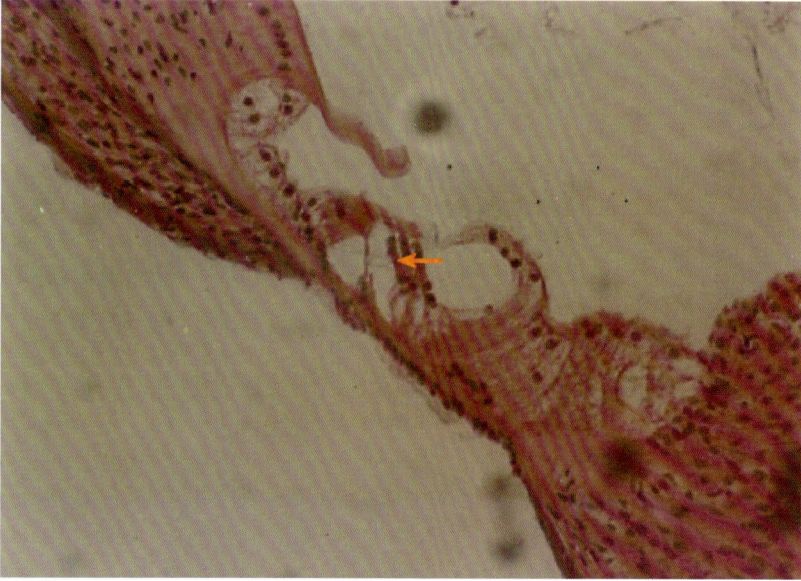

■ 图1-65　豚鼠外听细胞群演化（4）

苏木素-伊红染色　×200

← 示双核初级外毛细胞。

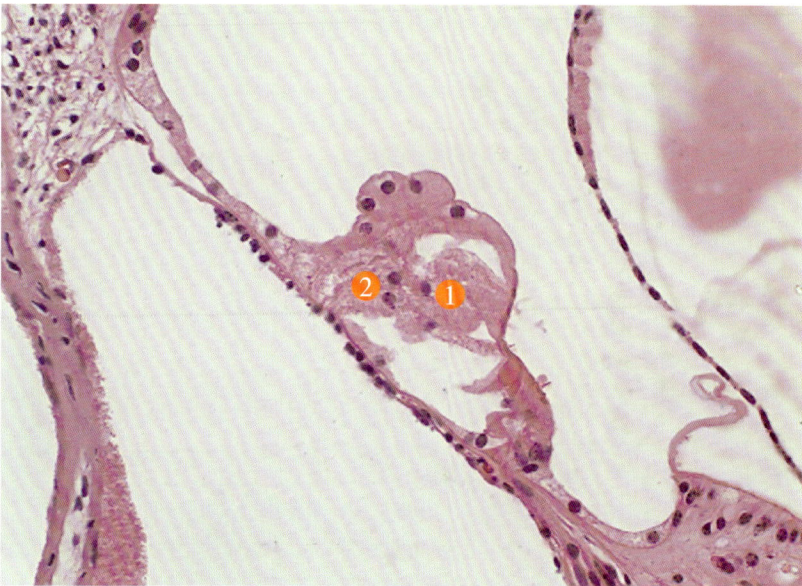

■ 图1-66　豚鼠外听细胞群演化（5）

苏木素-伊红染色　×200

❶示初级外毛细胞；❷示初级外指细胞。

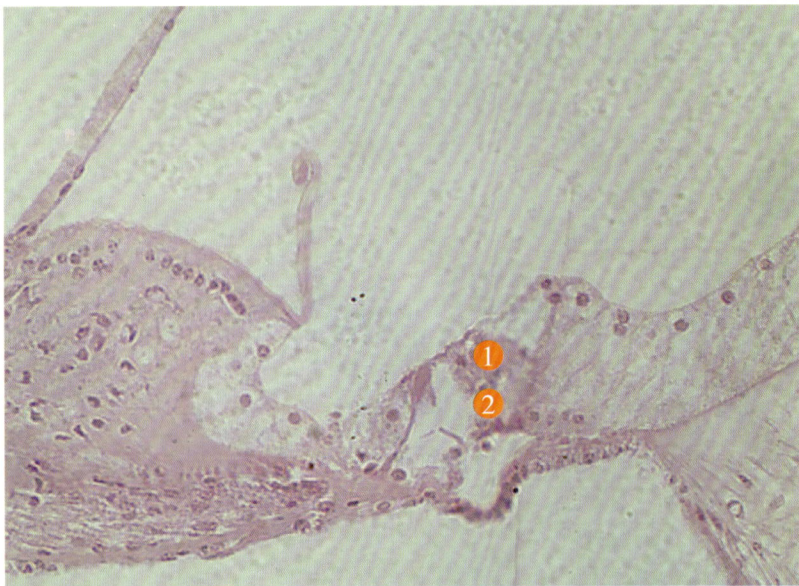

■ 图1-67　豚鼠外听细胞群演化（6）

苏木素-伊红染色　×200

❶示初级外毛细胞；❷示透明化的外指细胞。

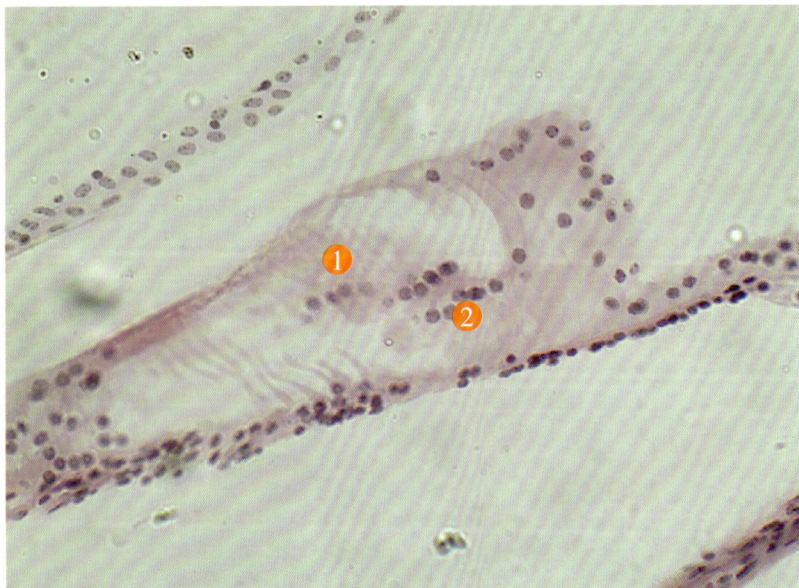

■ 图1-68　豚鼠外听细胞群演化（7）

苏木素-伊红染色　×200

❶示初级外毛细胞；❷示Deiters'细胞。

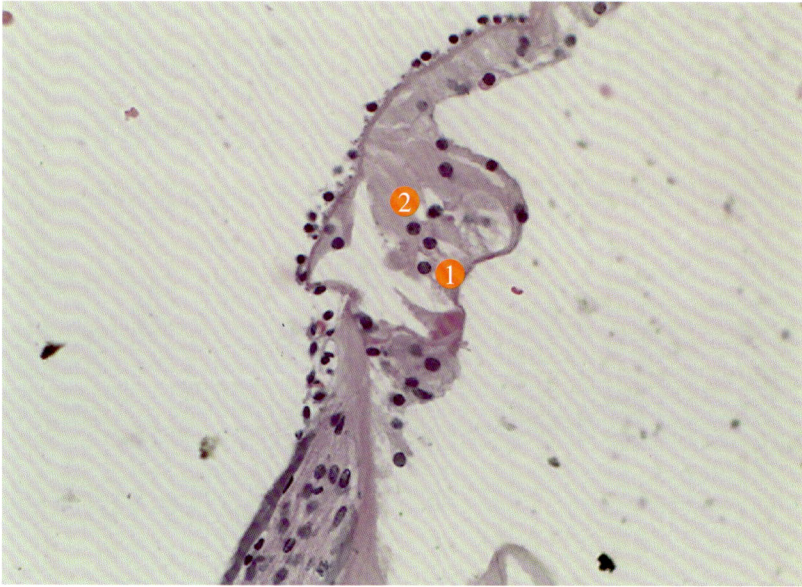

■ 图1-69 豚鼠外听细胞群演化（8）

苏木素–伊红染色 ×200

❶示次级外毛细胞；❷示初级外指细胞。

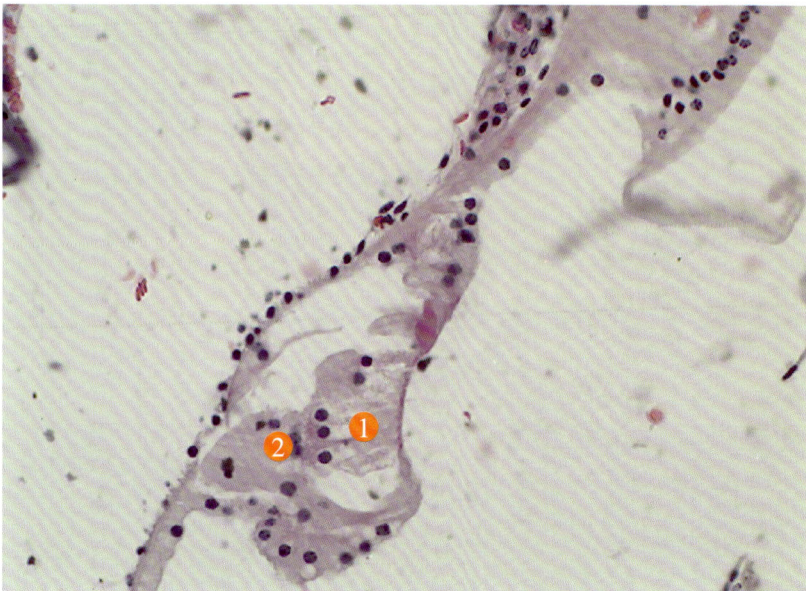

■ 图1-70 豚鼠外听细胞群演化（9）

苏木素–伊红染色 ×200

❶示次级外毛细胞；❷示初级外指细胞。

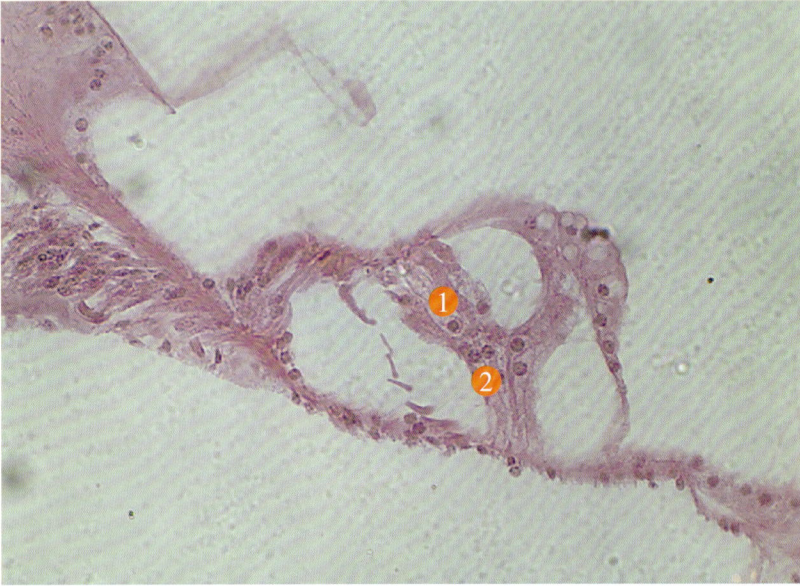

■ 图1-71 豚鼠外听细胞群演化（10）

苏木素–伊红染色　×200

❶ 示次级外毛细胞；**❷** 示次级外指细胞。

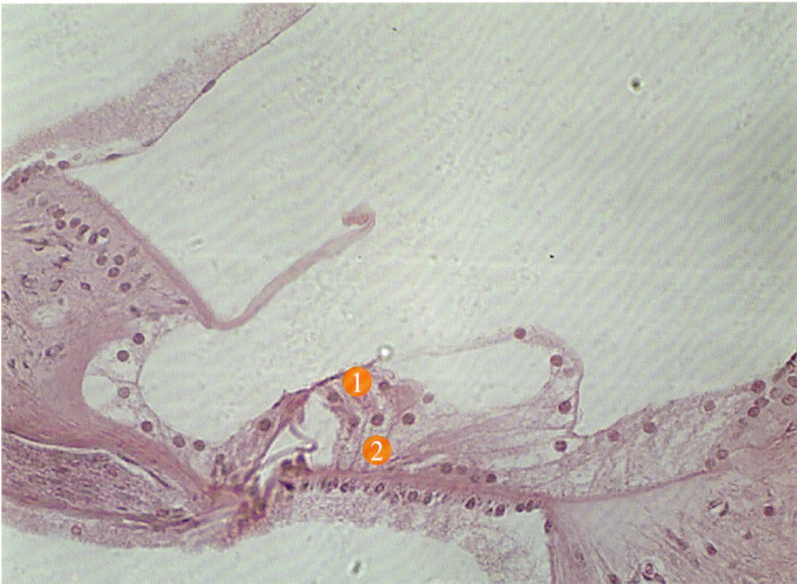

■ 图1-72 豚鼠外听细胞群演化（11）

苏木素–伊红染色　×200

❶ 示次级外毛细胞；**❷** 示次级外指细胞。

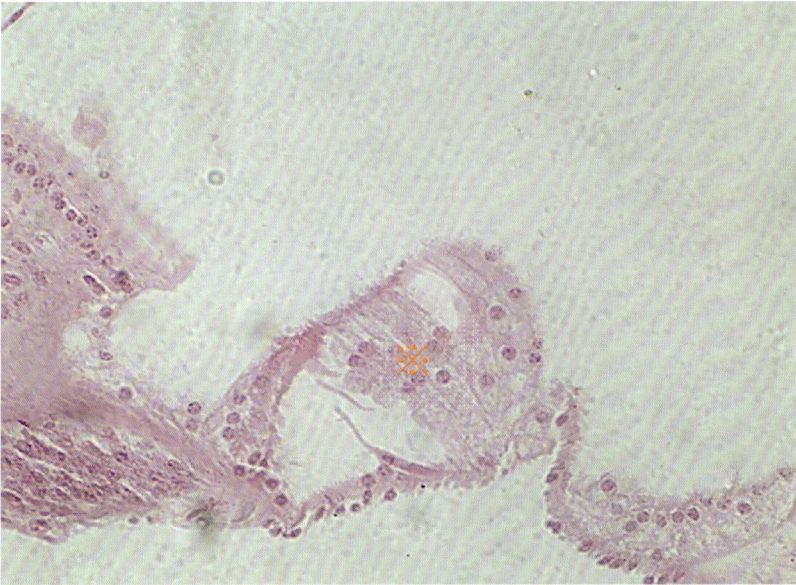

■ 图1-73 豚鼠外听细胞群演化（12）

苏木素-伊红染色 ×200

※ 示完全透明化的外听细胞群。

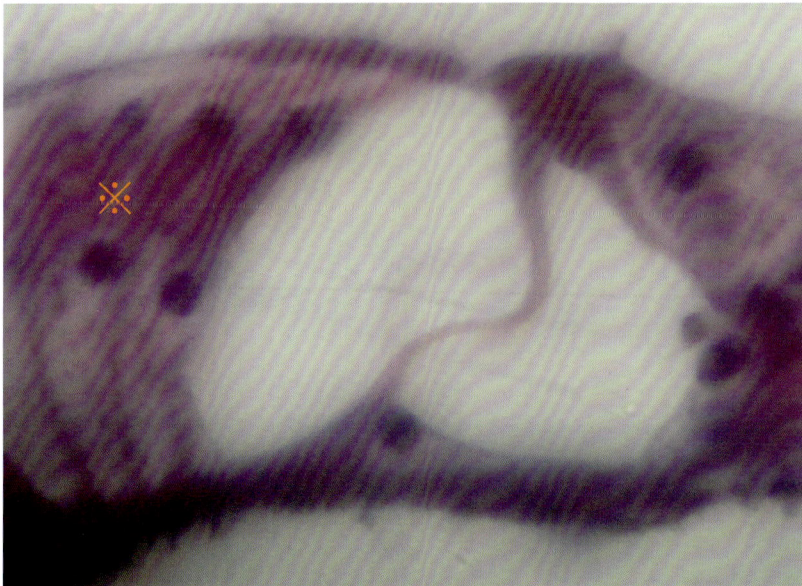

■ 图1-74 豚鼠外听细胞群演化（13）

苏木素-伊红染色 ×400

※ 示完全透明化的外听细胞群。

3）外缘细胞群演化　　开始外缘细胞群是高居外隧道之上的一群较厚的散乱细胞，而后细胞群位置降低，细胞层数减少，仍留在外隧道上方的成为单层盖细胞，其余则为外缘细胞（图1-75、图1-76），再后外缘细胞形成高柱状、透明的Hensen（亨森）细胞（图1-77～图1-79）。

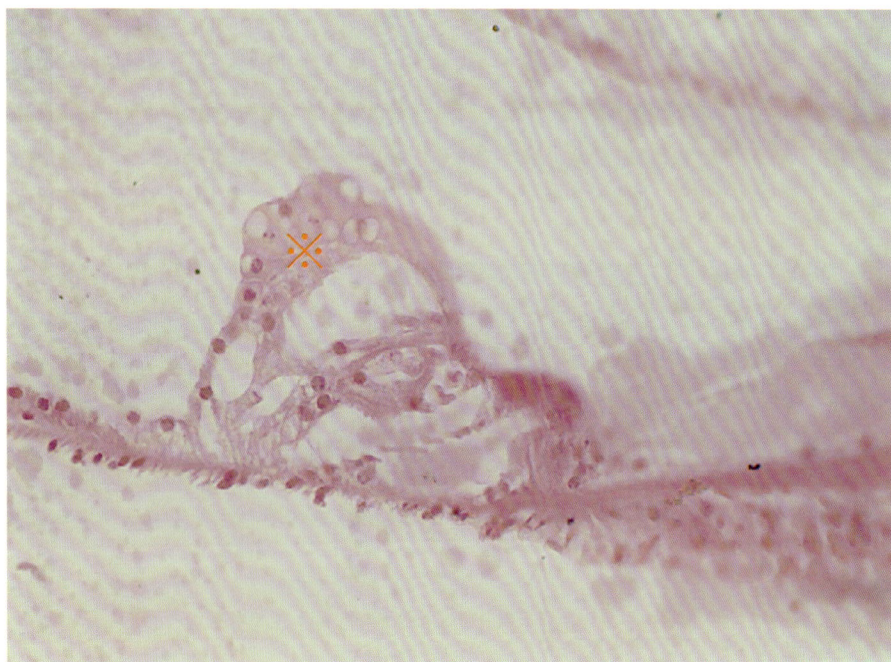

■ 图1-75　豚鼠外缘细胞群演化（1）
苏木素-伊红染色　×200
※示高居外隧道之上的外缘细胞群。

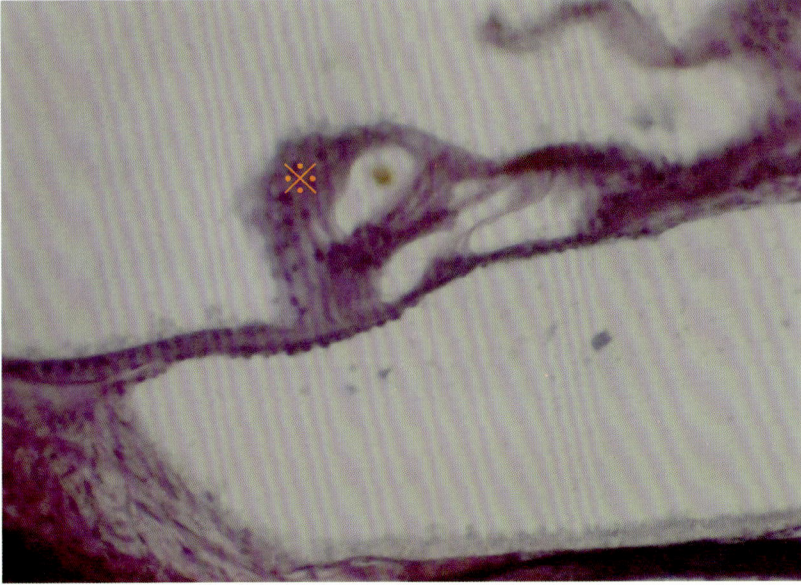

■ 图1-76　豚鼠外缘细胞群演化（2）

苏木素–伊红染色　×200

※示位置稍低的外缘细胞群。

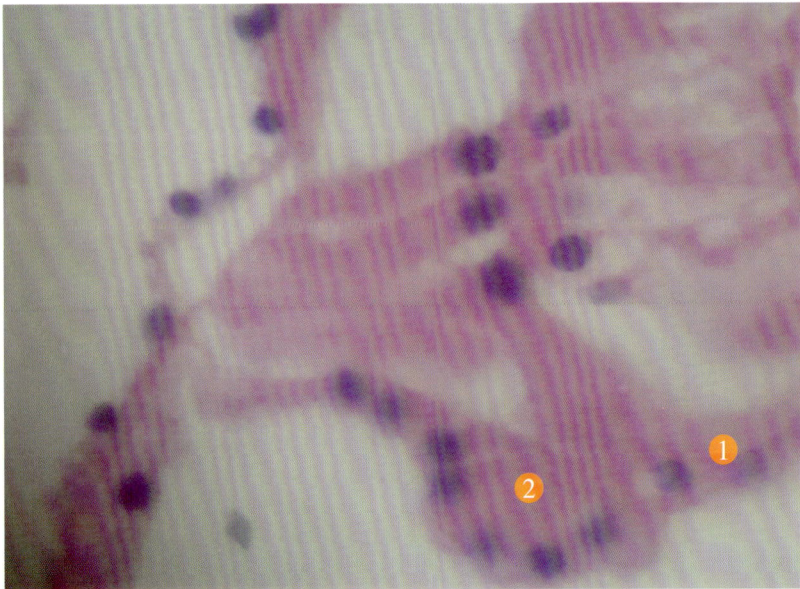

■ 图1-77　豚鼠外缘细胞群演化（3）

苏木素–伊红染色　×400

❶示盖细胞；❷示外缘细胞。

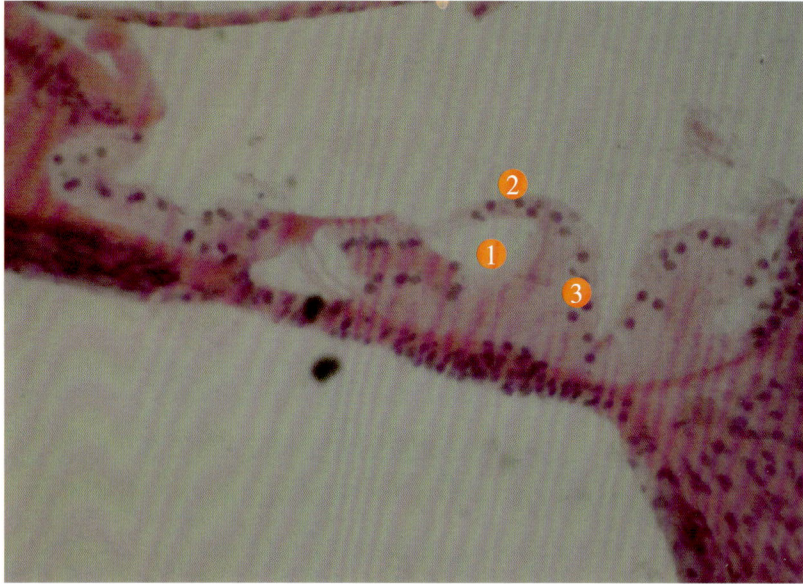

■ **图1-78　豚鼠外缘细胞群演化（4）**

苏木素–伊红染色　×200

❶示外隧道；❷示盖细胞；❸示Hensen细胞。

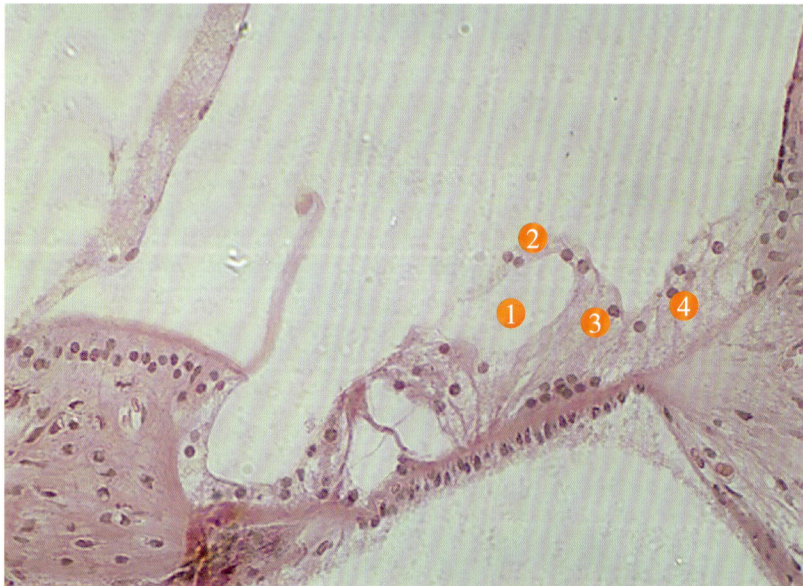

■ **图1-79　豚鼠外缘细胞群演化（5）**

苏木素–伊红染色　×200

❶示外隧道；❷示盖细胞；❸示Hensen细胞；❹示Claudius′细胞。

4）外沟细胞群演化　外沟部位的细胞群最初为与外缘细胞群相延续的暗染单层立方细胞（图1-80），而后Hensen细胞向外扩展，逐渐透明化（图1-81~图1-83），最后完全透明，成为高柱状的Claudius'（克劳迪乌斯）细胞（图1-84、图1-85）。Claudius'细胞与螺旋韧带表面血管纹界限分明（图1-86），但早期也可见Claudius'细胞与外沟细胞重叠（图1-87、图1-88），后期来自血管纹源细胞逐渐退缩至螺旋凸以上（图1-89、图1-90）。Böttcher's（伯特歇尔）细胞出现最晚（图1-91、图1-92），至此螺旋器结构演化方告完成（图1-93）。

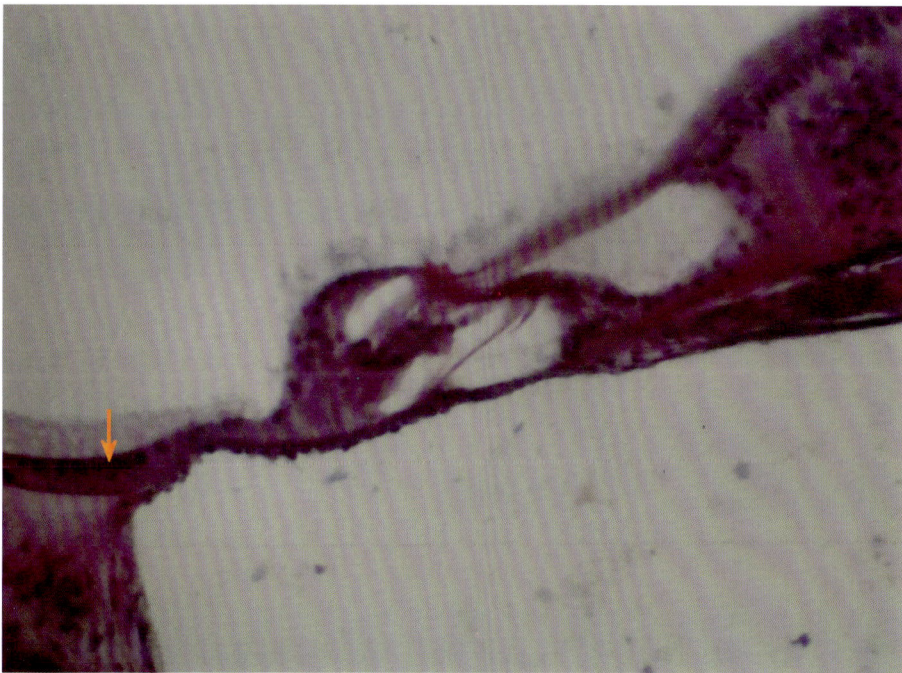

图1-80　豚鼠外沟细胞群演化（1）

苏木素-伊红染色　×200

↓示染色较暗、稍低矮的外沟细胞。

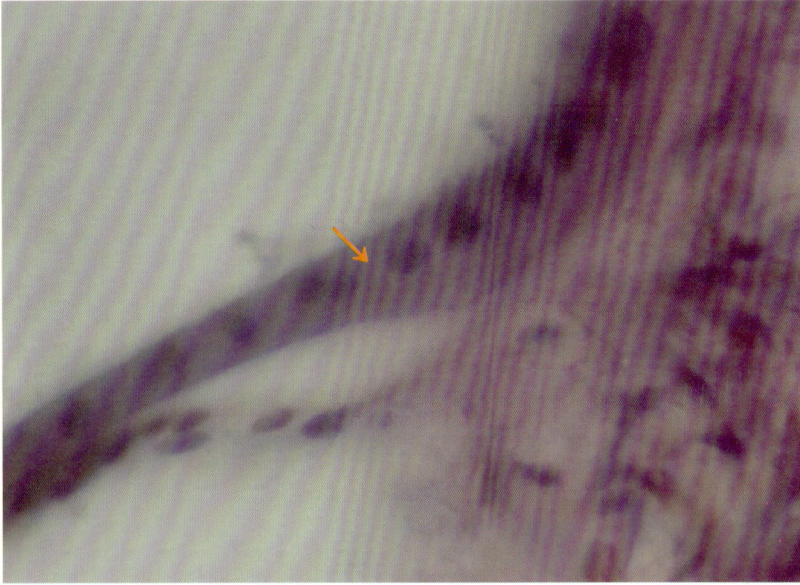

■ 图1-81 豚鼠外沟细胞群演化（2）
苏木素-伊红染色　×400
示外沟细胞逐渐透明化。

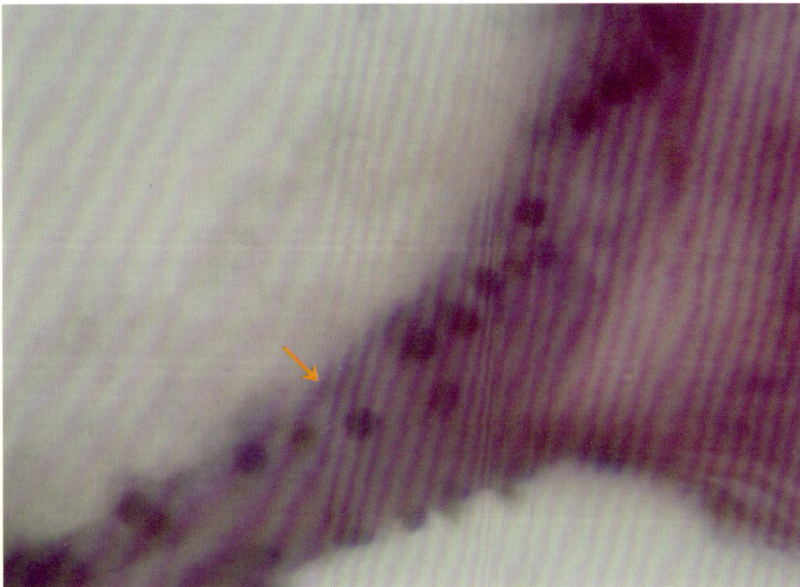

■ 图1-82 豚鼠外沟细胞群演化（3）
苏木素-伊红染色　×400
示外沟细胞逐渐透明化。

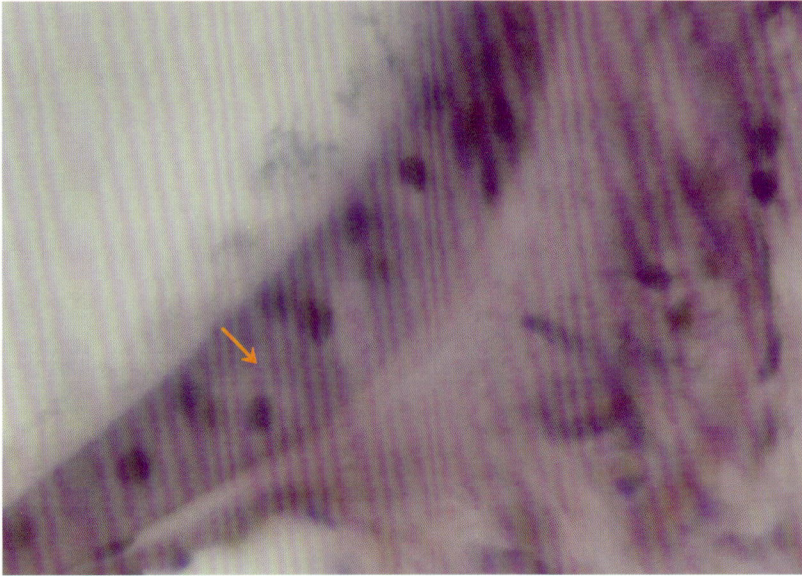

■ 图1-83 豚鼠外沟细胞群演化（4）

苏木素–伊红染色 ×400

示外沟细胞逐渐透明化。

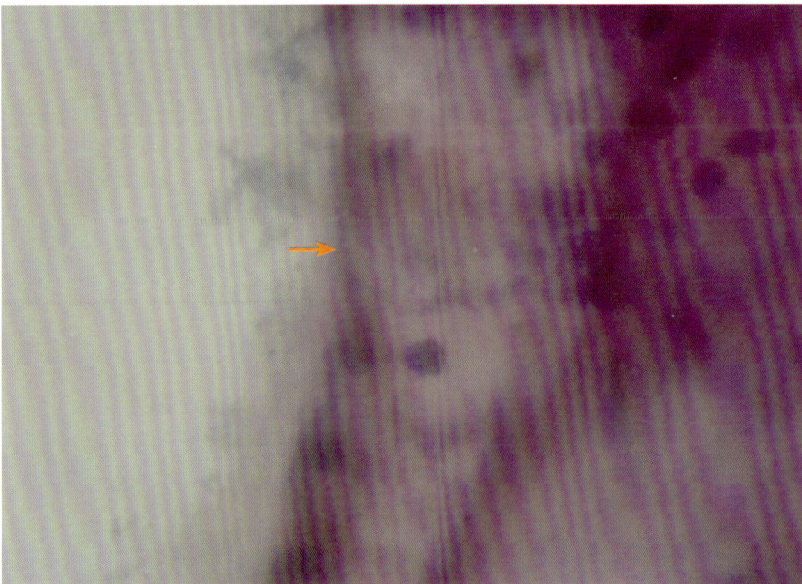

■ 图1-84 豚鼠外沟细胞群演化（5）

苏木素–伊红染色 ×400

示外沟细胞完全透明化。

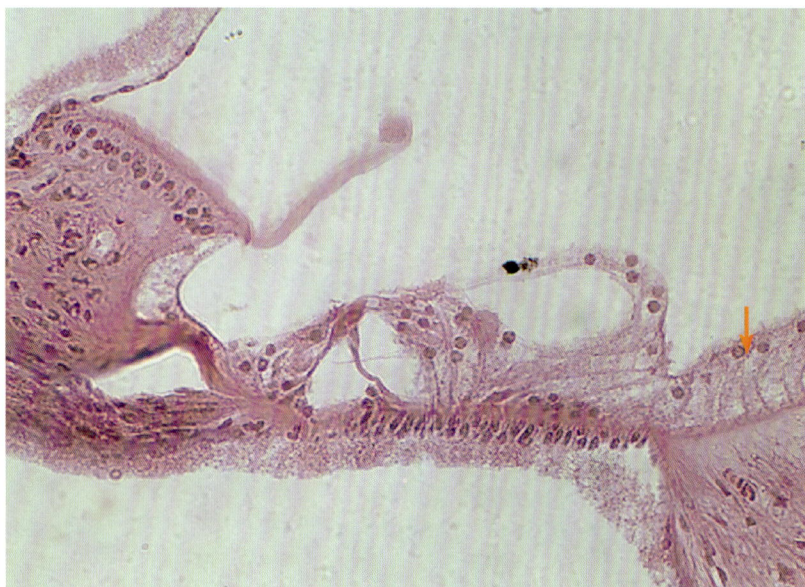

■ 图1-85　豚鼠外沟细胞群演化（6）

苏木素-伊红染色　×200

↓示向外扩展的Claudius'细胞。

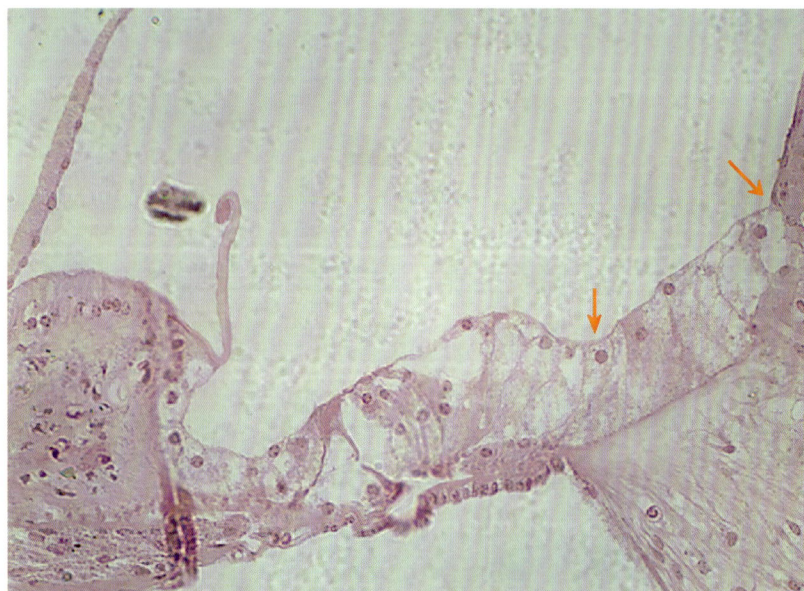

■ 图1-86　豚鼠外沟细胞群演化（7）

苏木素-伊红染色　×200

↓示向外扩展的Claudius'细胞。↘示Claudius'细胞与血管纹的明晰交界。

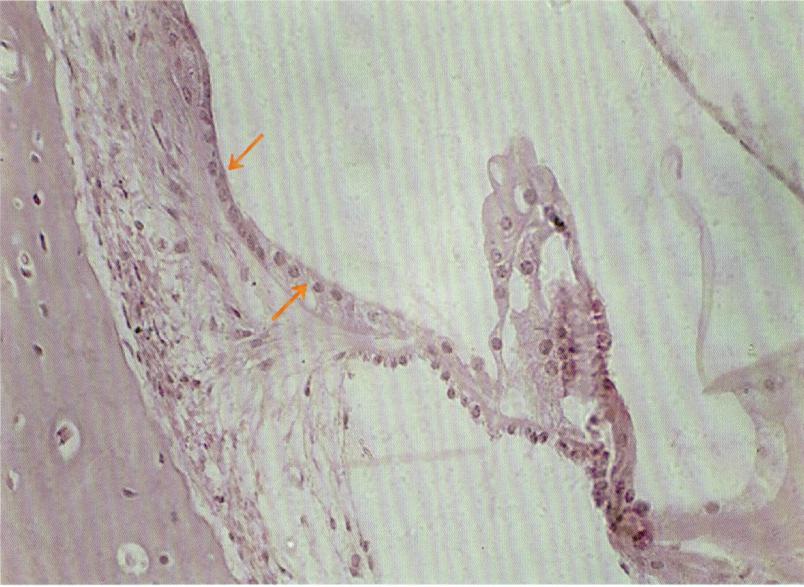

■ 图1-87　豚鼠外沟细胞群演化（8）

苏木素-伊红染色　×200

↗示透明的Claudius'细胞和↗示暗染的外沟细胞，二者重叠
交界。

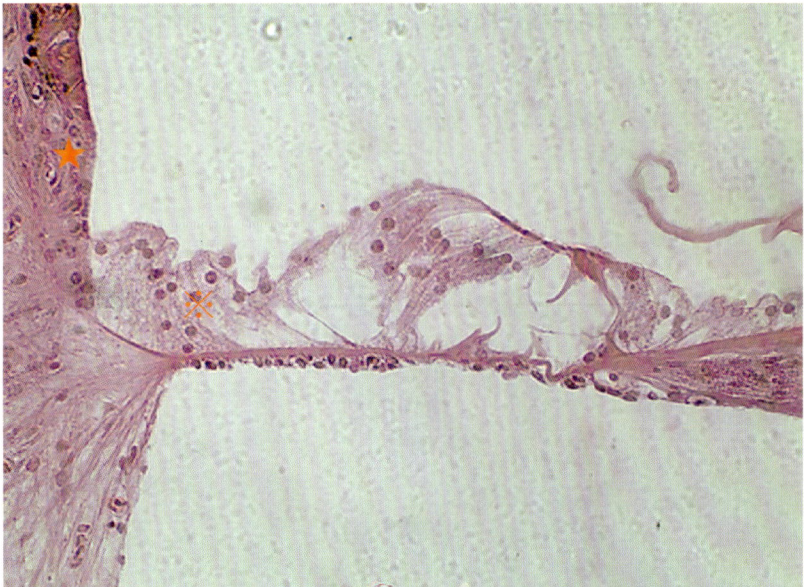

■ 图1-88　豚鼠外沟细胞群演化（9）

苏木素-伊红染色　×200

★示暗染的血管纹细胞下延。※示透明的Claudius'细胞群。

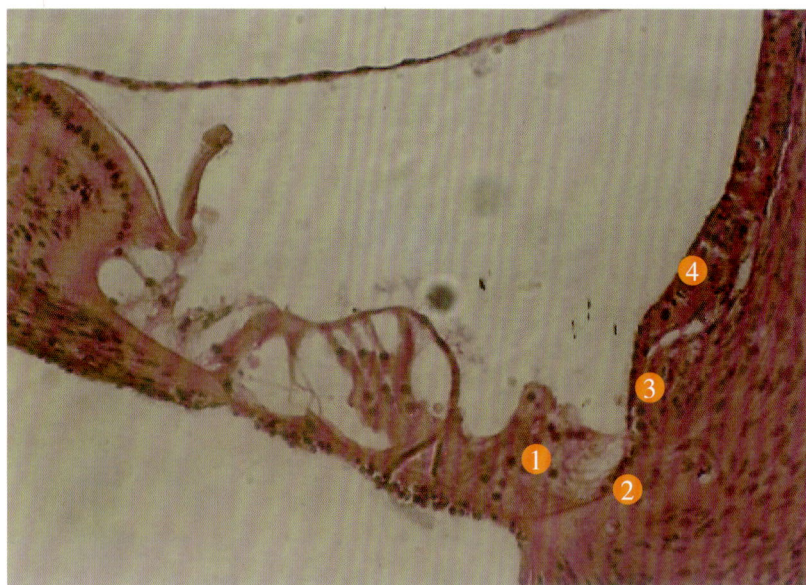

■ 图1-89 豚鼠外沟细胞群演化（10）

苏木素-伊红染色 ×200

❶示Claudius'细胞；❷示外沟细胞；❸示螺旋凸；❹示血管纹下延超过螺旋凸。

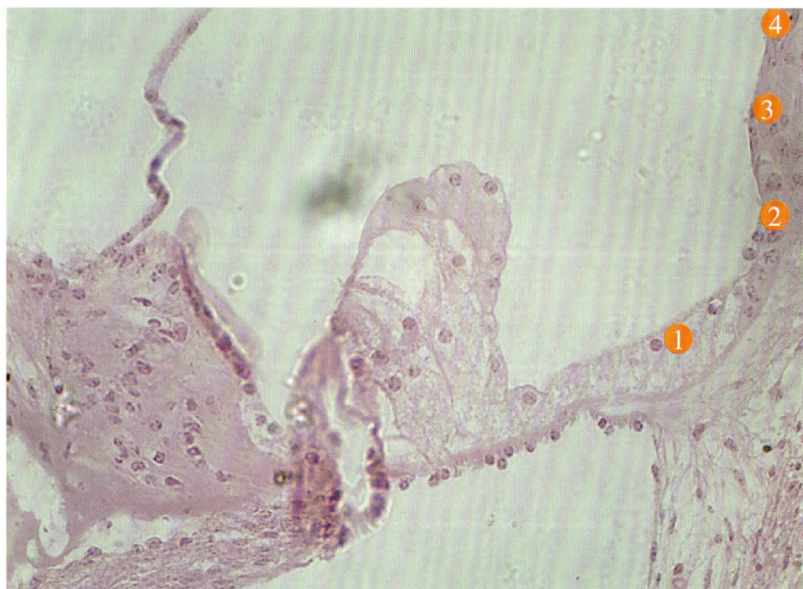

■ 图1-90 豚鼠外沟细胞群演化（11）

苏木素-伊红染色 ×200

❶示Claudius'细胞；❷示上延的透明细胞；❸示螺旋凸；❹示退缩的血管纹。

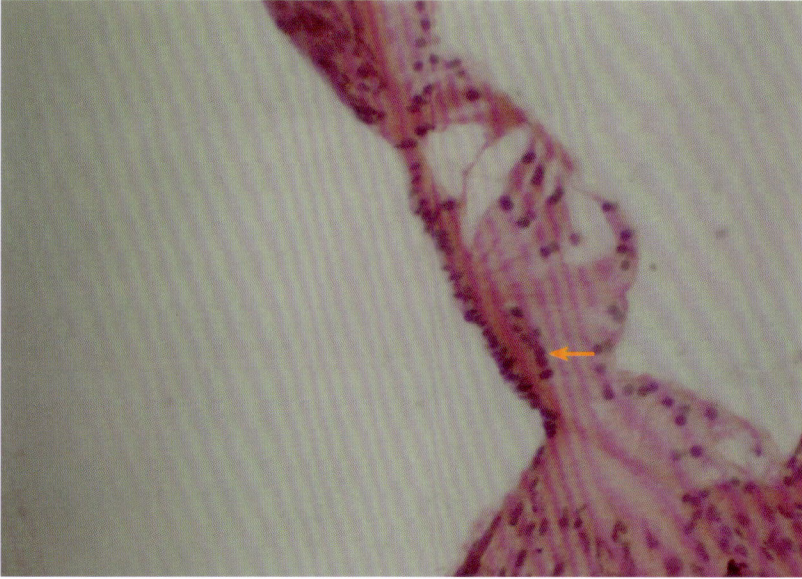

■ 图1-91　豚鼠外沟细胞群演化（12）
苏木素-伊红染色　×200
← 示Böttcher's 细胞。

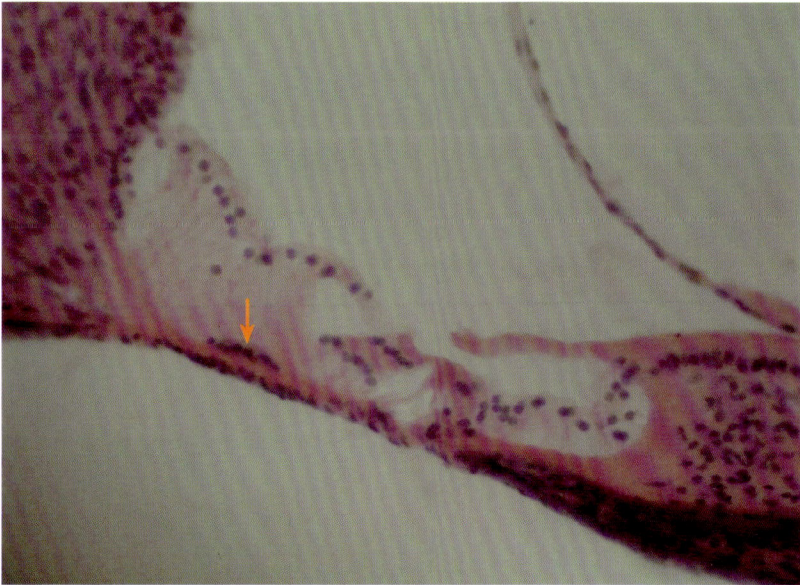

■ 图1-92　豚鼠外沟细胞群演化（13）
苏木素-伊红染色　×200
↓ 示Böttcher's 细胞。

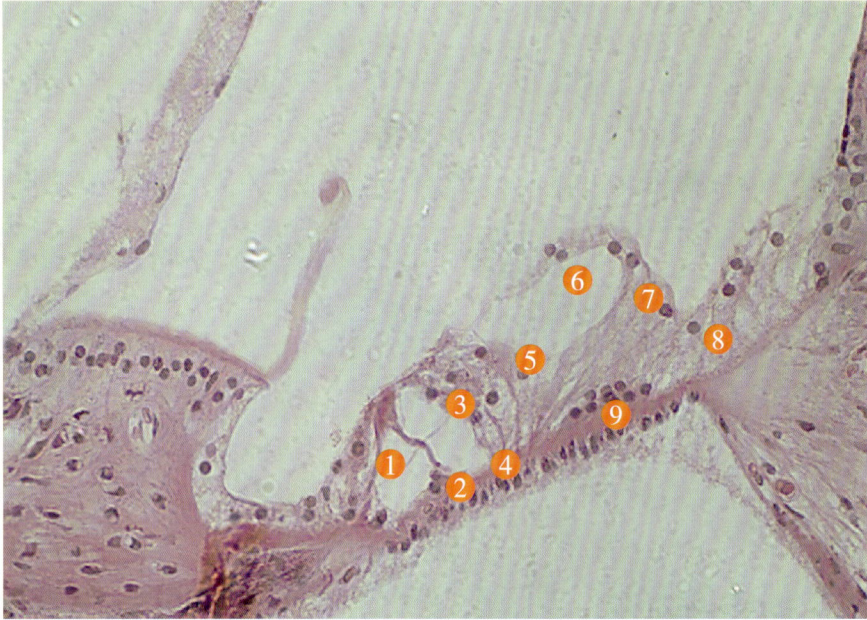

■ **图1-93　豚鼠外侧细胞群演化**

苏木素-伊红染色　×200

❶示内隧道；❷示Nuel间隙；❸示外毛细胞；❹示Deiters'细胞；
❺示外隧道；❻示盖细胞；❼示Hensen细胞；❽示Claudius'细胞；
❾示Böttcher's细胞。

（4）内侧细胞群演化　内侧细胞群演化形成内听细胞群、内缘细胞群和内沟细胞群。

1）内听细胞群及内缘细胞演化　最初内听细胞群排列不规则（图1-94），而后邻近内柱细胞的内侧细胞逐渐出现较规则排列的一列或二列内听细胞群（图1-95），二列内听细胞群上为初级内毛细胞，下为初级内指细胞（图1-96）。接后，初级内指细胞首先被透明的次级内指细胞替换（图1-97、图1-98），继之初级毛细胞也逐渐透明化，成为次级毛细胞（图1-99～图1-101），较远离内柱细胞的初级内听细胞则外延为内缘细胞。次级内毛细胞也可由内指细胞脱颖产生（图1-102、图1-103）。

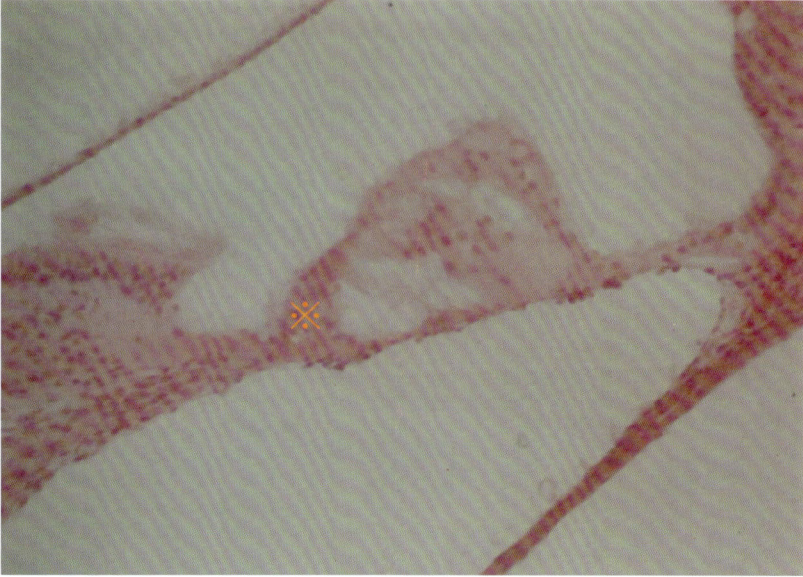

图1-94　豚鼠内听细胞群演化（1）

苏木素-伊红染色　×200

※示内侧细胞群。

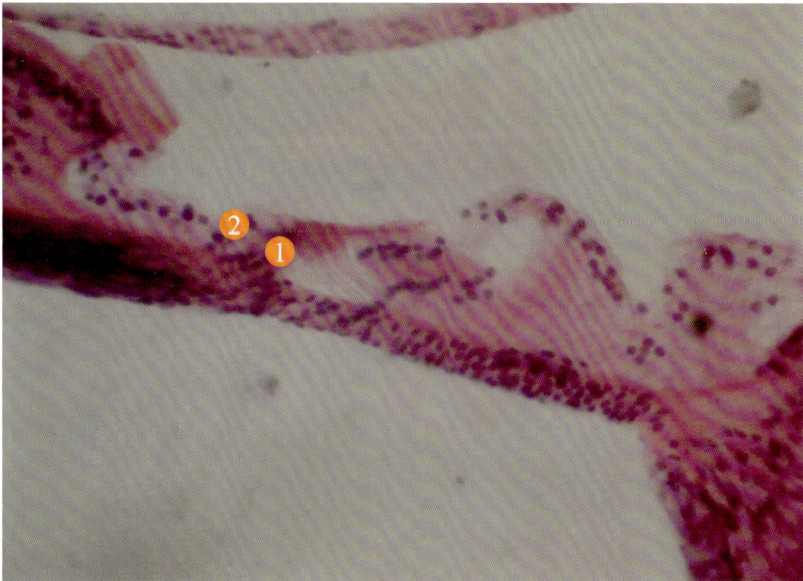

图1-95　豚鼠内听细胞群演化（2）

苏木素-伊红染色　×200

❶示内听细胞群；❷示内缘细胞。

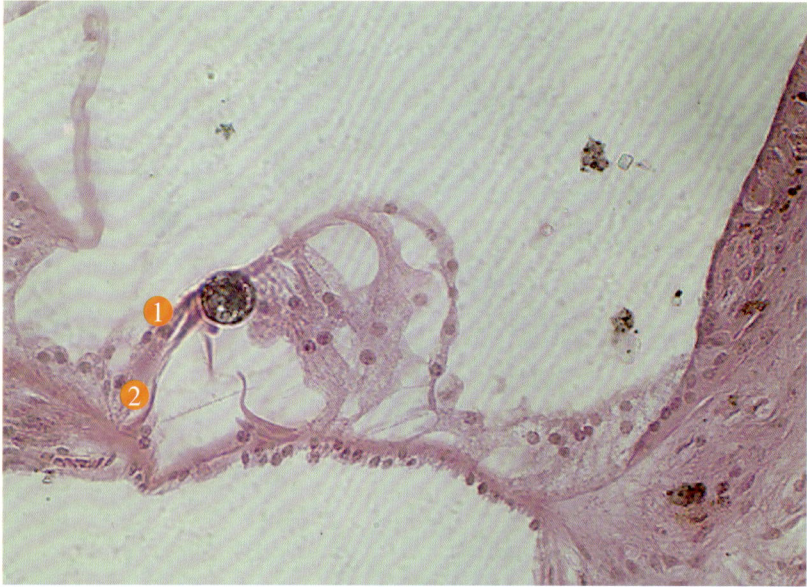

■ 图1-96　豚鼠内听细胞群演化（3）

苏木素–伊红染色　×200

❶示内毛细胞；❷示内指细胞。

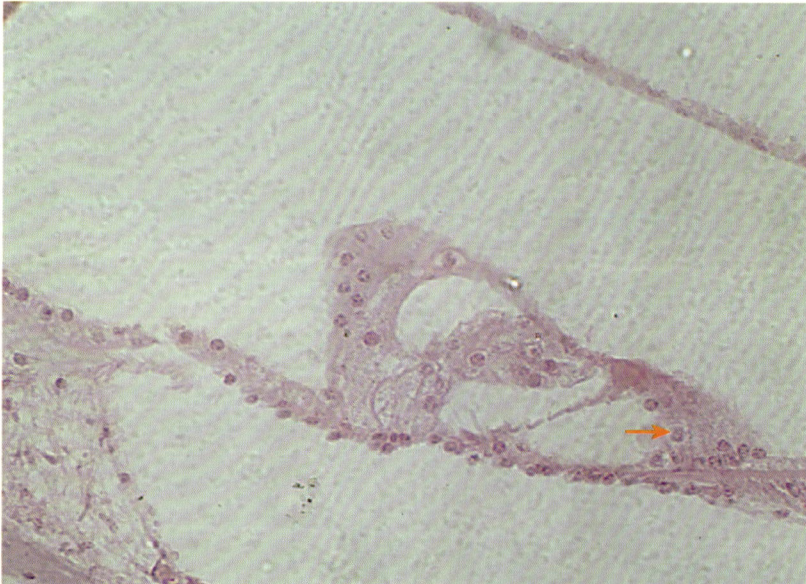

■ 图1-97　豚鼠内听细胞群演化（4）

苏木素–伊红染色　×200

➡示较早透明化的内指细胞。

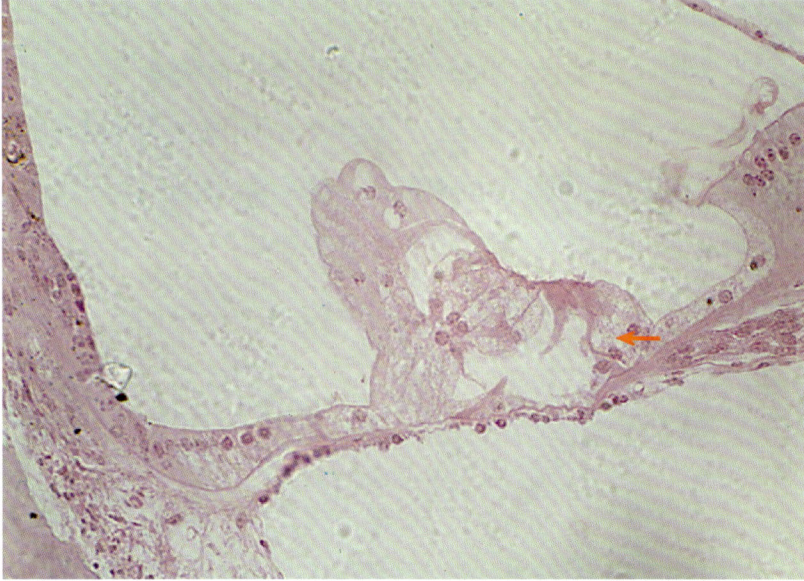

■ 图1-98　豚鼠内听细胞群演化（5）

苏木素-伊红染色　×200

← 示较早透明化的内指细胞。

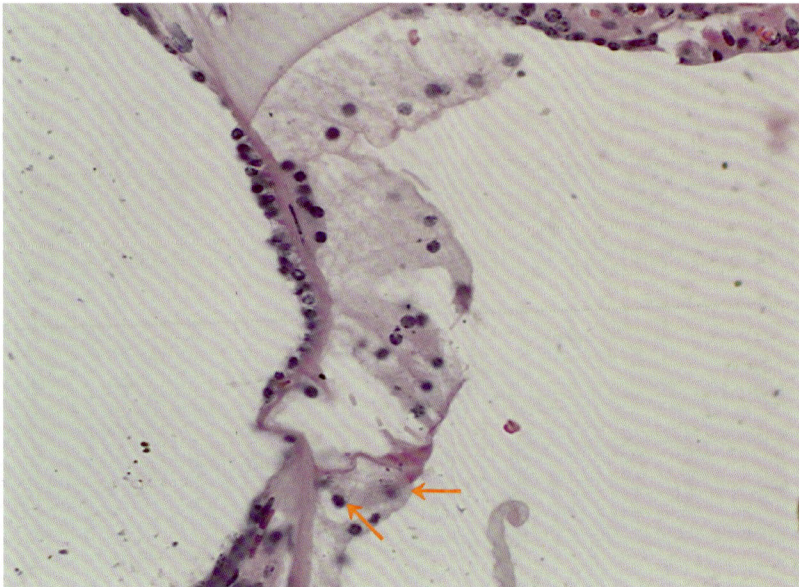

■ 图1-99　豚鼠内听细胞群演化（6）

苏木素-伊红染色　×200

← 示透明化的内指细胞。　← 示内毛细胞。

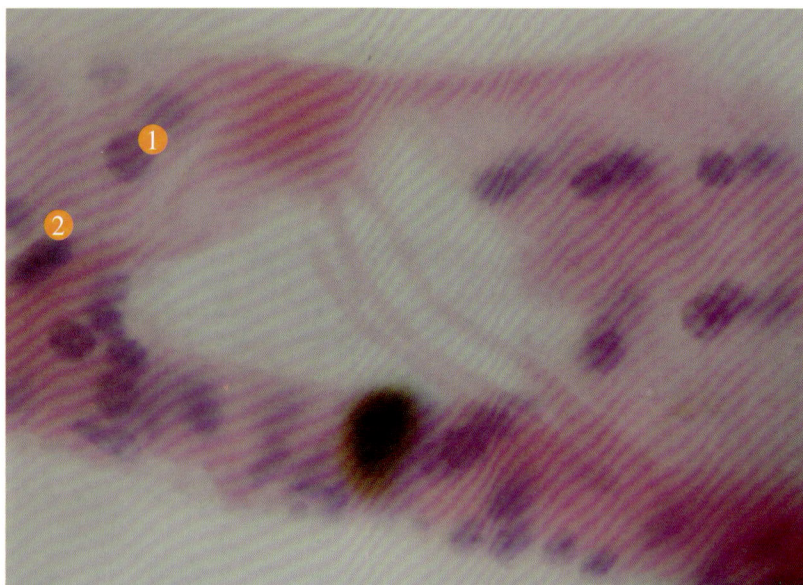

■ 图1-100　豚鼠内听细胞群演化（7）

苏木素-伊红染色　×400

❶示已透明化的内毛细胞；❷示大部透明化的内指细胞。

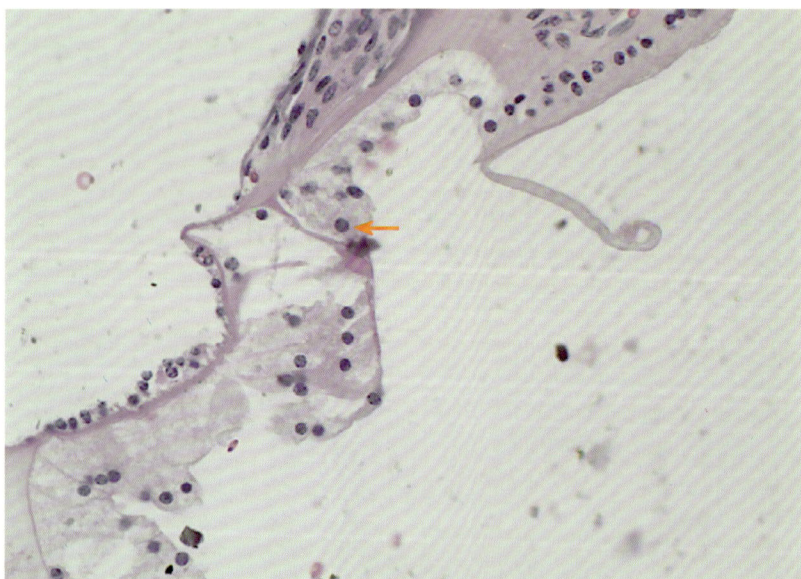

■ 图1-101　豚鼠内听细胞群演化（8）

苏木素-伊红染色　×200

← 示完全透明化的内听细胞。

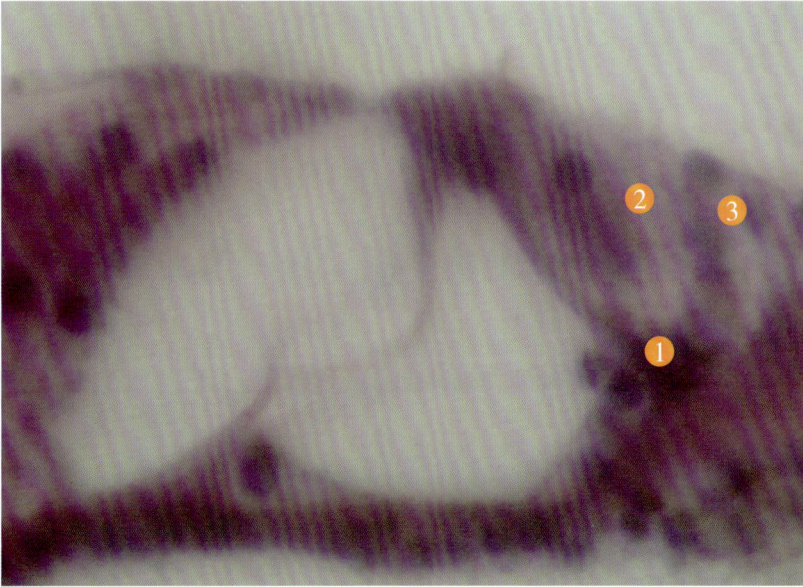

■ 图1-102　豚鼠内听细胞群演化（9）

苏木素-伊红染色　×400

❶示内指细胞；❷由内指细胞脱颖生成的内毛细胞；❸示内缘细胞。

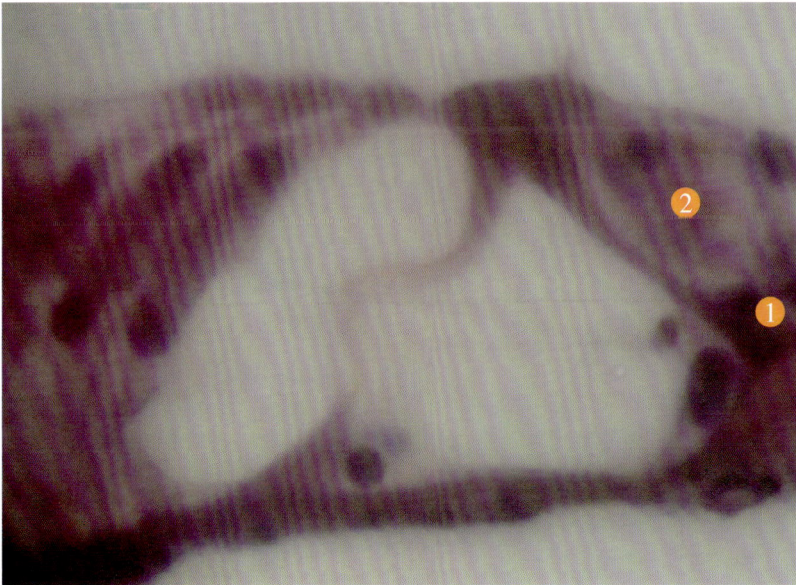

■ 图1-103　豚鼠内听细胞群演化（10）

苏木素-伊红染色　×400

❶示内指细胞；❷由内指细胞脱颖生成的内毛细胞。

2）内沟细胞群演化　起初，内沟细胞群是内缘细胞群向螺旋唇方向的延伸，细胞低矮、稀少（图1-104、图1-105），而后细胞逐渐增多，并透明化（图1-106～图1-108），细胞增高并高度透明化的内沟细胞与螺旋唇细胞一般界限分明（图1-109），但也可见邻近的螺旋唇细胞加入内沟细胞群（图1-110、图1-111）。衰老螺旋器的内沟细胞核褪色或泡沫化而死亡（图1-112）。

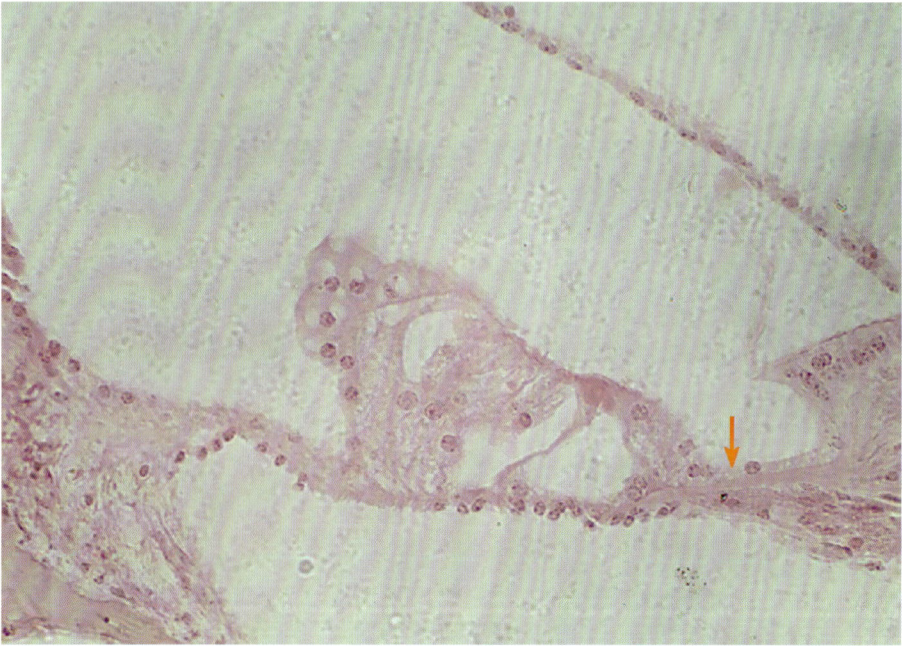

■ 图1-104　豚鼠内沟细胞群演化（1）

苏木素-伊红染色　×200

↓示低平的早期内沟细胞。

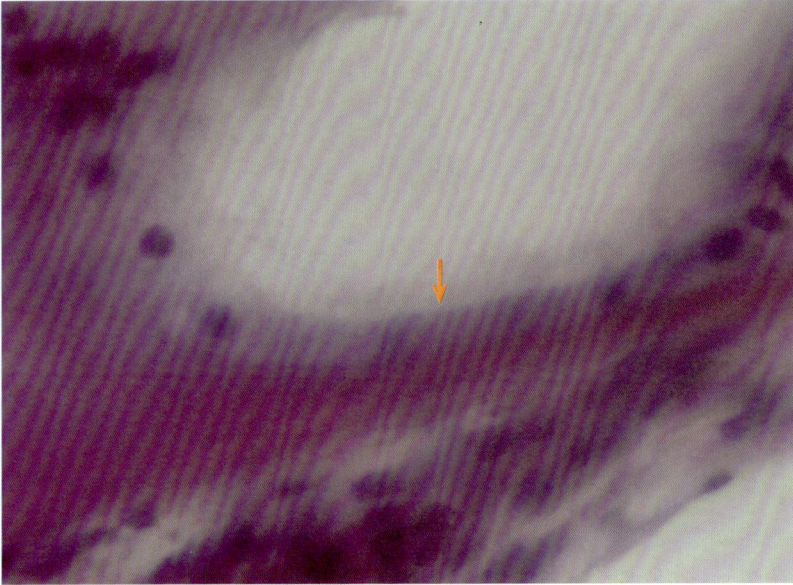

■ 图1-105 豚鼠内沟细胞群演化（2）

苏木素-伊红染色 ×400

↓示低平的早期内沟细胞，部分细胞开始透明化。

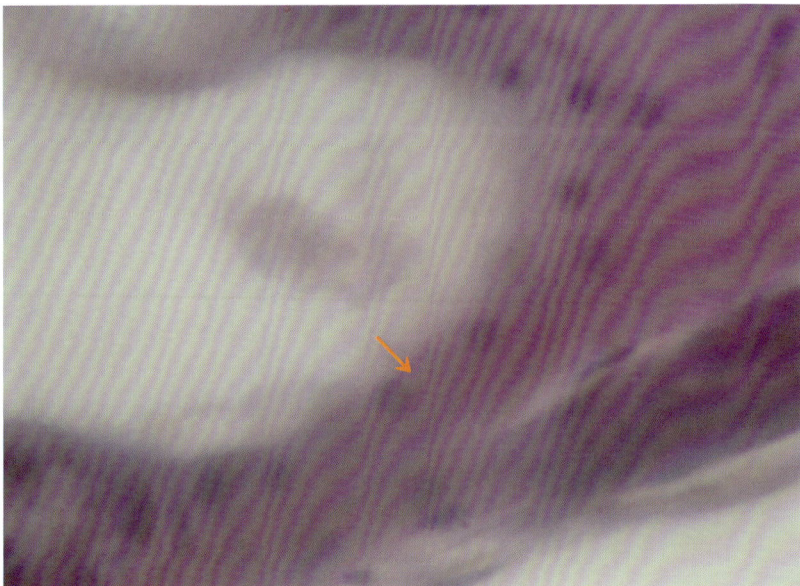

■ 图1-106 豚鼠内沟细胞群演化（3）

苏木素-伊红染色 ×400

↘示内沟细胞逐渐增高，部分细胞开始透明化。

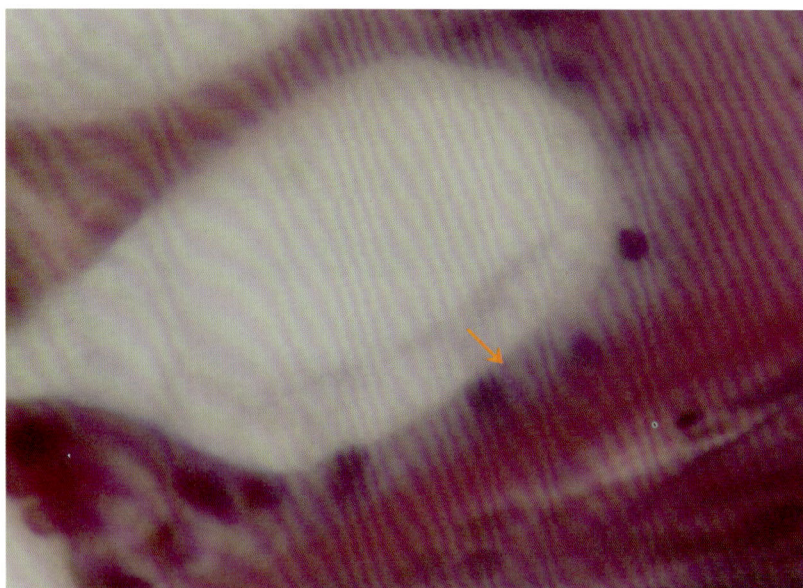

■ 图1-107　豚鼠内沟细胞群演化（4）

苏木素-伊红染色　×400

示内沟细胞大部分透明化。

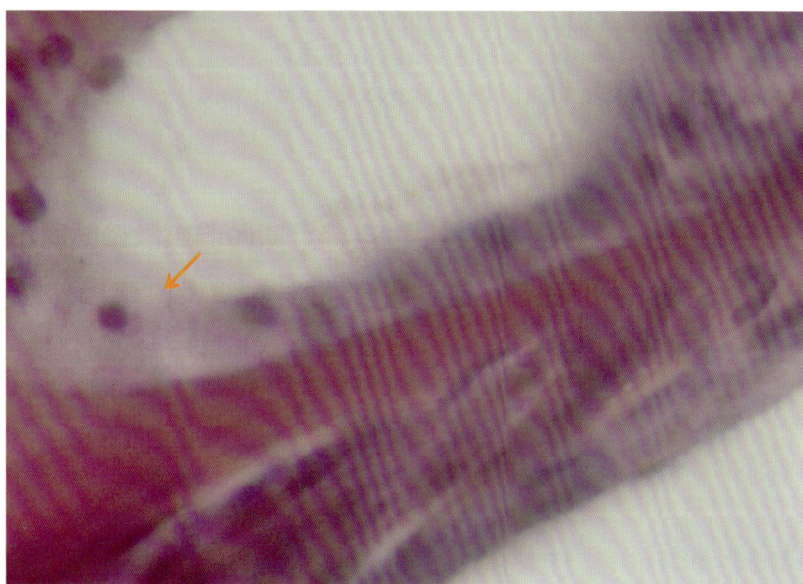

■ 图1-108　豚鼠内沟细胞群演化（5）

苏木素-伊红染色　×400

示内沟细胞大部分透明化。

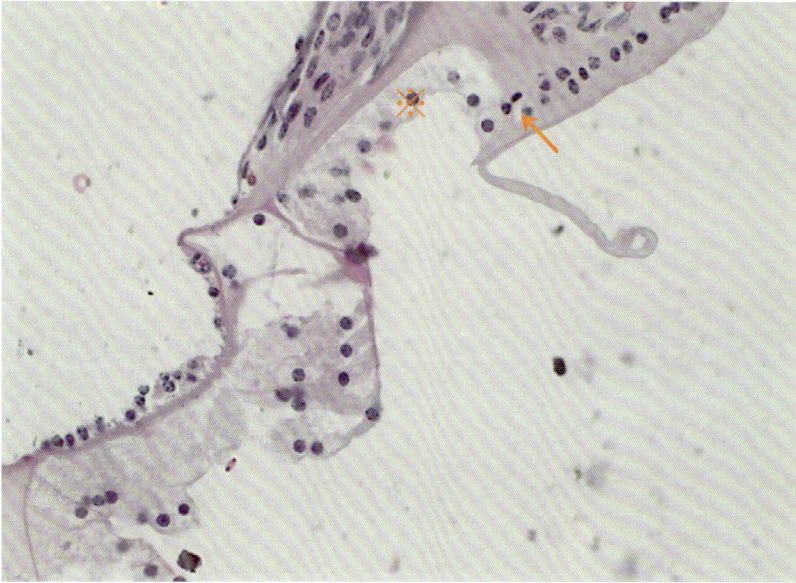

■ 图1-109　豚鼠内沟细胞群演化（6）

苏木素–伊红染色　×200

※示内沟细胞完全透明化。　↖示螺旋唇细胞过渡形成内沟细胞。

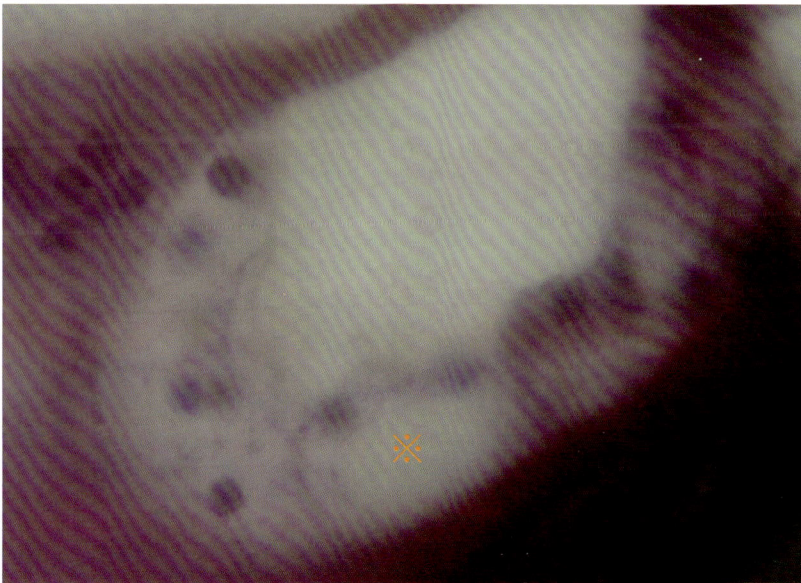

■ 图1-110　豚鼠内沟细胞群演化（7）

苏木素–伊红染色　×400

※示内沟细胞过度透明化。

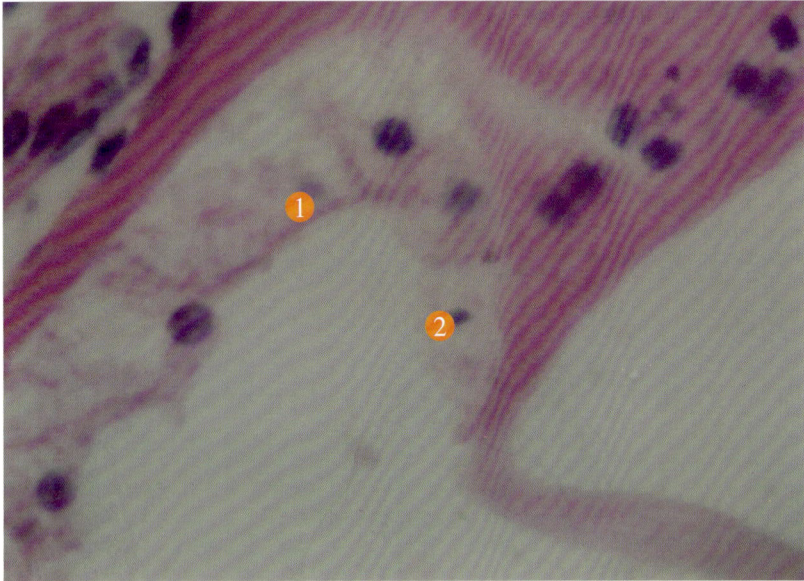

■ 图1-111　豚鼠内沟细胞群演化（8）

苏木素-伊红染色　×400

❶示核褪色；❷示核固缩。

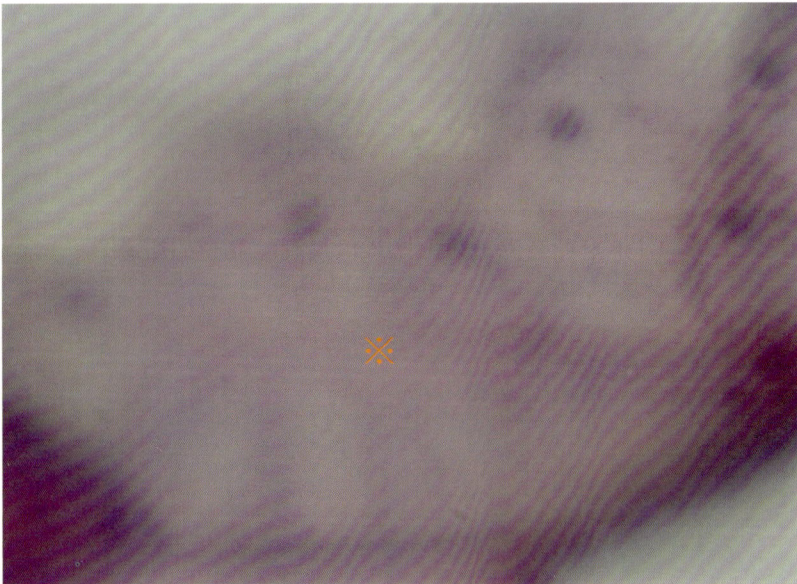

■ 图1-112　豚鼠内沟细胞群演化（9）

苏木素-伊红染色　×400

※示大部内沟细胞核褪色。

（5）螺旋唇与盖膜演化　螺旋唇源自螺旋唇板边缘部，细胞排列不规则，盖膜初为其稀薄分泌物（图1-113），而后螺旋唇细胞逐渐排列规则，盖膜也逐渐浓厚（图1-114、图1-115）。成熟的盖膜从内向外依次分为内区、中区和外区。外区呈勺状，最头端更致密，相当于压边石（图1-116、图1-117）。盖膜勺状外区与外听细胞群顶部网状板的凹陷相对应（图1-118~图1-120），正常状态下盖膜外区的勺正放入位于柱细胞头板之外的外听细胞群网状板的凹窝内（图1-121）。

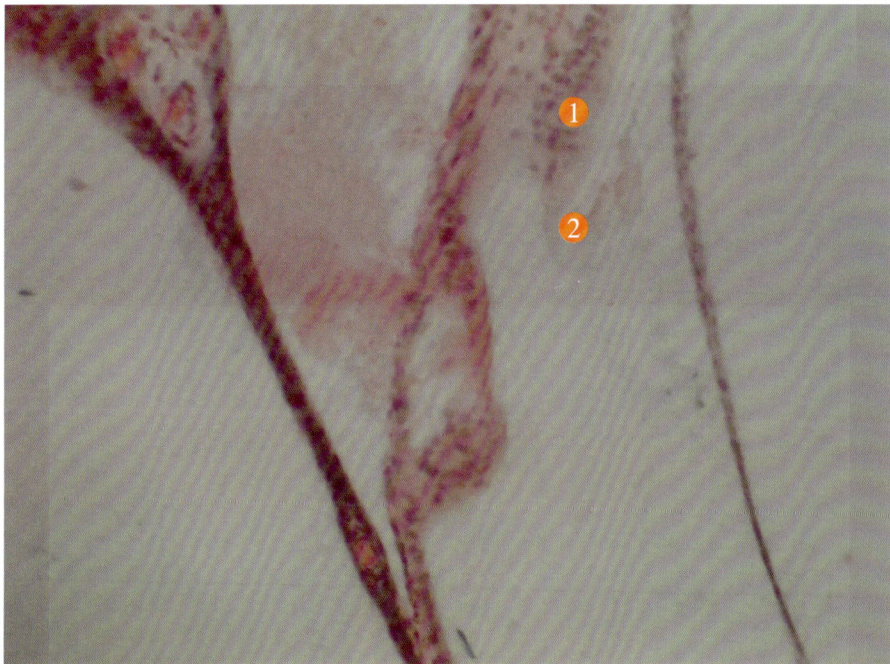

■ **图1-113　豚鼠螺旋唇及盖膜演化（1）**

苏木素-伊红染色　×200

❶示早期螺旋唇，细胞排列不规则；❷示早期稀薄的盖膜。

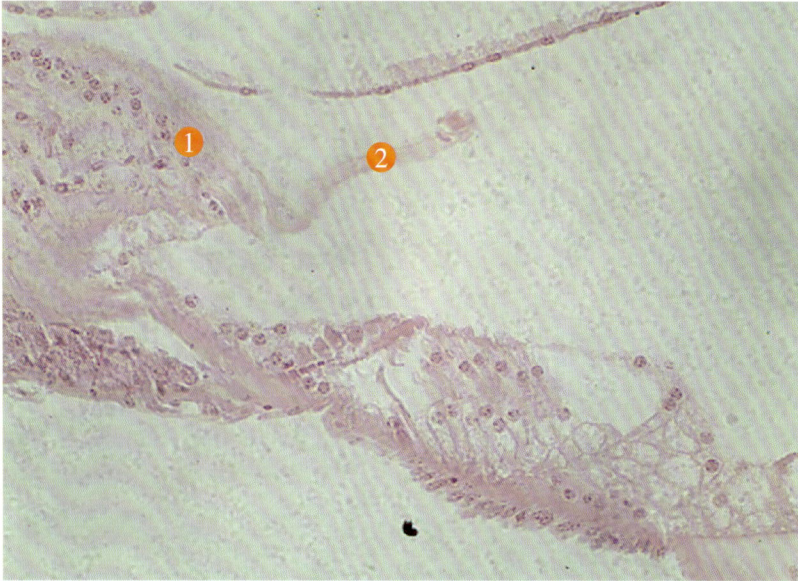

■ 图1-114 豚鼠螺旋唇及盖膜演化（2）

苏木素-伊红染色　×200

❶示较早螺旋唇（细胞排列稍规则）；❷示较早薄弱的盖膜。

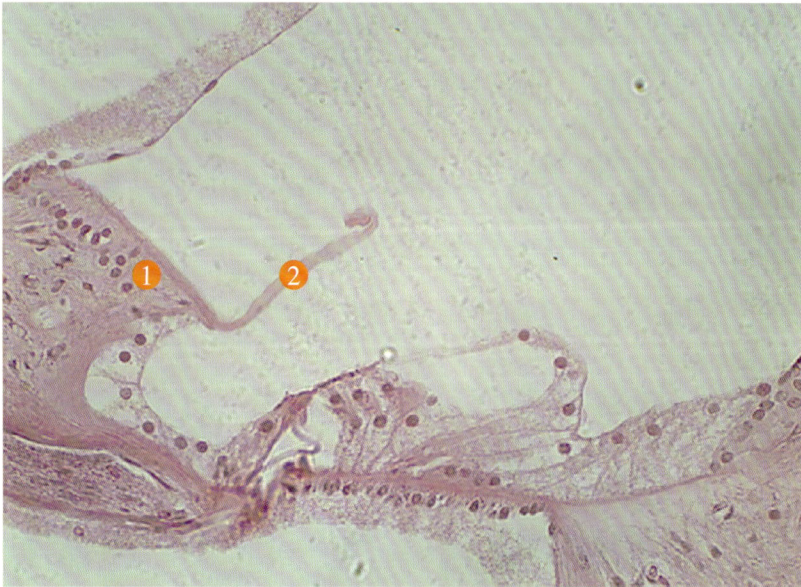

■ 图1-115 豚鼠螺旋唇及盖膜演化（3）

苏木素-伊红染色　×200

❶示维生期螺旋唇（细胞排列较规则）；❷示较薄的盖膜。

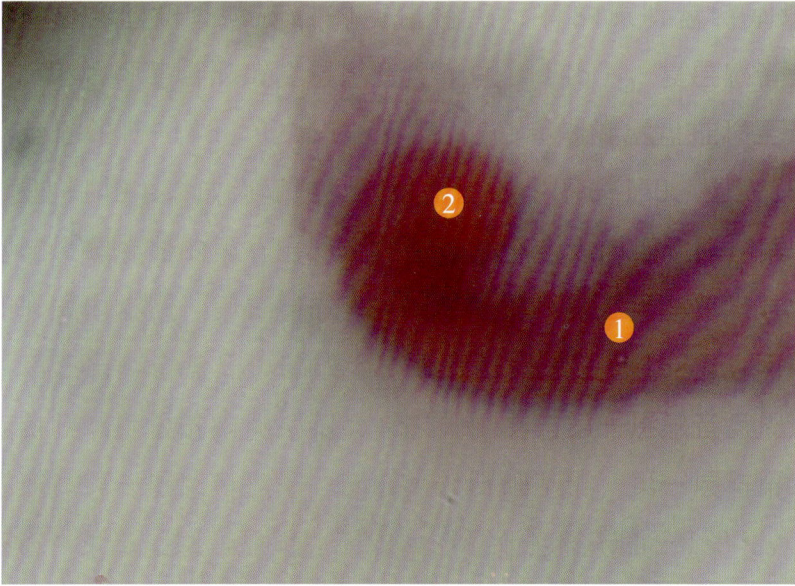

■ 图1-116　豚鼠盖膜演化（1）

苏木素-伊红染色　×1 000

❶示厚盖膜中2区；❷示盖膜最致密的外区的盖膜。

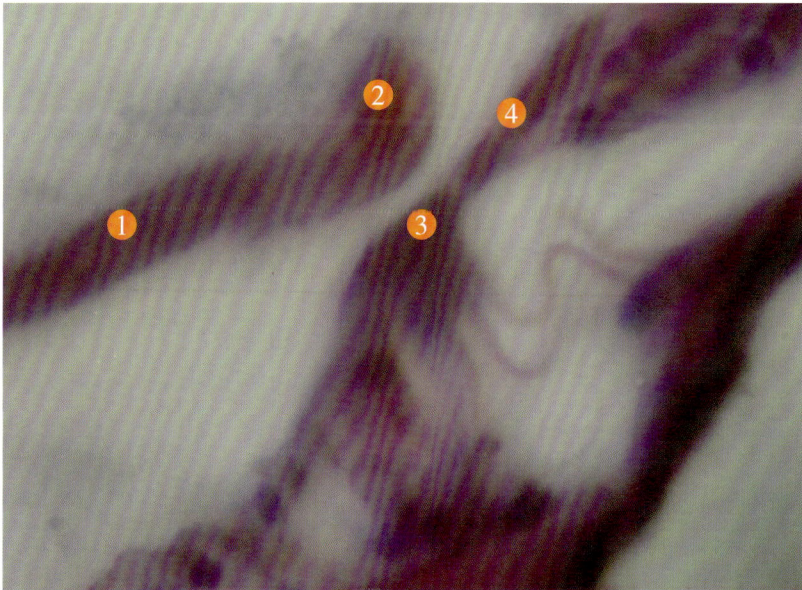

■ 图1-117　豚鼠盖膜演化（2）

苏木素-伊红染色　×400

❶示厚盖膜中2区；❷示盖膜最致密的外区；❸示柱细胞头板；
❹示外毛细胞顶的网板。

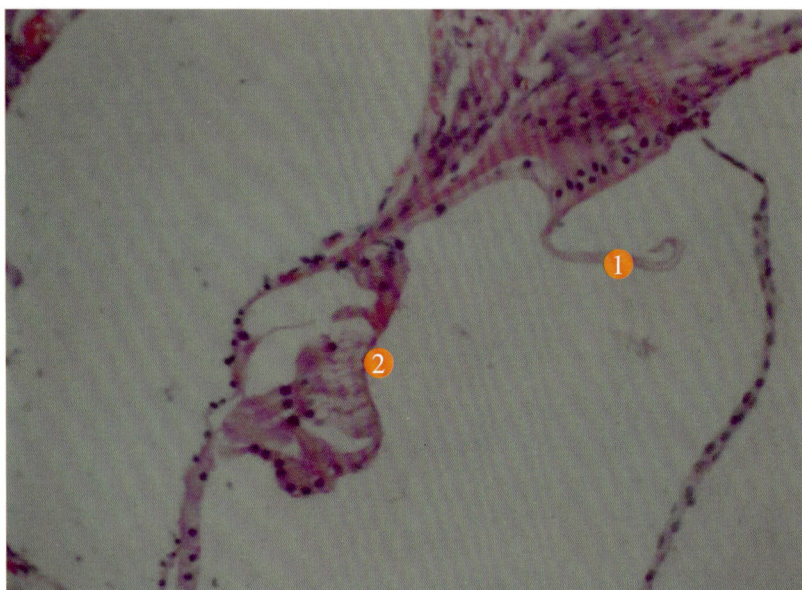

■ 图1-118　豚鼠盖膜演化（3）

苏木素-伊红染色　×200

❶示与螺旋器脱离接触的盖膜；❷示外毛细胞顶网板凹陷。

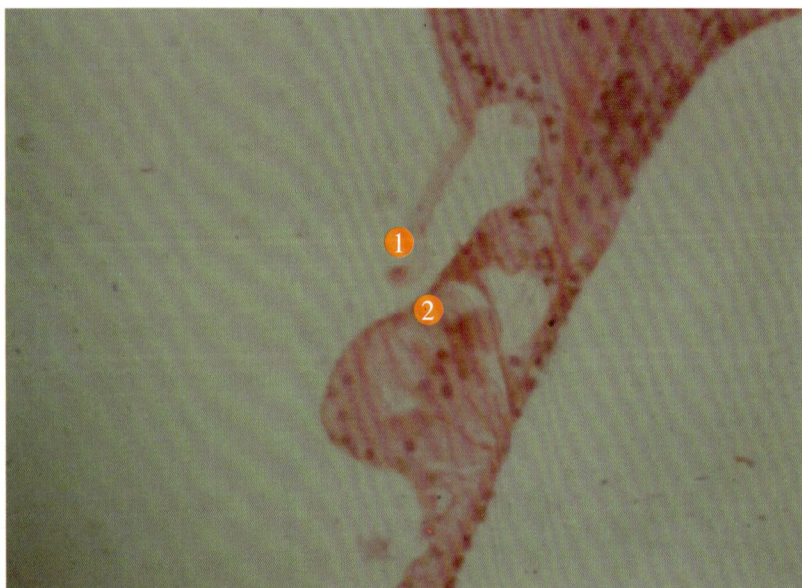

■ 图1-119　豚鼠盖膜演化（4）

苏木素-伊红染色　×200

❶示盖膜外区；❷示外毛细胞顶网板凹陷。

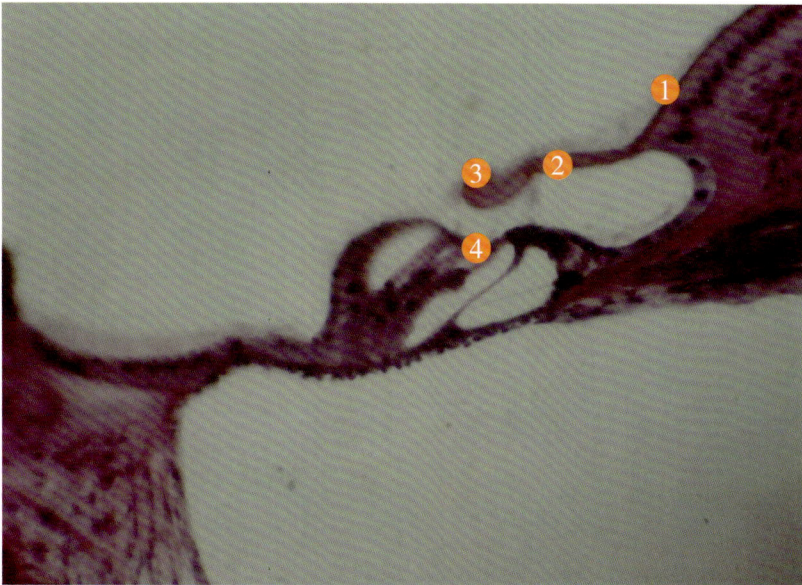

■ 图1-120　豚鼠盖膜演化（5）

苏木素-伊红染色　×200

❶示盖膜内区；❷示盖膜中区；❸示盖膜外区；❹示外毛细胞顶部网板凹陷。

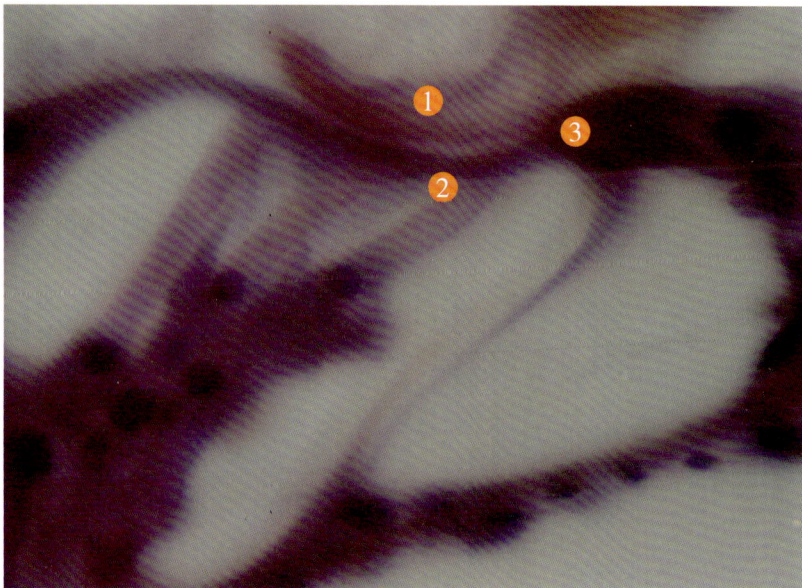

■ 图1-121　豚鼠盖膜演化（6）

苏木素-伊红染色　×400

❶示盖膜外区；❷示凹陷的外毛细胞顶部网板；❸示柱细胞头板。

（6）前庭膜演化　早期前庭膜也是一多细胞性的厚膜（图1-122），
而后细胞逐渐减少，前庭膜变薄（图1-123），晚期前庭膜附着于螺旋
唇，前庭膜细胞主要由螺旋唇补给（图1-124、图1-125），最薄的单层细
胞前庭膜也可观察到流线型细胞的迁移方向（图1-126）。

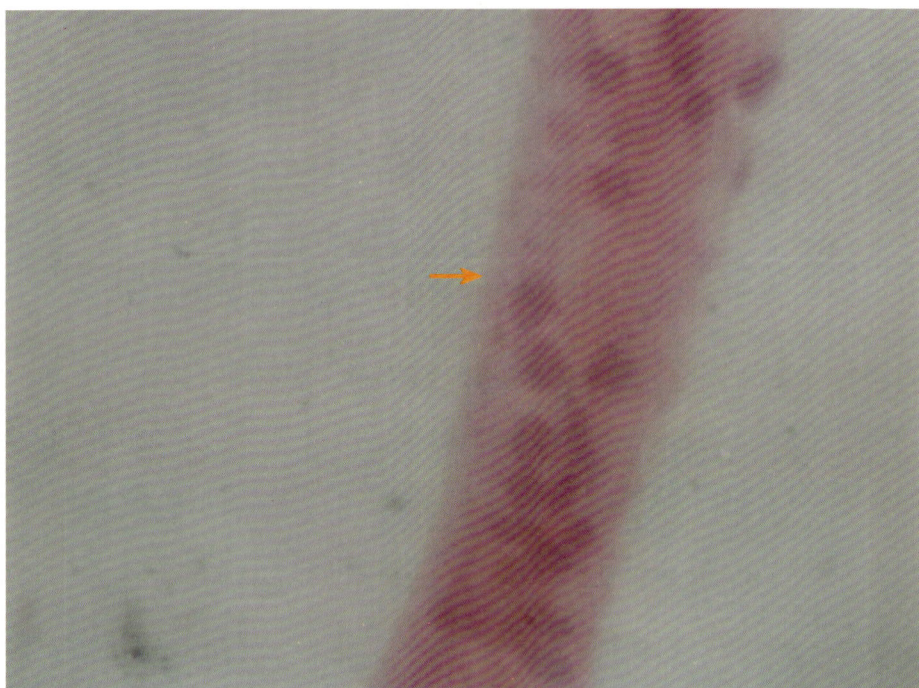

■ 图1-122　豚鼠前庭膜演化（1）
苏木素-伊红染色　×400
→示早期多细胞层前庭膜。

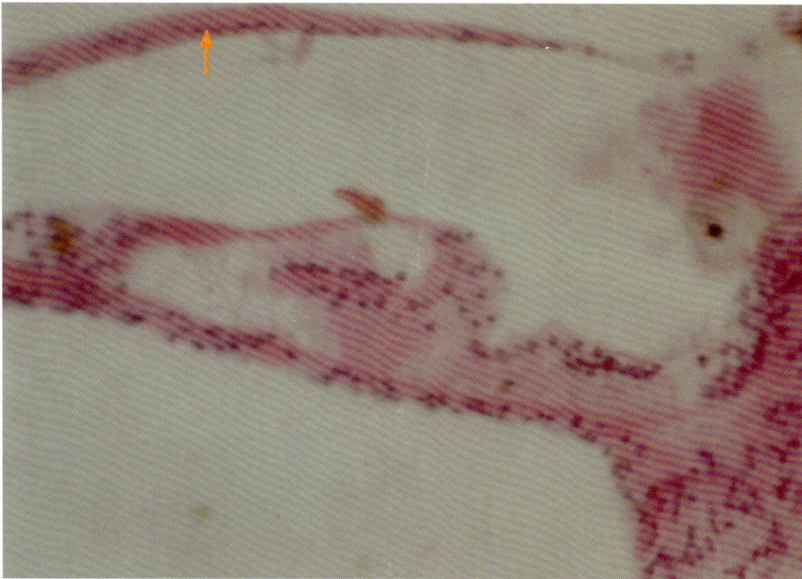

■ 图1-123　豚鼠前庭膜演化（2）
苏木素-伊红染色　×200
↑示早期前庭膜厚薄不一。

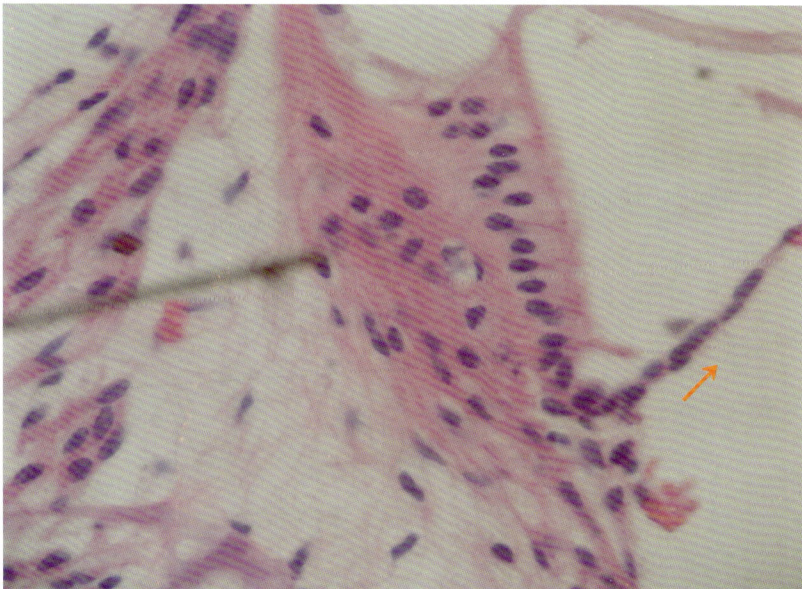

■ 图1-124　豚鼠前庭膜演化（3）
苏木素-伊红染色　×400
图示前庭膜的螺旋唇起始部。↗示细胞迁移方向。

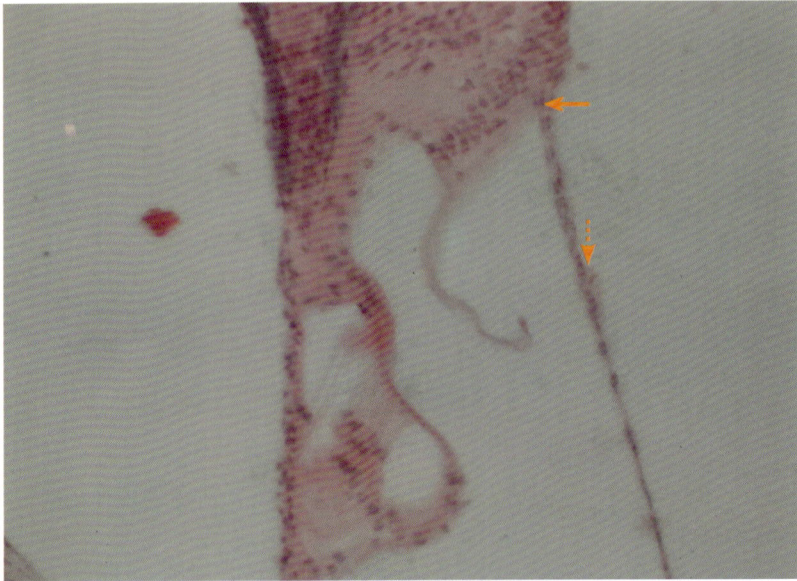

■ 图1-125　豚鼠前庭膜演化（4）

苏木素-伊红染色　×200

← 示前庭膜的螺旋唇起始部。 ⇣ 示细胞迁移方向。

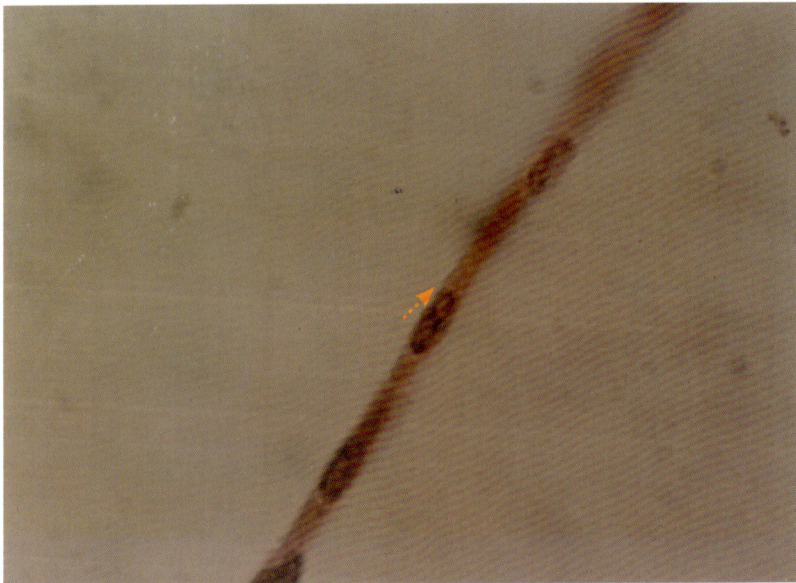

■ 图1-126　豚鼠前庭膜演化（5）

苏木素-伊红染色　×400

图示单层细胞的前庭膜。 ⇗ 示前庭膜细胞的迁移方向。

（7）基底膜演化　早期基底膜是一较厚的多细胞性膜（图1-127、图1-128），螺旋器细胞与基底膜细胞不易区分（图1-129、图1-130）。基膜纤维膜形成之后基膜细胞排列在基膜下方，称为基膜下细胞（图1-131～图1-133）。将其名之为鼓室侧间皮细胞或鼓室侧边缘细胞都不尽合适，很容易使人忽略基膜下细胞在螺旋器构建中的重要意义，实际上基膜下细胞是螺旋器构建与维护中重要的干细胞转运站。早期基膜下细胞来自膜性螺旋突，而后主要来自螺旋神经束，少部分来自螺旋下角（图1-134～图1-136）。

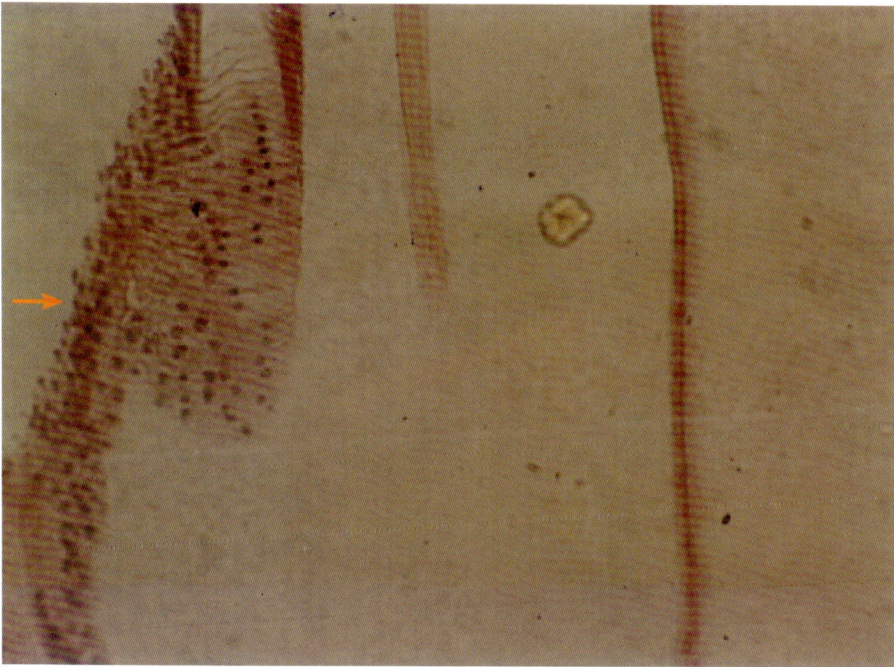

■ **图1-127　豚鼠基底膜演化（1）**

苏木素-伊红染色　×100

➡ 示早期细胞性基底膜。

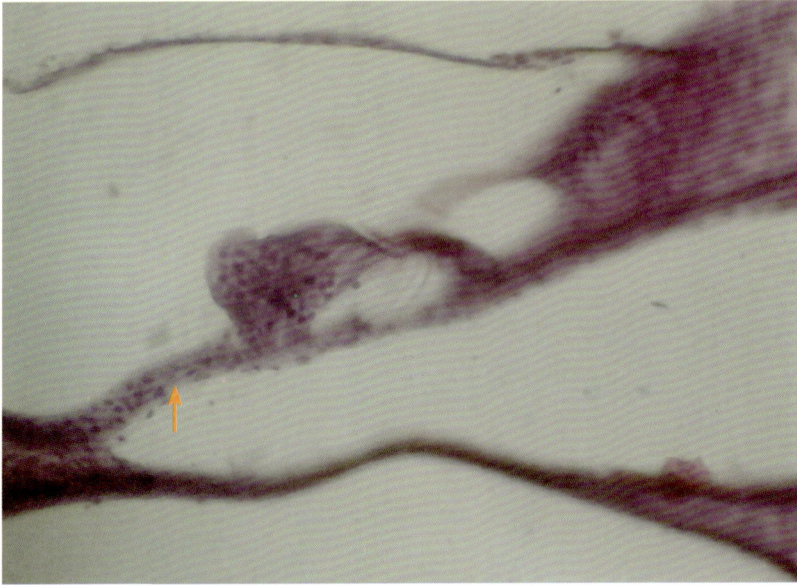

■ 图1-128 豚鼠基底膜演化（2）

苏木素–伊红染色 ×200

↑示早期细胞性基底膜。

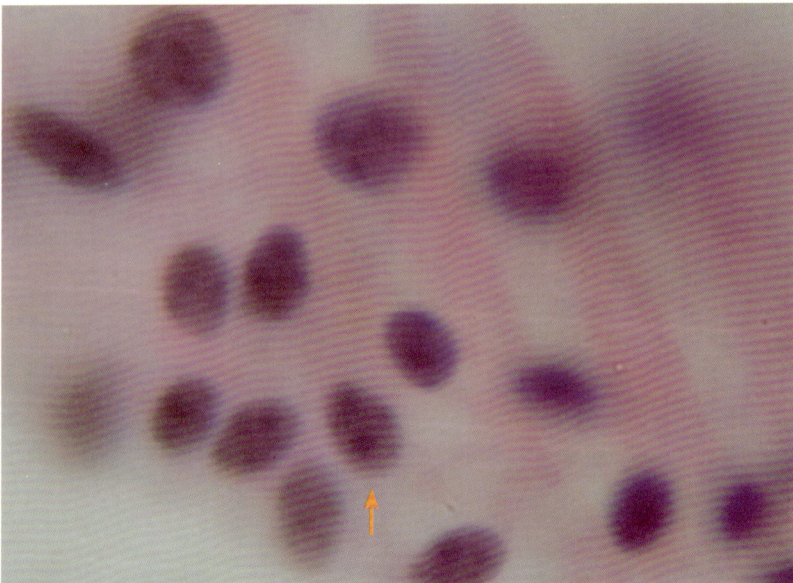

■ 图1-129 豚鼠基底膜演化（3）

苏木素–伊红染色 ×1 000

↑示早期以细胞为主的基底膜，不易区分螺旋器细胞与基底膜
细胞。

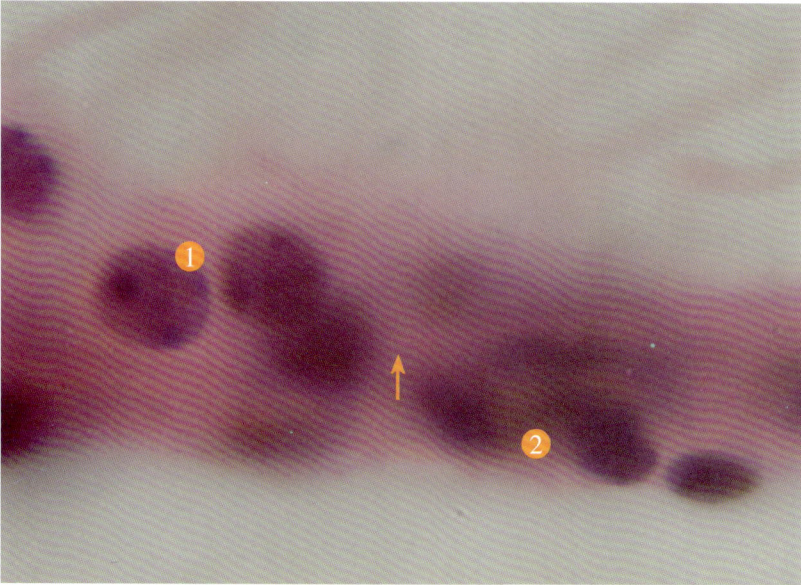

■ **图1-130　豚鼠基底膜演化（4）**

苏木素-伊红染色　×1 000

↑示纤维性基膜出现。❶示螺旋器细胞；❷示基膜下细胞。

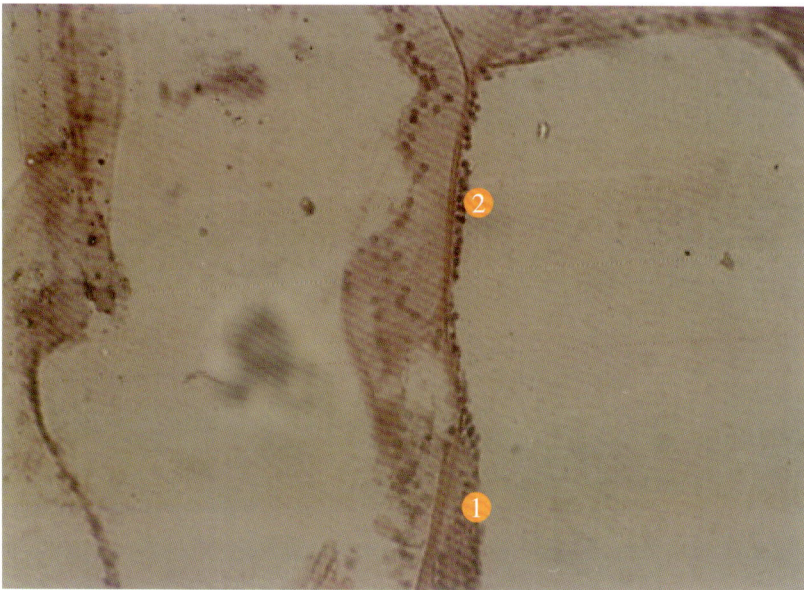

■ **图1-131　豚鼠基底膜演化（5）**

苏木素-伊红染色　×200

❶示膜性螺旋板；❷示基膜下细胞。

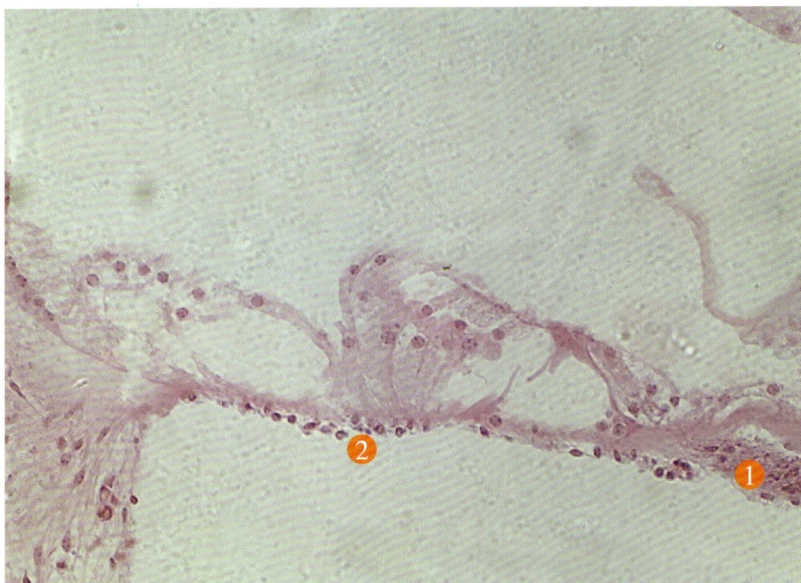

■ 图1-132　豚鼠基底膜演化（6）

苏木素-伊红染色　×200

❶示膜性螺旋板；❷示基膜下细胞。

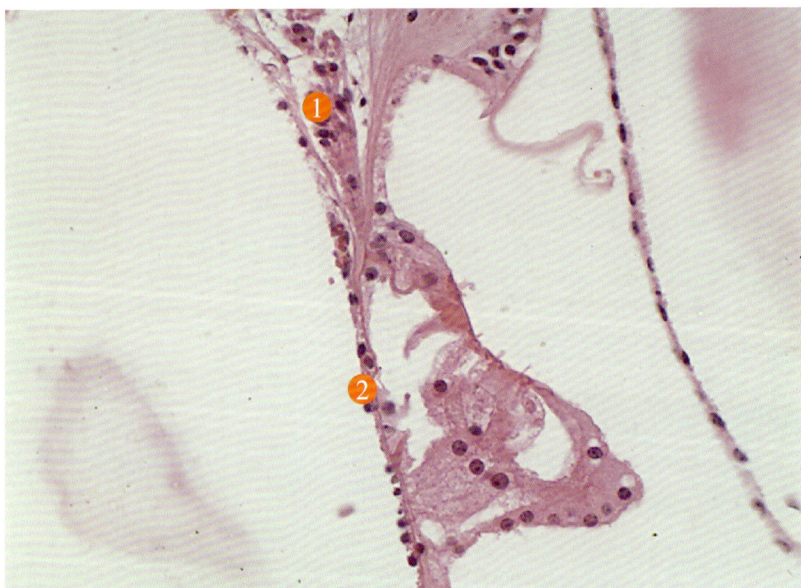

■ 图1-133　豚鼠基底膜演化（7）

苏木素-伊红染色　×200

❶示螺旋神经细胞迁移流；❷示基膜下细胞。

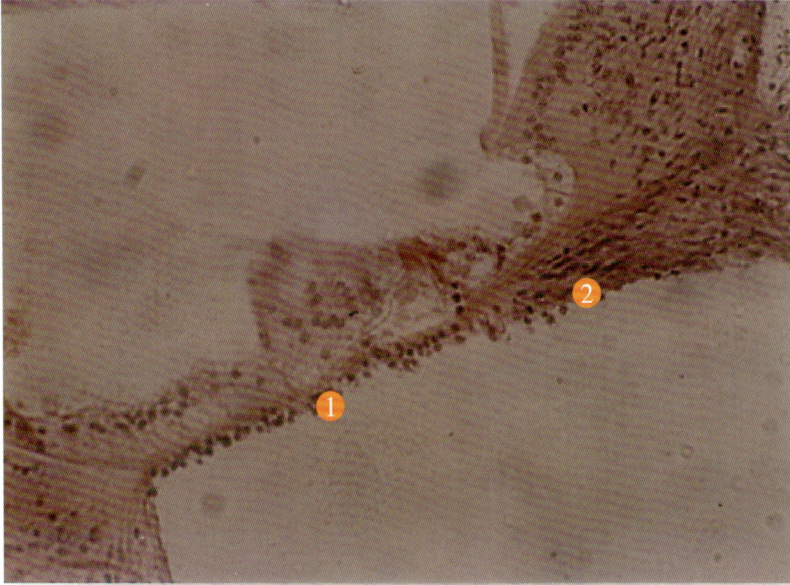

■ 图1-134　豚鼠基底膜演化（8）

苏木素-伊红染色　×200

❶示基膜下细胞；❷示螺旋神经细胞迁移流。

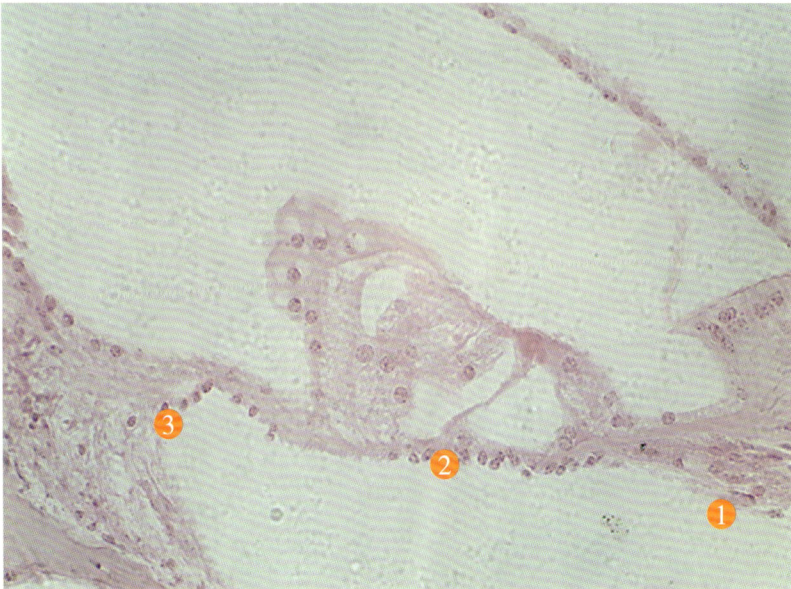

■ 图1-135　豚鼠基底膜演化（9）

苏木素-伊红染色　×200

❶示螺旋神经细胞迁移流；❷示基膜下细胞；❸示螺旋下角细胞。

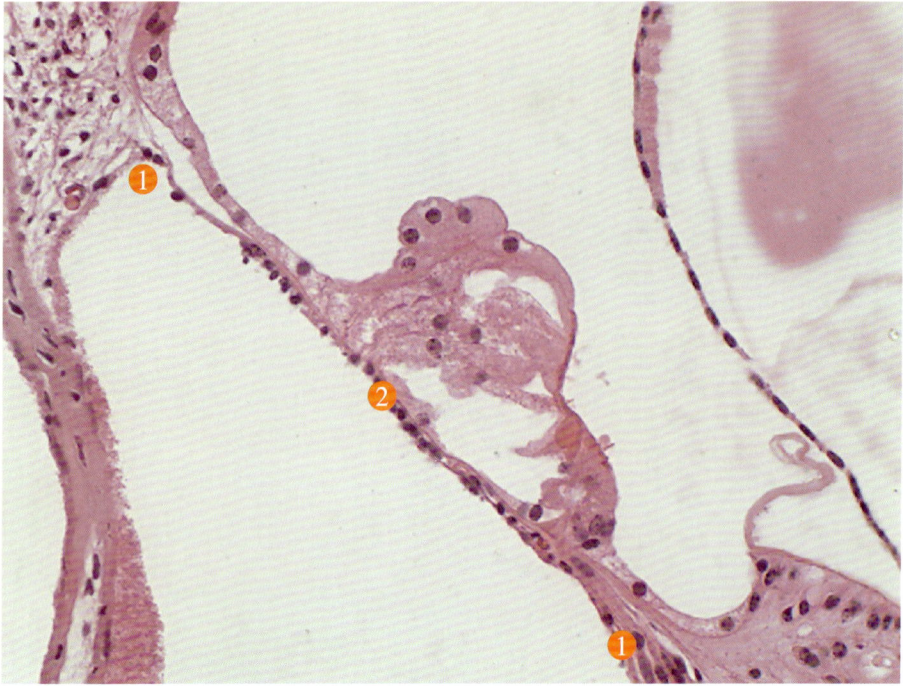

■ 图1-136　豚鼠基底膜演化（10）

苏木素-伊红染色　×200

❶示螺旋神经细胞迁移流；❷示基膜下细胞；❸示螺旋下角细胞。

2. 不同初级螺旋器的演化特点

（1）宽阔型初级螺旋器的演化特点　宽阔型初级螺旋器宽大（图1-137），其演化特点是外隧道成形早于内隧道（图1-138）。

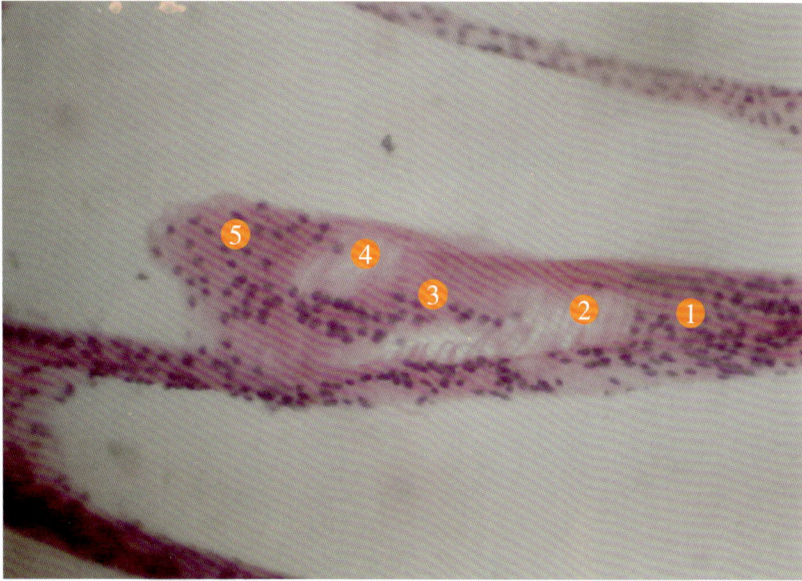

■ 图1-137　豚鼠宽阔型初级螺旋器的演化(1)

苏木素-伊红染色　×200

❶示内侧细胞群；❷示内隧道；❸示外听细胞群；❹示外隧道；
❺示外缘细胞群。

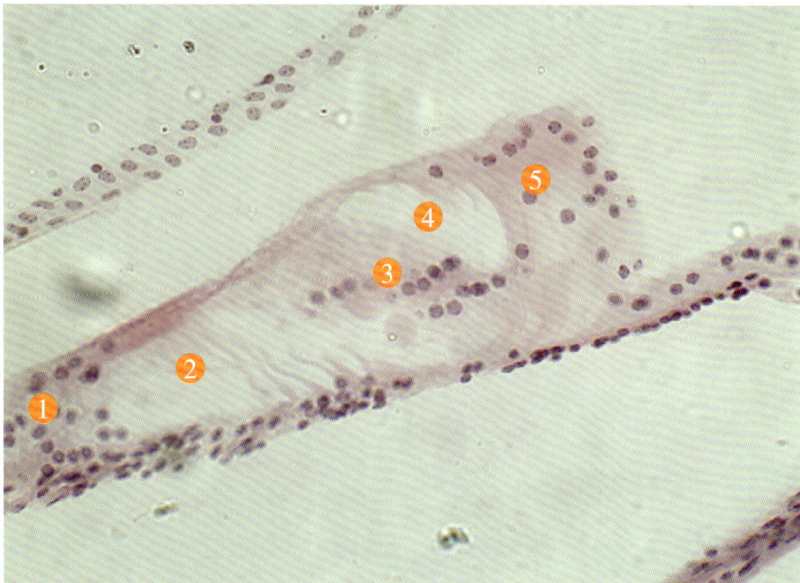

■ 图1-138　豚鼠宽阔型初级螺旋器的演化（2）

苏木素-伊红染色　×200

❶示内侧细胞群；❷示内隧道；❸示外听细胞群；❹示外隧道；
❺示外缘细胞群。

（2）角缘型初级螺旋器的演化特点　角缘型初级螺旋器由感音盘角缘部演化而来（图1-139、图1-140）。角缘型初级螺旋器演化的特点在于内隧道确立较早（图1-141），并较早实现透明化（图1-142），且Böttcher's细胞出现的概率较高（图1-143）。

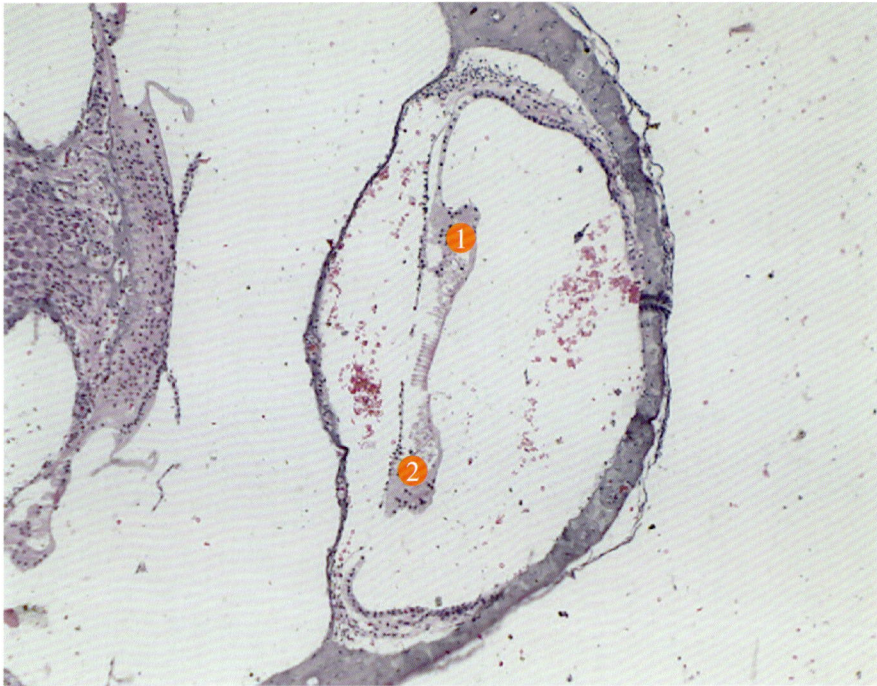

■ **图1-139　豚鼠角缘型初级螺旋器演化（1）**
苏木素-伊红染色　×100
❶和❷示感音盘的角缘部。

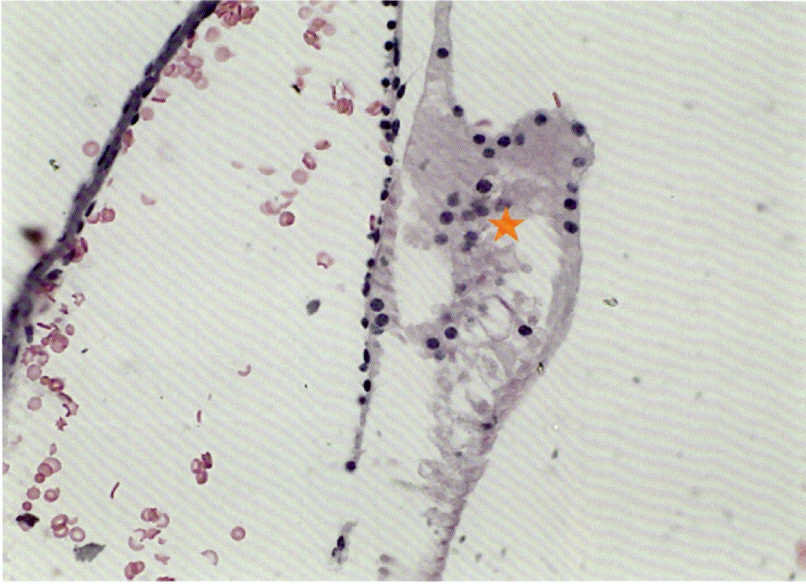

■ 图1-140 豚鼠角缘型初级螺旋器演化（2）

苏木素-伊红染色 ×200

★ 示感音盘的角缘部。

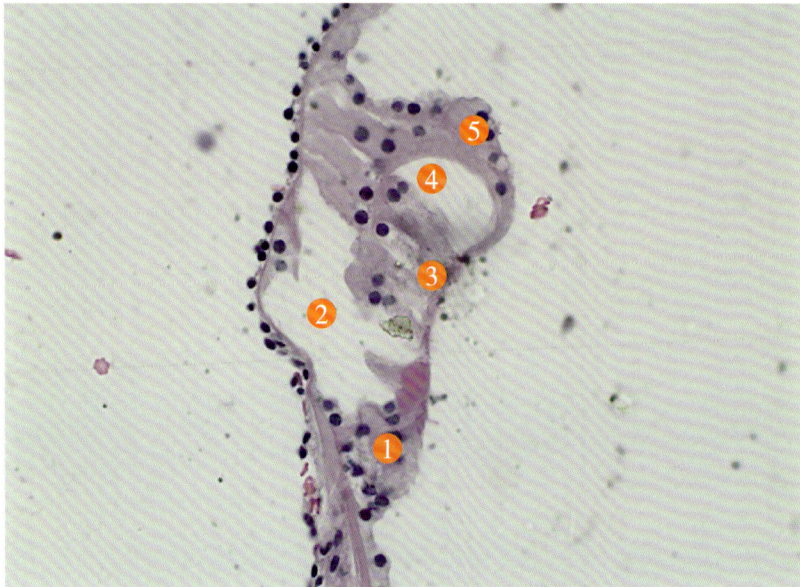

■ 图1-141 豚鼠角缘型初级螺旋器演化（3）

苏木素-伊红染色 ×200

❶示内侧细胞群；❷示内隧道；❸示外听细胞群；❹示外隧道；
❺示外缘细胞群。

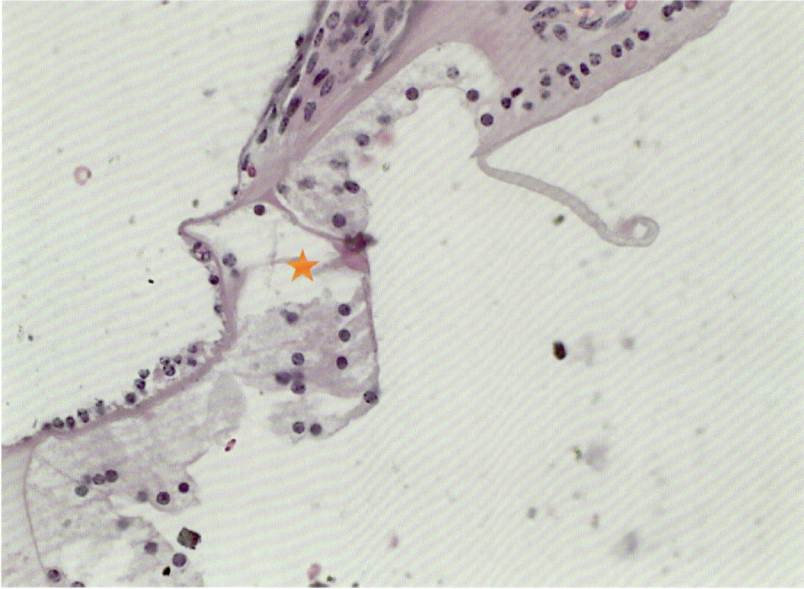

■ 图1-142　豚鼠角缘型初级螺旋器演化（4）

苏木素-伊红染色　×200

★ 示整个螺旋器实现透明化。

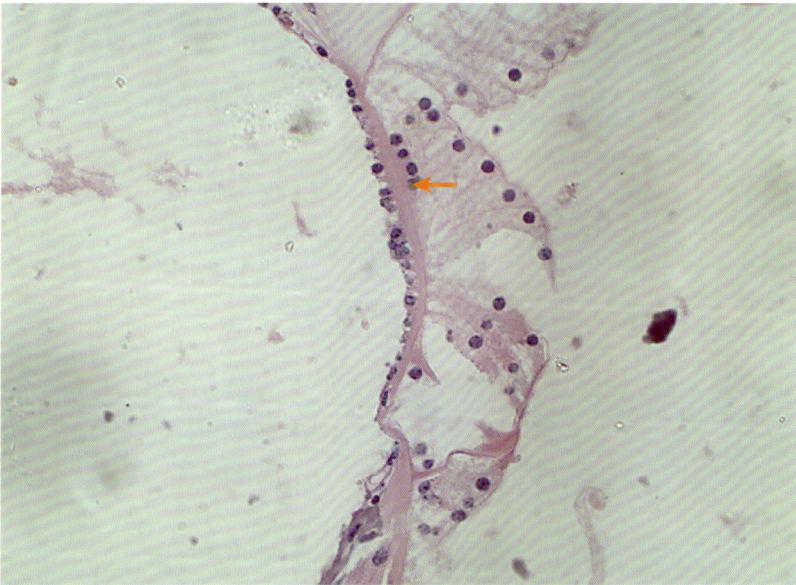

■ 图1-143　豚鼠角缘型初级螺旋器演化（5）

苏木素-伊红染色　×200

← 示Böttcher's 细胞形成的概率较高。

（3）复层型初级螺旋器的演化特点　有的原听盘特别增厚（图1-144），之后可整合形成复层感音盘（图1-145），复层感音盘可因中心死亡、溶解(图1-146、图1-147)，后被凸起螺旋唇盘推移至边缘（图1-148、图1-149），成为复层型初级螺旋器（图1-150、图1-151）。三层复层型初级螺旋器的第一层感音盘周边部整合为内细胞群，第一层与第二层之间形成内隧道，第二层成为外听细胞群；第二层与第三层之间形成外隧道，第三层感音盘周边部成为外缘细胞群（图1-152）。两层复层型初级螺旋器膜螺旋板的内侧细胞群，内细胞群与第一层感音盘周边部之间形成内隧道；第一层感音盘周边部成为外听细胞群；第一层与第二层之间形成外隧道；第二层感音盘周边部成为外缘细胞群（图1-153）。

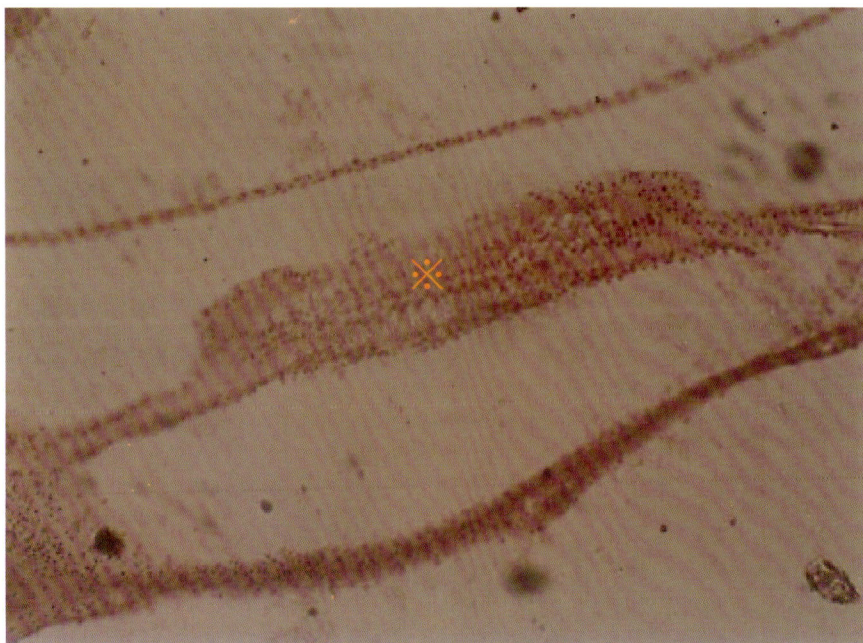

■ 图1-144　豚鼠复层型初级螺旋器演化（1）

苏木素-伊红染色　×100

※示多层细胞的感音盘。

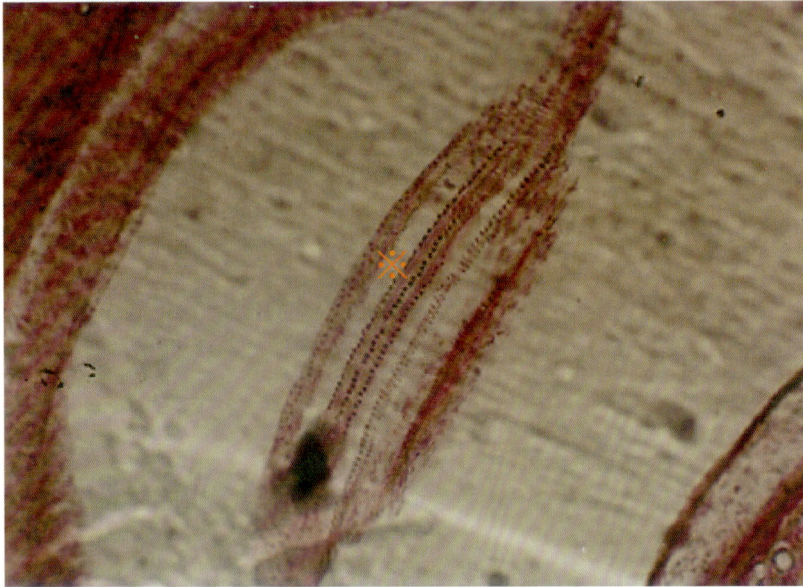

■ 图1-145　豚鼠复层型初级螺旋器演化（2）

苏木素-伊红染色　×100

※示多层感音盘。

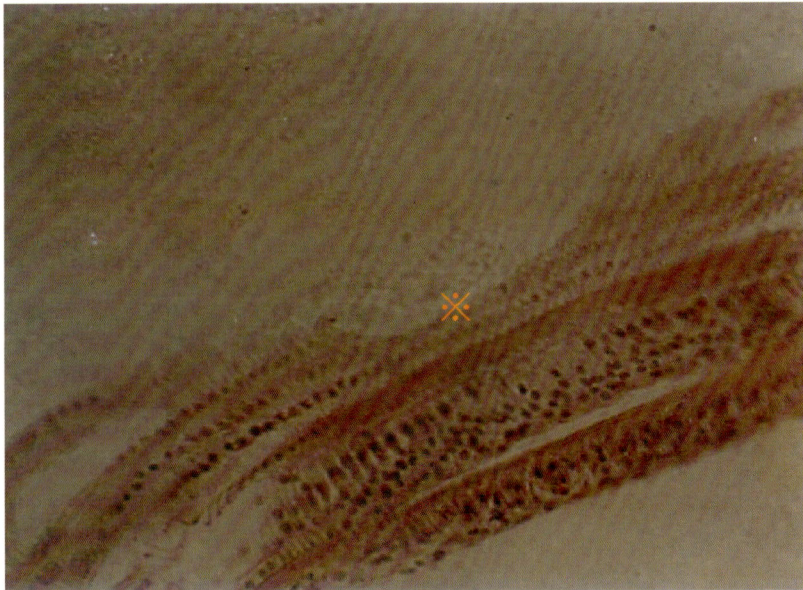

■ 图1-146　豚鼠复层型初级螺旋器演化（3）

苏木素-伊红染色　×200

※示多层感音盘中央部溶解。

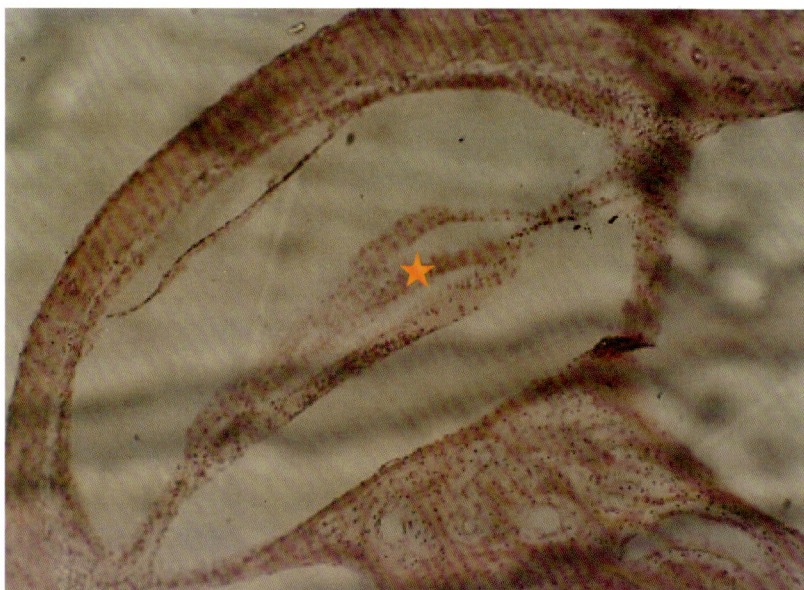

■ 图1-147　豚鼠复层型初级螺旋器演化（4）
苏木素-伊红染色　×100
★ 示被边缘化的多层感音盘周边部。

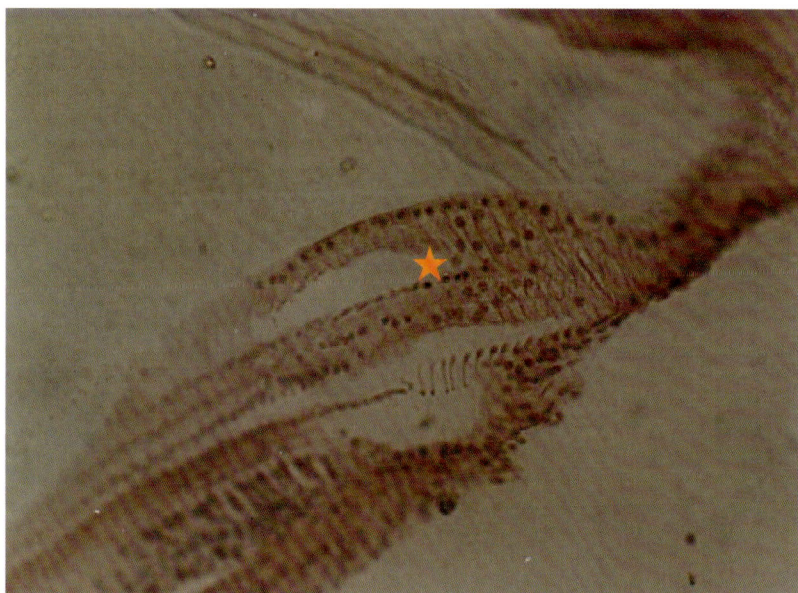

■ 图1-148　豚鼠复层型初级螺旋器演化（5）
苏木素-伊红染色　×200
★ 示被边缘化的多层感音盘周边部。

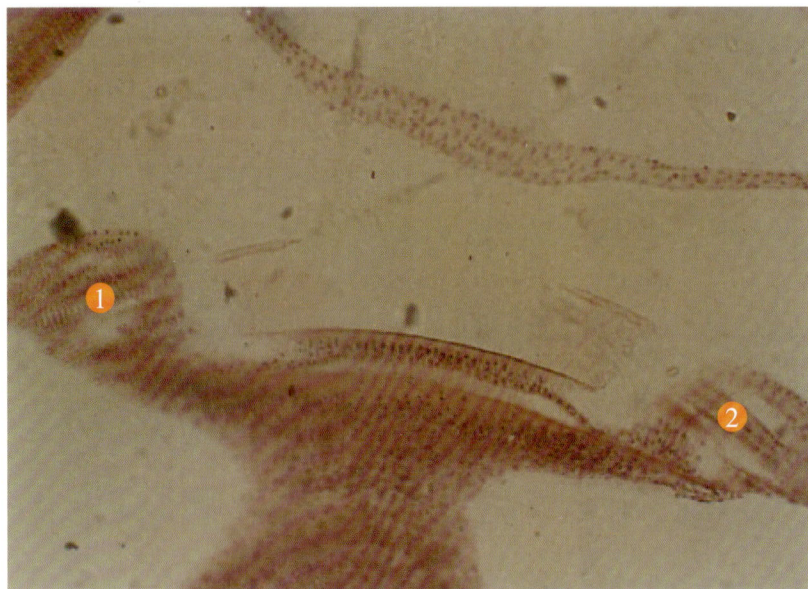

■ **图1-149　豚鼠复层型初级螺旋器演化（6）**

苏木素-伊红染色　×100

1和**2**示两侧复层型初级螺旋器。

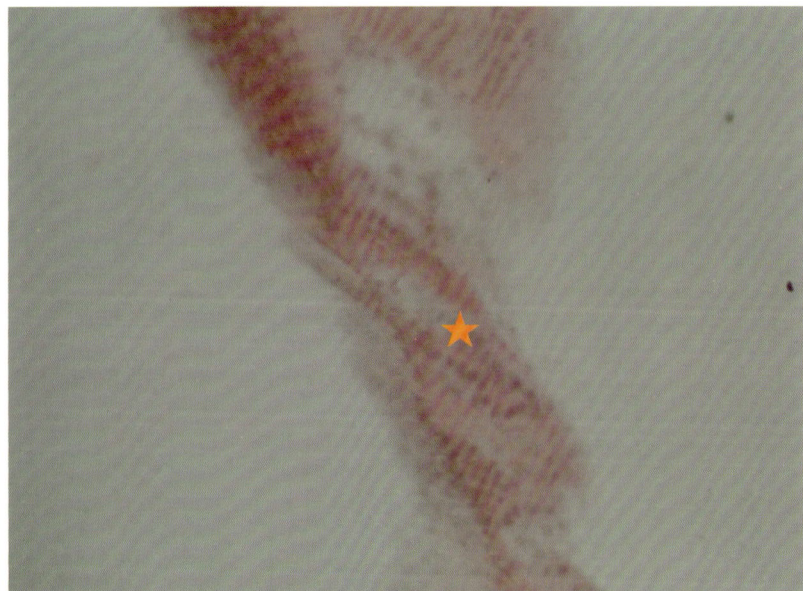

■ **图1-150　豚鼠复层型初级螺旋器演化（7）**

苏木素-伊红染色　×200

★示复层型初级螺旋器。

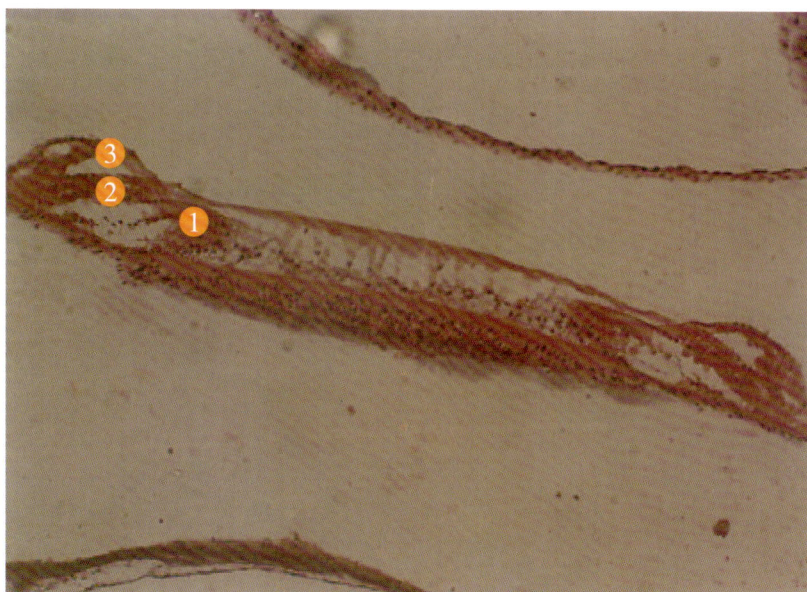

■ 图1-151　豚鼠复层型初级螺旋器演化（8）

苏木素–伊红染色　×100

❶示第一层感音盘周缘部；❷示第二层感音盘周缘部；❸示第三层感音盘周缘部。

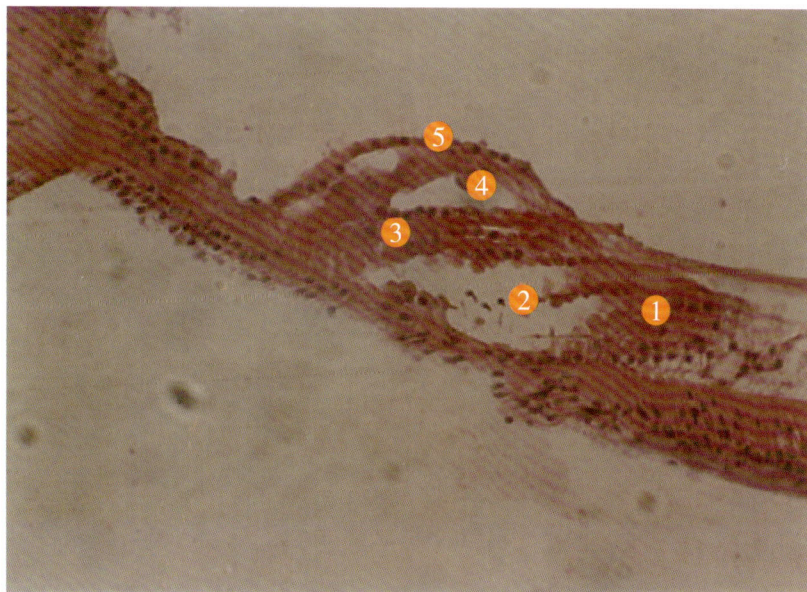

■ 图1-152　豚鼠复层型初级螺旋器演化（9）

苏木素–伊红染色　×200

❶示第一层感音盘周缘部整合为内细胞群；❷示第一层与第二层之间形成内隧道；❸示第二层为外听细胞群；❹示第二层与第三层之间形成外隧道；❺示第三层感音盘周缘部成为外缘细胞群。

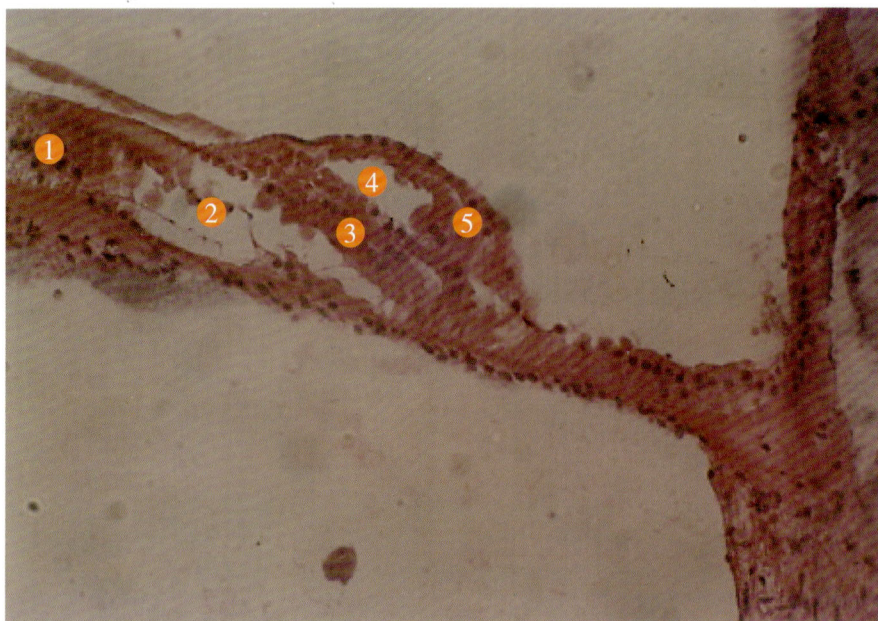

图1-153 豚鼠复层型初级螺旋器演化（10）

苏木素-伊红染色 ×200

❶示来自膜螺旋板的内侧细胞群；❷示内细胞群与第一层感音盘周缘部之间形成内隧道；❸示第一层感音盘周缘部成为外听细胞群；❹示第一层与第二层间形成外隧道；❺示第二层感音盘周缘部成为外缘细胞群。

3. 螺旋器的衰退 蜗底螺旋器衰退表现为毛细胞老化、柱细胞核固缩、核褪色或柱细胞断裂以至内隧道塌瘪等衰退特征（图1-154～图1-156）。部分衰退螺旋器失去正常成熟螺旋器结构，回复类似某些早期顶圈螺旋器的特征，只见呈多行纵向排列，毛细胞与指细胞从上下位变成左右水平位，盖膜与网状板也改为纵向平行关系（图1-157～图1-159），基底膜明显缩窄、增厚（图1-160），继而，内沟细胞群与外沟细胞群在螺旋器上面汇合，完全无法分辨不同功能的螺旋器细胞（图1-161、图1-162）。

　　螺旋器是一个有形成、生长、演化与衰老的动态结构，静态的典型螺旋器结构与功能的研究方法有很大局限性，因为豚鼠耳蜗典型螺旋器少于螺旋器总数的3%，那么，根据典型螺旋器研究得到的听觉机制能否适用于所有螺旋器很值得怀疑，感音盘、多种类型的初级螺旋器、极度衰退期螺旋器也都遵从同一感音机制吗？回答是否定的。因此，在某种意义上说，典型例举的研究模式有可能成为全面、深入认识事物真相的桎梏。

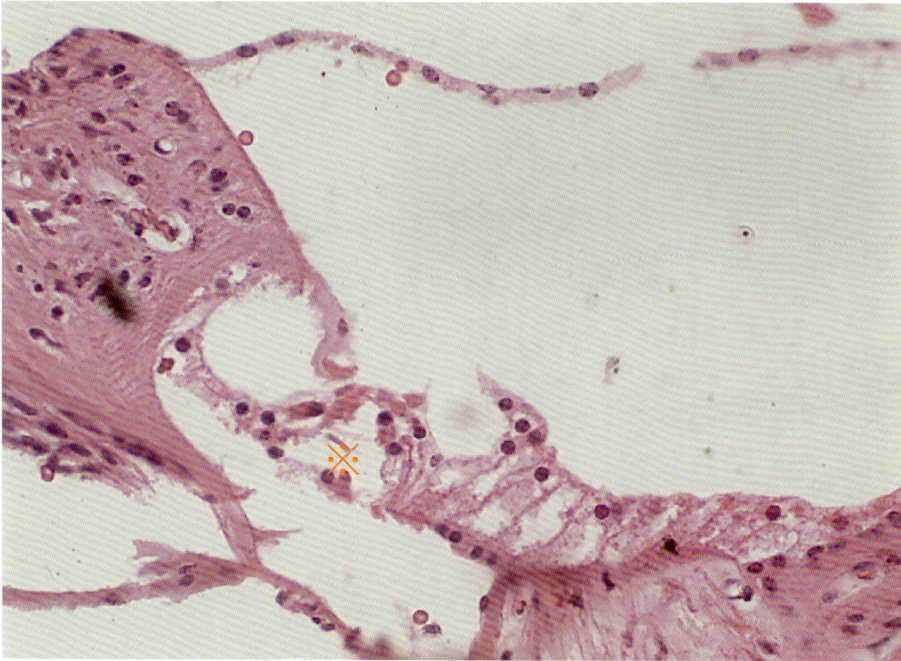

■ 图1-154　豚鼠螺旋器衰退（1）

苏木素-伊红染色　×200

※示柱细胞断裂，毛细胞老化。

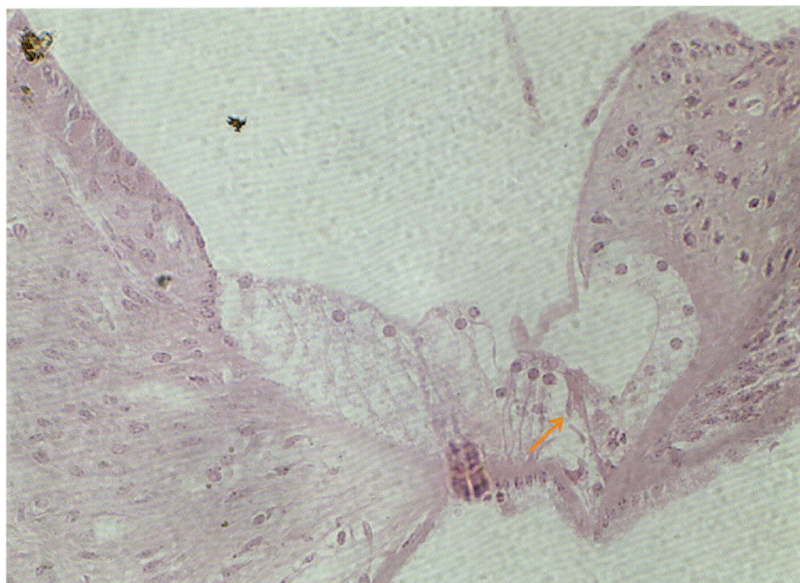

■ 图1-155　豚鼠螺旋器衰退（2）

苏木素-伊红染色　×200

↗示柱细胞断裂。

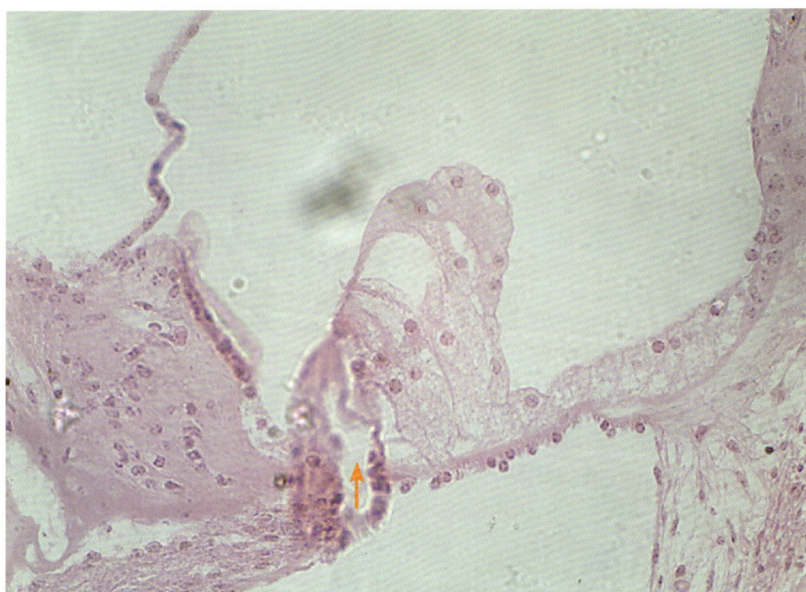

■ 图1-156　豚鼠螺旋器衰退（3）

苏木素-伊红染色　×200

↑示内隧道塌陷。

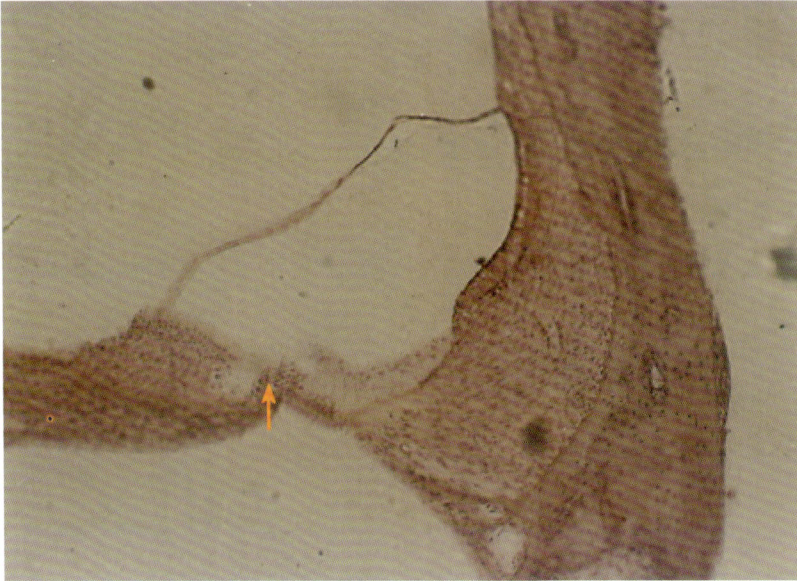

■ 图1-157　豚鼠螺旋器衰退（4）

苏木素-伊红染色　×100

↑示螺旋器失去正常结构特征，呈垂直多列的细胞行。

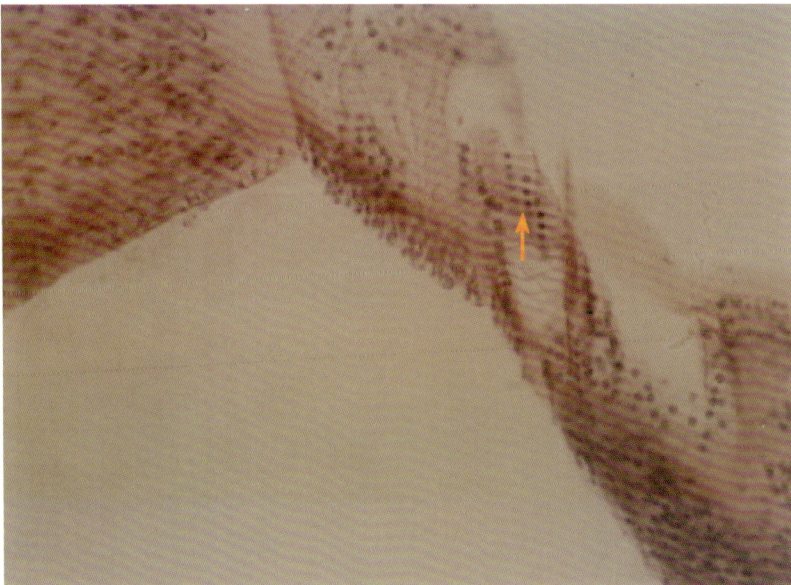

■ 图1-158　豚鼠螺旋器衰退（5）

苏木素-伊红染色　×200

↑示外听细胞群呈水平位。

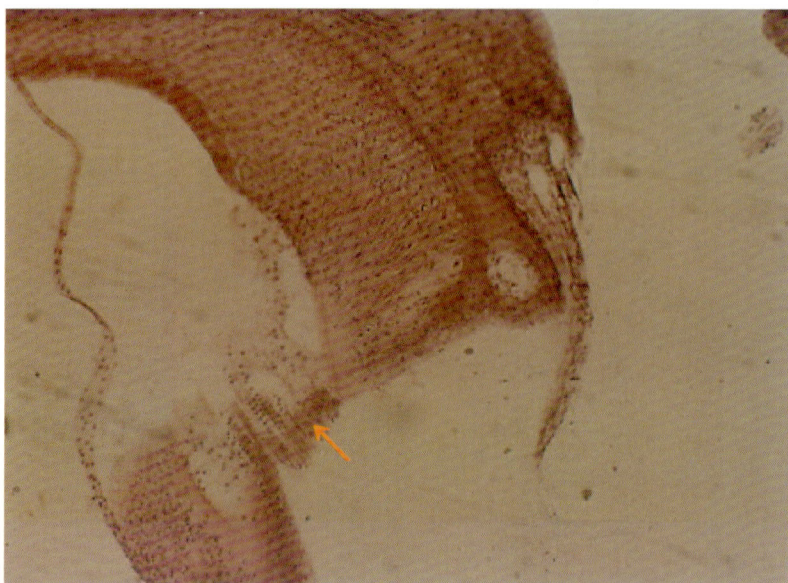

■ **图1-159　豚鼠螺旋器衰退（6）**

苏木素-伊红染色　×100

↖ 示基底膜明显缩窄、增厚。

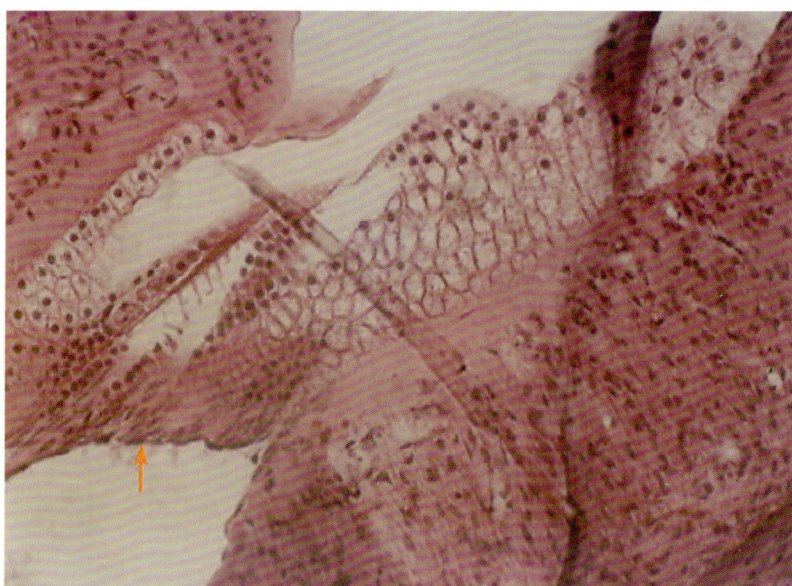

■ **图1-160　豚鼠螺旋器衰退（7）**

苏木素-伊红染色　×200

↑ 示基底膜明显缩窄、增厚。

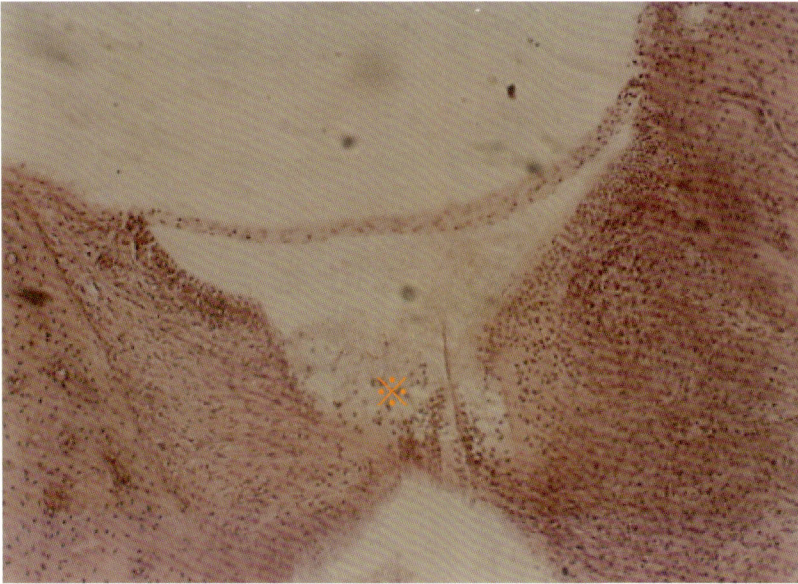

■ 图1-161　豚鼠螺旋器衰退（8）

苏木素-伊红染色　×100

※示内沟细胞和外沟细胞在螺旋器细胞上汇合。

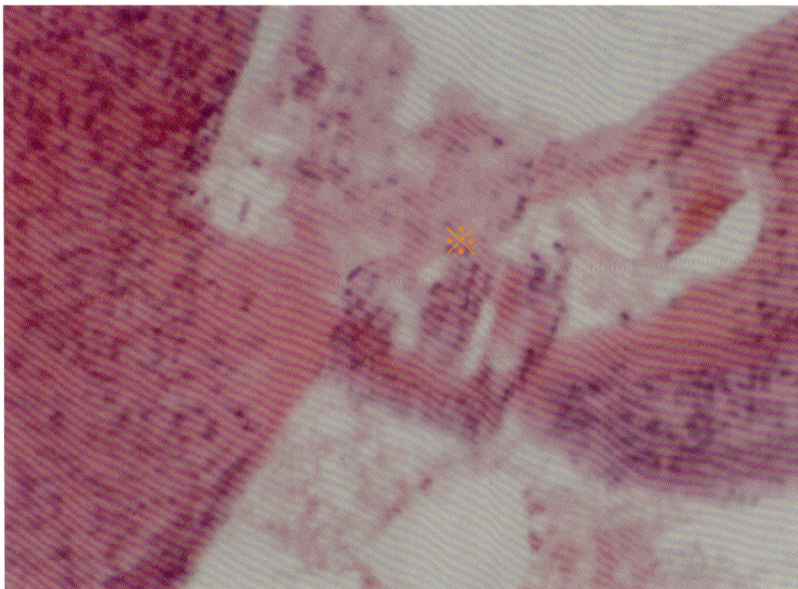

■ 图1-162　豚鼠螺旋器衰退（9）

苏木素-伊红染色　×200

※示内沟细胞和外沟细胞在螺旋器细胞上汇合。

二、豚鼠螺旋器维生期细胞更新

如前所述，豚鼠生长早期耳蜗再生是按整个螺旋周再生，即纵切面上左右对称地一起再生，只有新生蜗管与原蜗管接通，才逐渐显示出新生蜗管下半圈与上半圈的不对称性；而到生长晚期耳蜗再生则呈单侧进行（图1-163），并常见再生顿挫，形成无功能的简单膜性管道（图1-164），最终蜗轴与蜗顶形成完全的骨性连接，耳蜗则不再能新生（图1-165），而进入维生期。豚鼠螺旋器各期均有细胞更替，但维生期的细胞更换较易观察。

（一）维生期螺旋器的细胞动力学

豚鼠维生期螺旋器有频繁的细胞更新，螺旋器成熟前期其细胞直接分裂指数可达20%～30%（图1-166～图1-168）。成熟期螺旋器细胞的直接分裂多为脱颖式直接分裂，如此看来，次级外毛细胞应是外指细胞的子细胞（图1-169～图1-171），二者之间的分界逐渐明晰（图1-172、图1-173）。

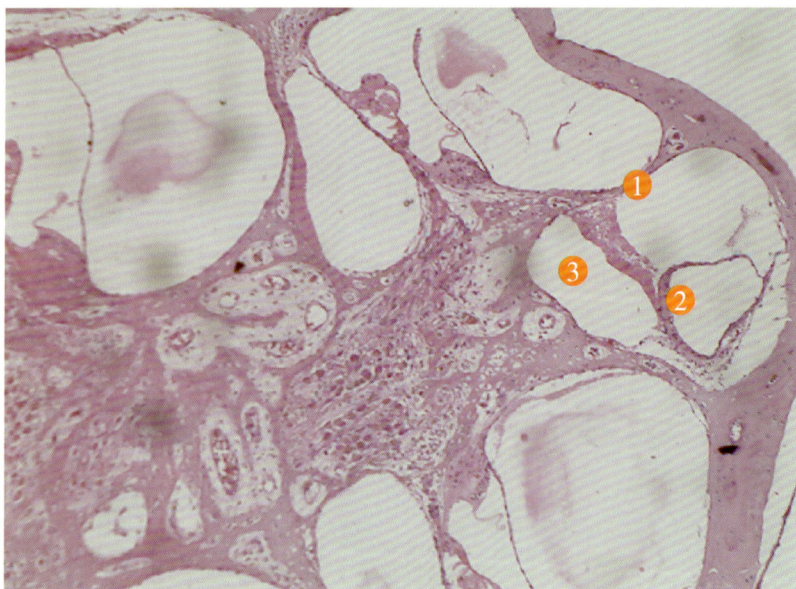

■ 图1-163 豚鼠蜗管单侧再生

苏木素-伊红染色 ×100

❶示蜗顶与蜗轴形成单薄骨性连接；❷示螺旋器发育不良；❸示鼓阶。

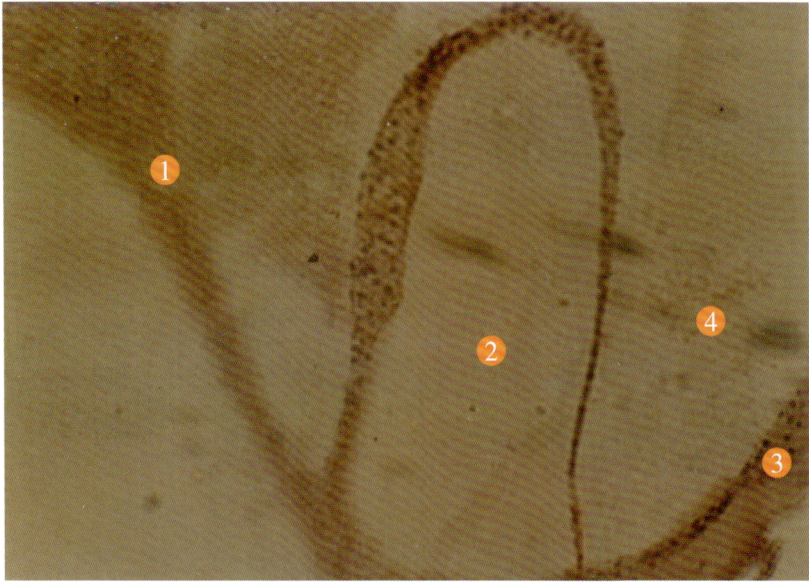

■ 图1-164　豚鼠蜗管单侧无效膜性管道
苏木素-伊红染色　　×200
❶示螺旋板；❷示单侧无效膜性管道；❸示螺旋韧带；❹示鼓阶。

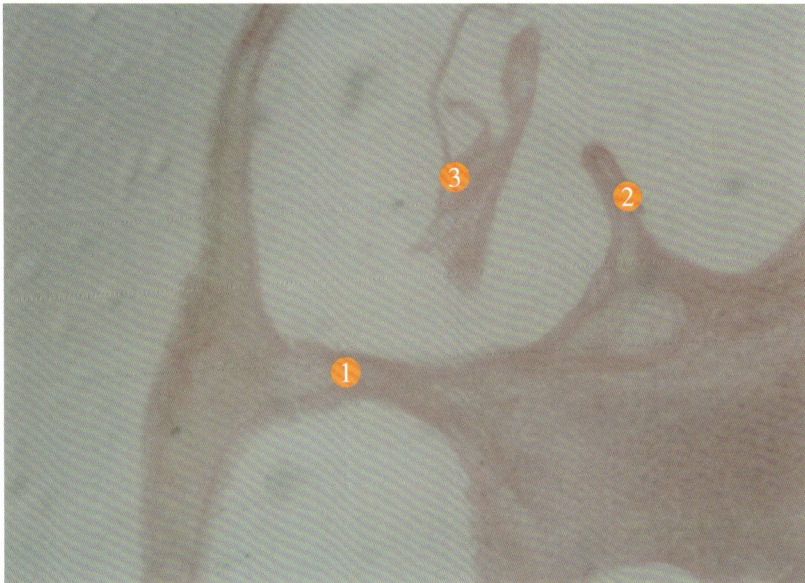

■ 图1-165　豚鼠蜗顶与蜗轴牢固骨性联结
苏木素-伊红染色　　×100
❶示蜗顶与蜗轴牢固骨性连接；❷示断裂的螺旋板；❸示螺旋唇。

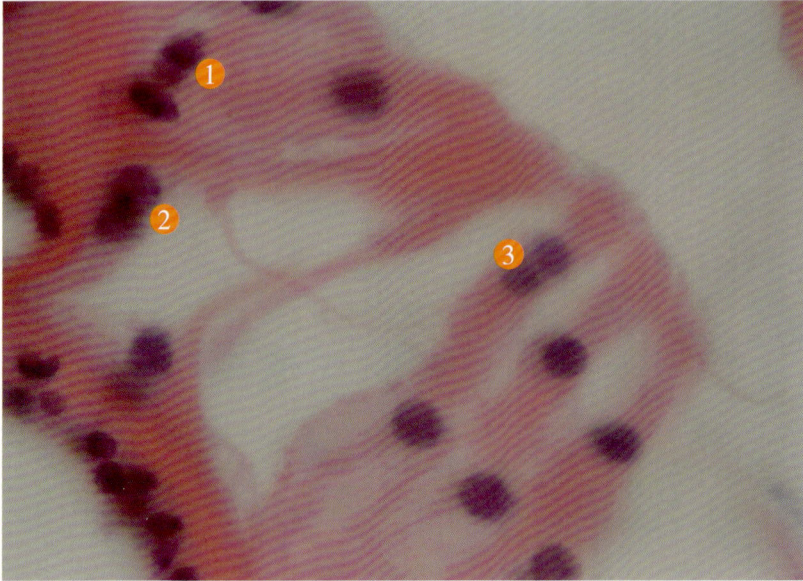

■ **图1-166　豚鼠螺旋器细胞直接分裂（1）**

苏木素-伊红染色　×400

❶、❷和❸分别显示内指细胞、内柱细胞和外毛细胞直接分裂象。

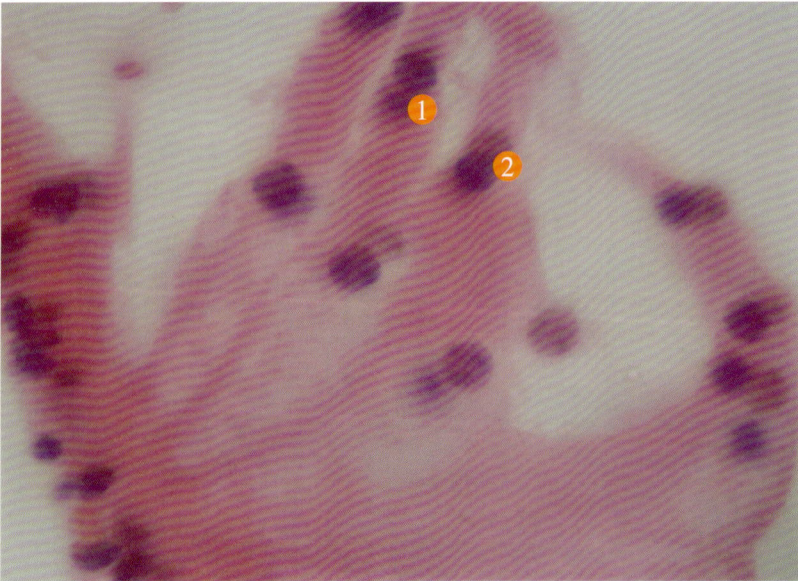

■ **图1-167　豚鼠螺旋器细胞直接分裂（2）**

苏木素-伊红染色　×400

❶和❷示外毛细胞直接分裂象。

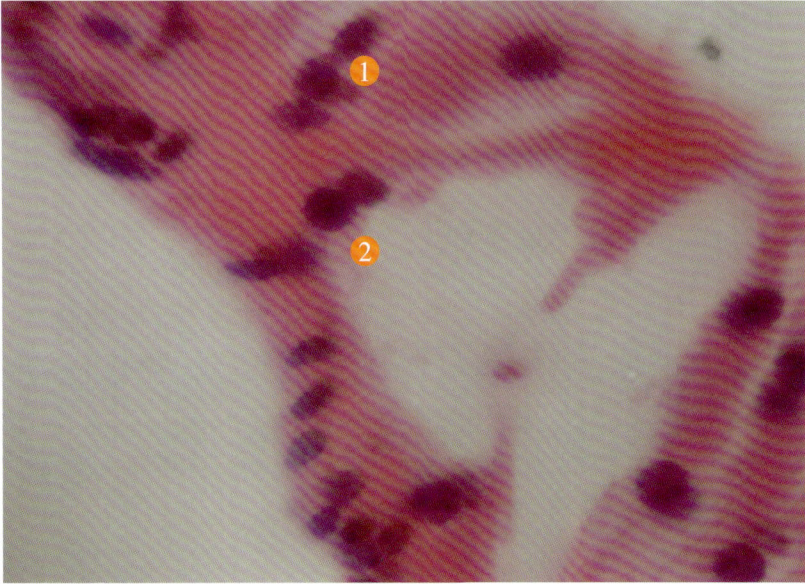

■ 图1-168　豚鼠螺旋器细胞直接分裂（3）
苏木素-伊红染色　×400
❶示内指细胞直接分裂象；❷示内柱细胞直接分裂象。

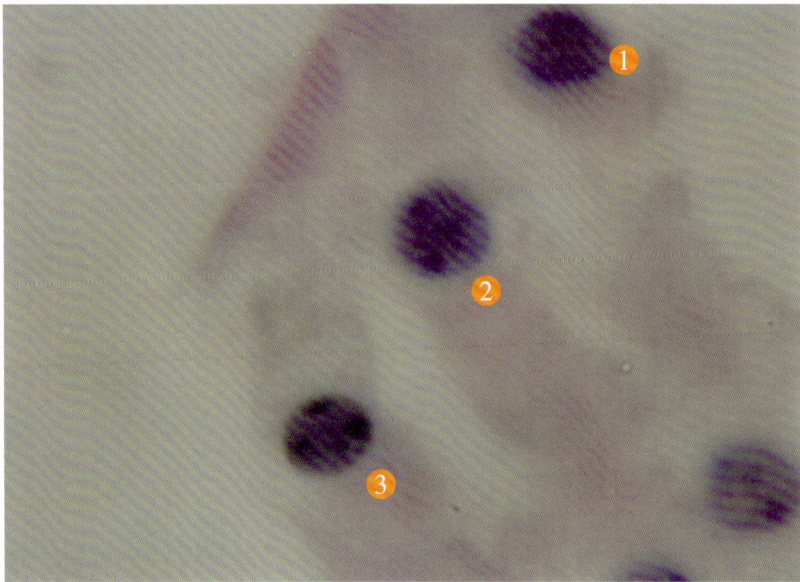

■ 图1-169　豚鼠螺旋器细胞直接分裂（4）
苏木素-伊红染色　×1 000
❶、❷和❸分别显示外毛细胞脱颖式直接分裂象。

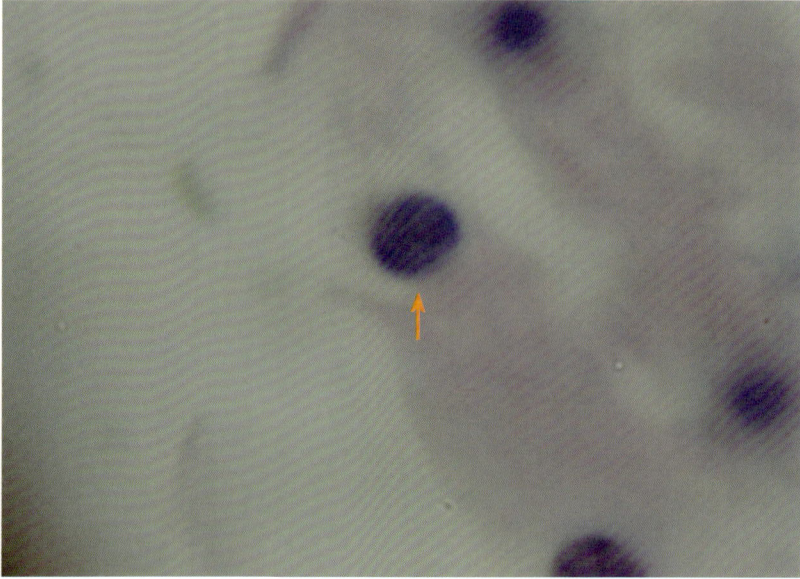

■ 图1-170 豚鼠螺旋器细胞直接分裂（5）

苏木素-伊红染色 ×1 000

↑示外毛细胞脱颖式直接分裂象。

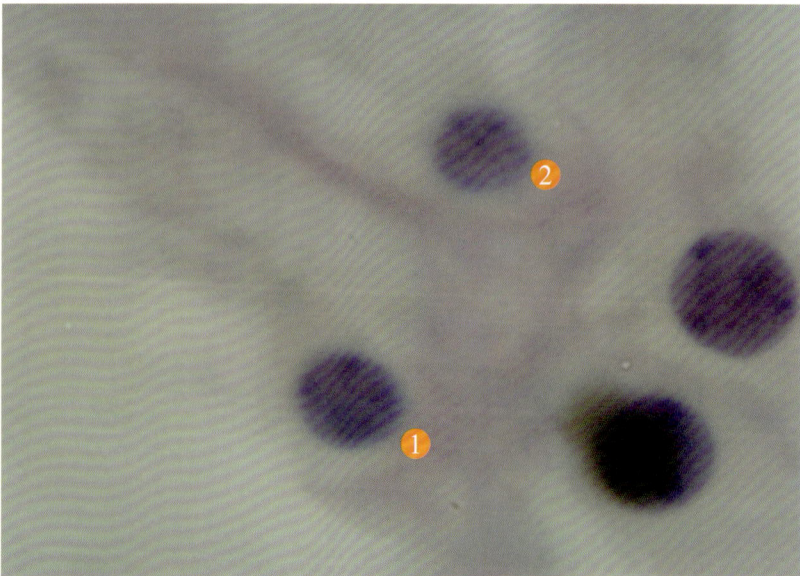

■ 图1-171 豚鼠螺旋器细胞直接分裂（6）

苏木素-伊红染色 ×1 000

❶和❷分别显示外毛细胞脱颖式直接分裂象。

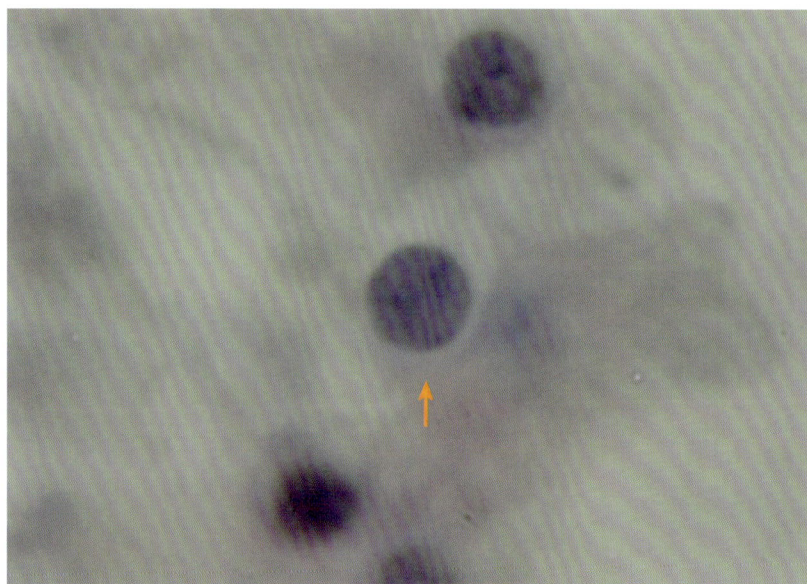

■ 图1-172　豚鼠螺旋器细胞直接分裂（7）

苏木素-伊红染色　×1 000

↑示脱颖式直接分裂产生的外毛细胞边界逐渐明晰。

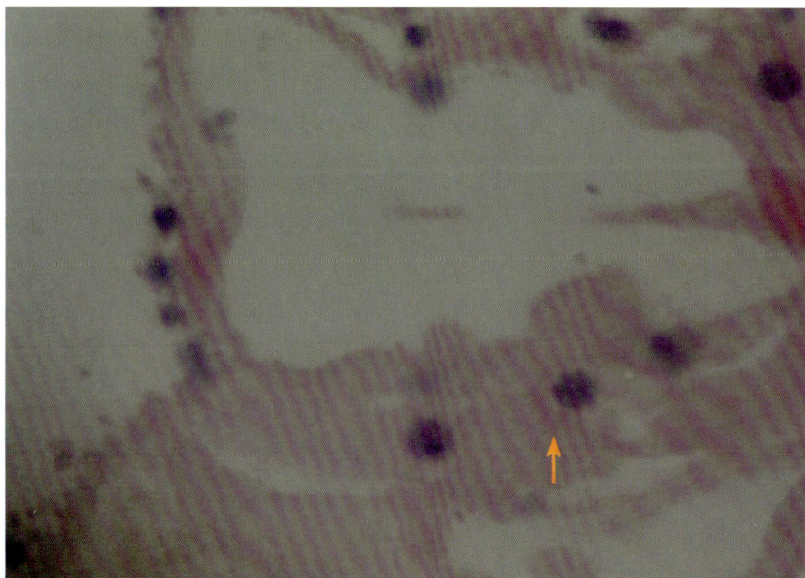

■ 图1-173　豚鼠螺旋器细胞直接分裂（8）

苏木素-伊红染色　×400

↑示脱颖式直接分裂产生的外毛细胞边界已较明晰，并见外毛细胞脱颖式直接分裂象。

（二）螺旋器干细胞演化及来源途径

早期螺旋板是尚无纤维性膜分隔的多细胞膜性结构，即膜性螺旋板。部分来自膜性螺旋板的干细胞直接参与初级螺旋器的构建（图1-174、图1-175），而后螺旋器干细胞主要是螺旋神经源，少数为螺旋下角来源及螺旋韧带来源。

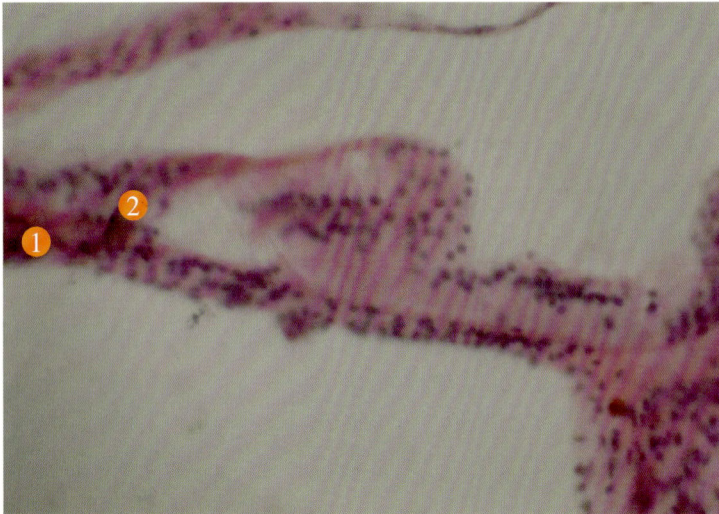

■ 图1-174 豚鼠膜性螺旋板干细胞直接演化螺旋器细胞（1）

苏木素-伊红染色 ×200

❶示膜性螺旋板干细胞流；❷示直接演化为内侧细胞群细胞。

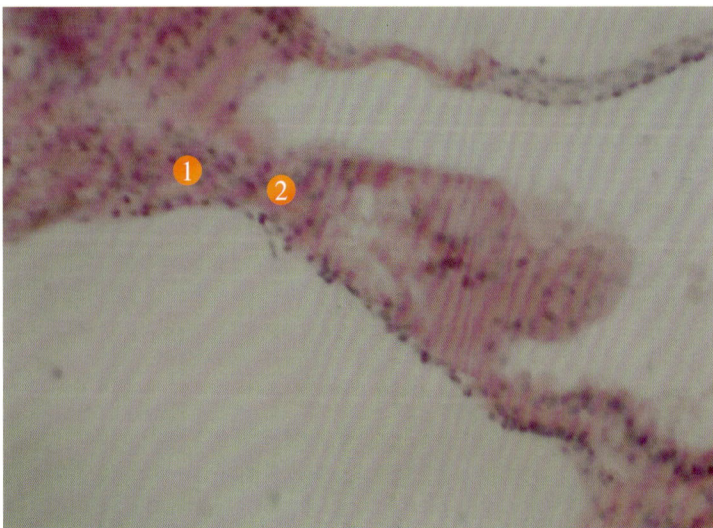

■ 图1-175 豚鼠膜性螺旋板干细胞直接演化螺旋器细胞（2）

苏木素-伊红染色 ×200

❶示膜性螺旋板干细胞流；❷示直接演化为内侧细胞群细胞。

1．螺旋神经源干细胞演化方式及来源途径

（1）螺旋神经源干细胞演化方式

1）螺旋神经源干细胞直接演化螺旋器细胞　螺旋板骨化后，由朝外开口的缰孔而出的螺旋神经源干细胞也可直接演化形成螺旋器细胞（图1-176～图1-178）。

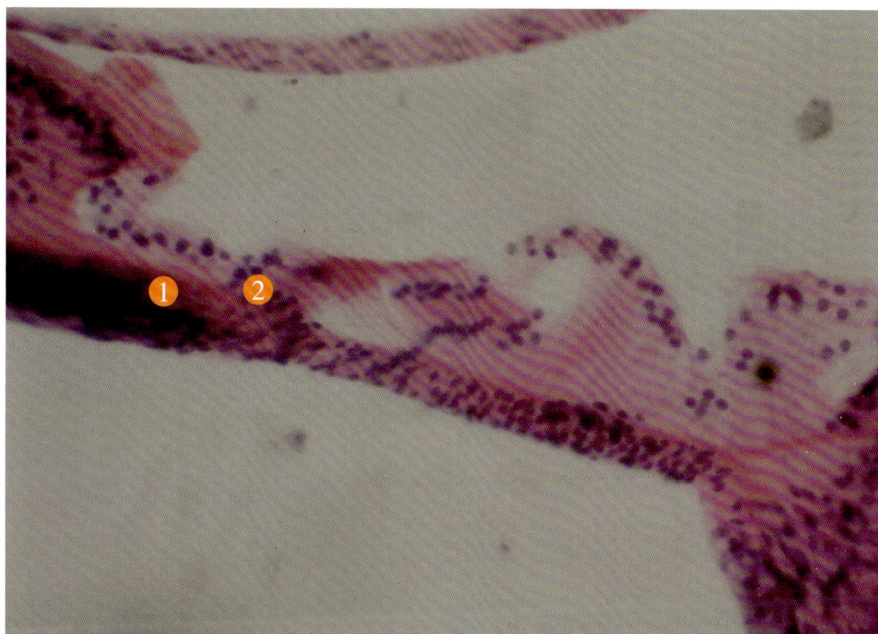

■ 图1-176　豚鼠螺旋神经源干细胞直接演化（1）

苏木素-伊红染色　×200

❶示螺旋神经源干细胞流；❷示直接演化为内侧细胞群细胞。

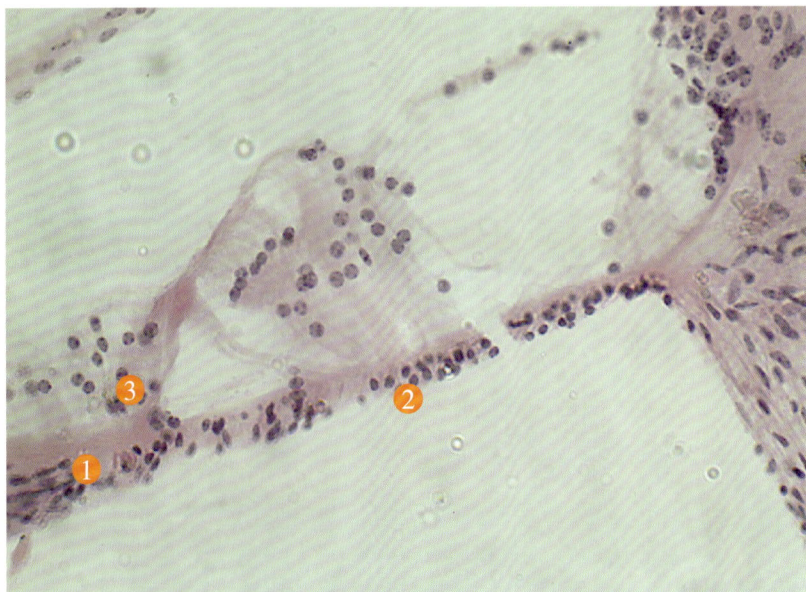

■ 图1-177　豚鼠螺旋神经源干细胞直接演化（2）

苏木素–伊红染色　×200

❶示螺旋神经源干细胞流；❷示基膜下细胞；❸示直接演化为内侧细胞群细胞。

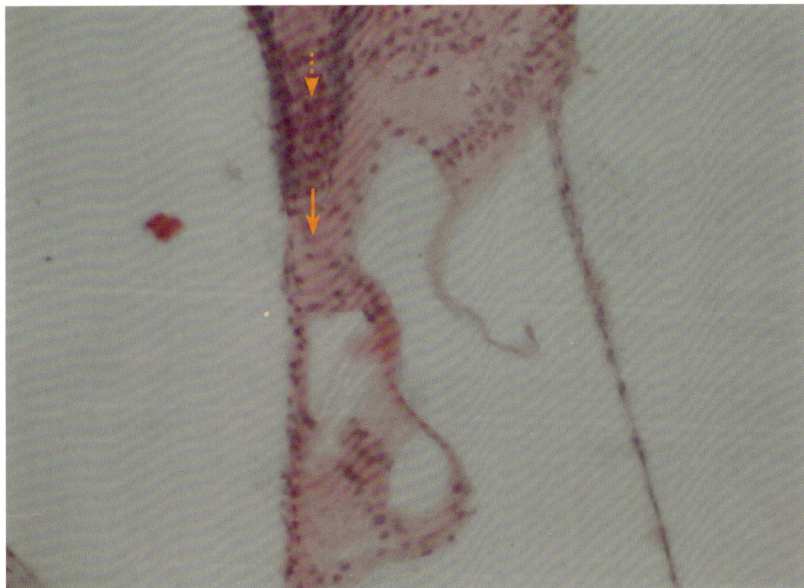

■ 图1-178　豚鼠螺旋神经源干细胞直接演化（3）

苏木素–伊红染色　×200

⁝示螺旋神经源干细胞流。↓示出朝外缰孔的干细胞参与演化内侧细胞群。

2）螺旋神经源干细胞经透明化演化　螺旋神经源干细胞可经透明化成为螺旋器细胞（图1-179）。

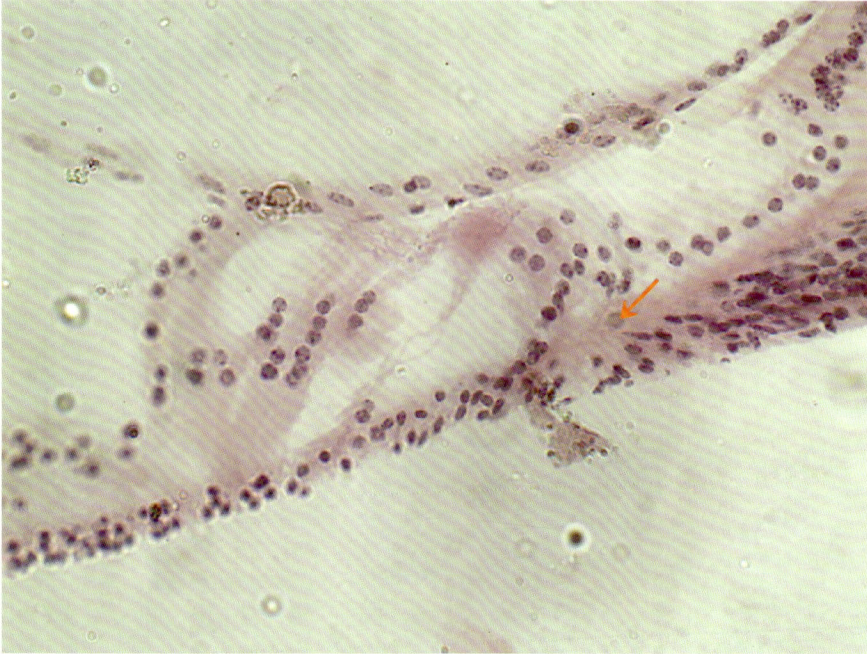

■ 图1-179　豚鼠螺旋神经源干细胞透明化

苏木素-伊红染色　×200

示螺旋神经源干细胞经透明化为外侧细胞群干细胞。

3）螺旋神经源干细胞通过基膜薄弱区　在基膜形成之后，主要源自螺旋神经的基膜下细胞可通过基膜弓状区与束状区交界的薄弱部位进入螺旋器细胞群（图1-180～图1-182），主要参与柱细胞和内侧细胞群演化（图1-183）。

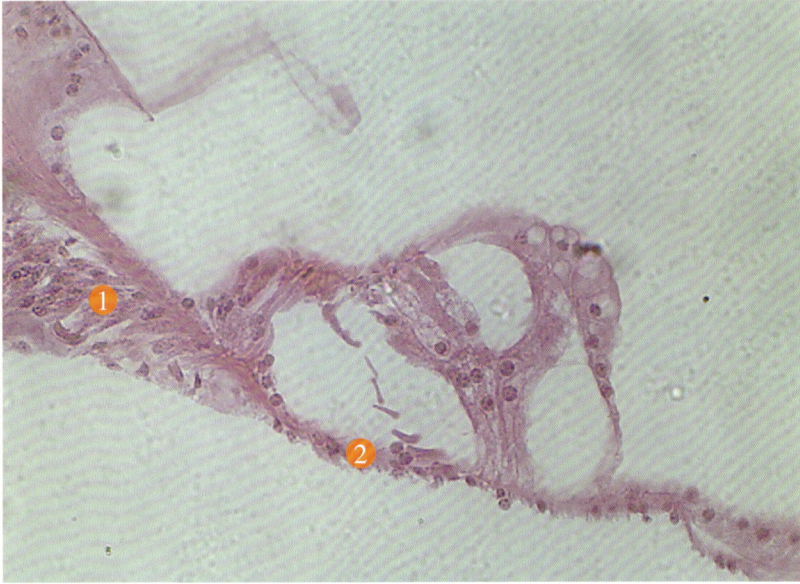

■ 图1-180　豚鼠螺旋神经源干细胞通过基膜薄弱区（1）

苏木素-伊红染色　×200

❶示螺旋神经源干细胞流；❷示基膜弓状区与束状区交界。

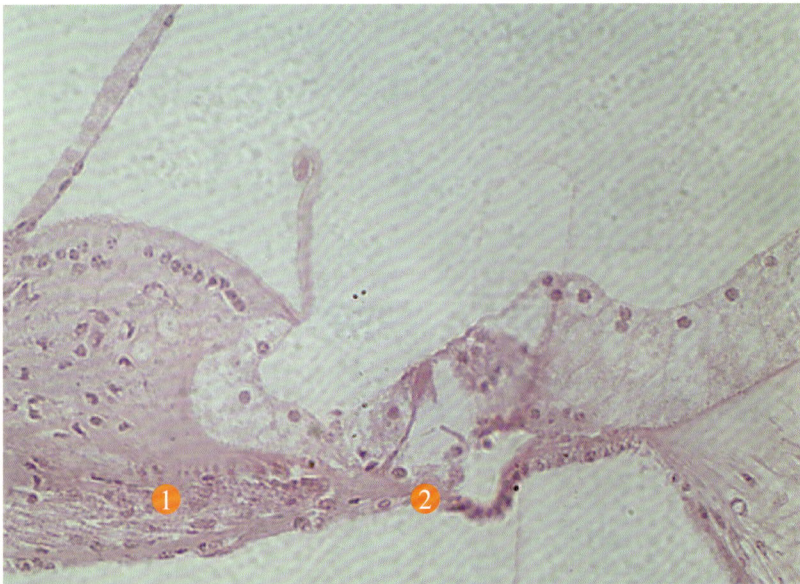

■ 图1-181　豚鼠螺旋神经源干细胞通过基膜薄弱区（2）

苏木素-伊红染色　×200

❶示螺旋神经源干细胞流；❷示基膜弓状区与束状区交界。

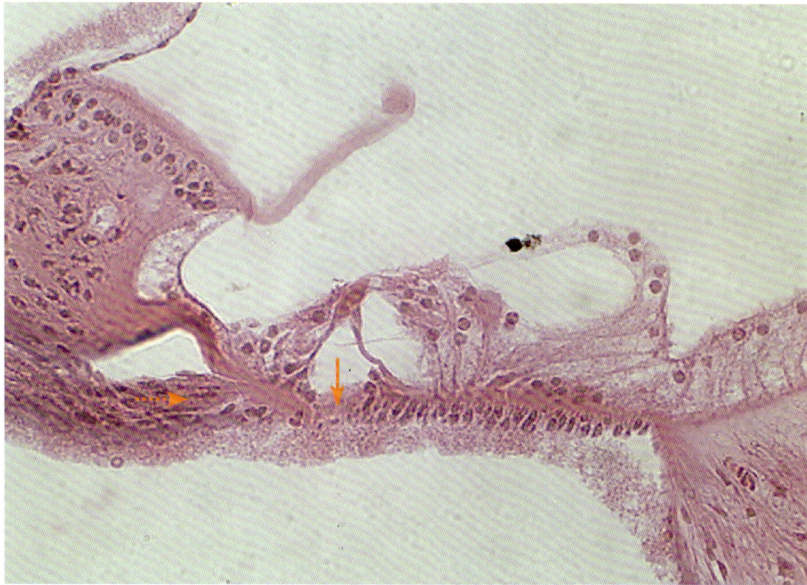

■ 图1-182　豚鼠螺旋神经源干细胞通过基膜薄弱区（3）

苏木素-伊红染色　×200

‑‑▶示螺旋神经源干细胞流。⬇示基膜弓状区与束状区交界。

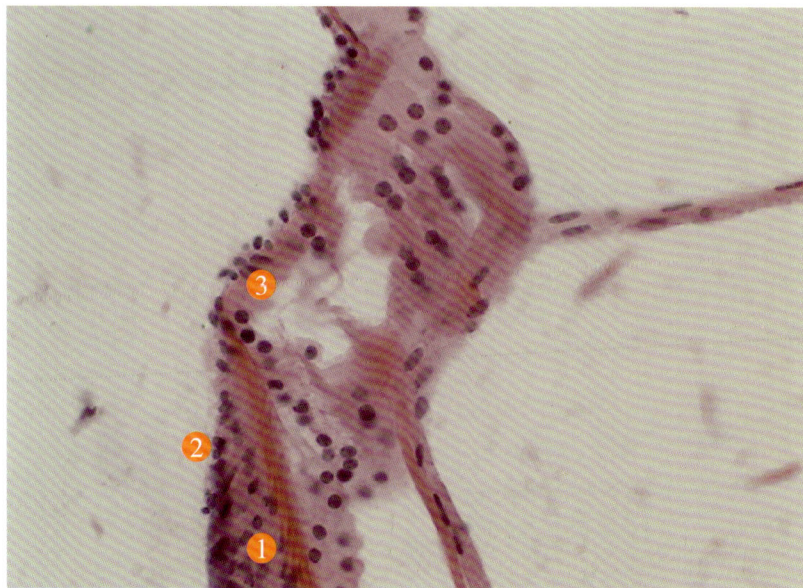

■ 图1-183　豚鼠螺旋神经源干细胞通过基膜薄弱区（4）

苏木素-伊红染色　×200

❶示螺旋神经源干细胞流；❷示基膜下细胞；❸示基膜薄弱区。

4）螺旋神经源干细胞穿越基膜　基膜下细胞可穿越基膜演化形成螺旋器细胞（图1-184、图1-185），可形成明显的外听细胞同源群或外侧细胞同源群（图1-186、图1-187）。

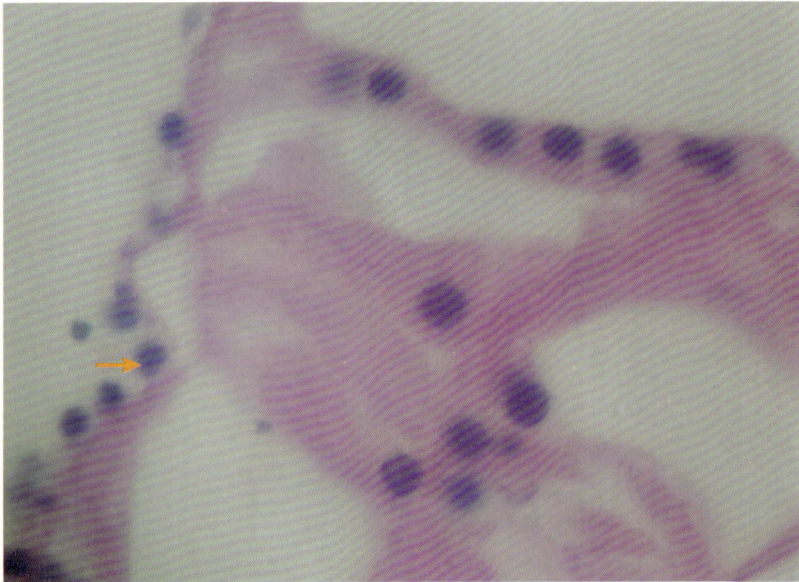

■ 图1-184　豚鼠螺旋神经源干细胞穿越基膜（1）

苏木素-伊红染色　×400

→示穿越基膜的基膜下细胞。

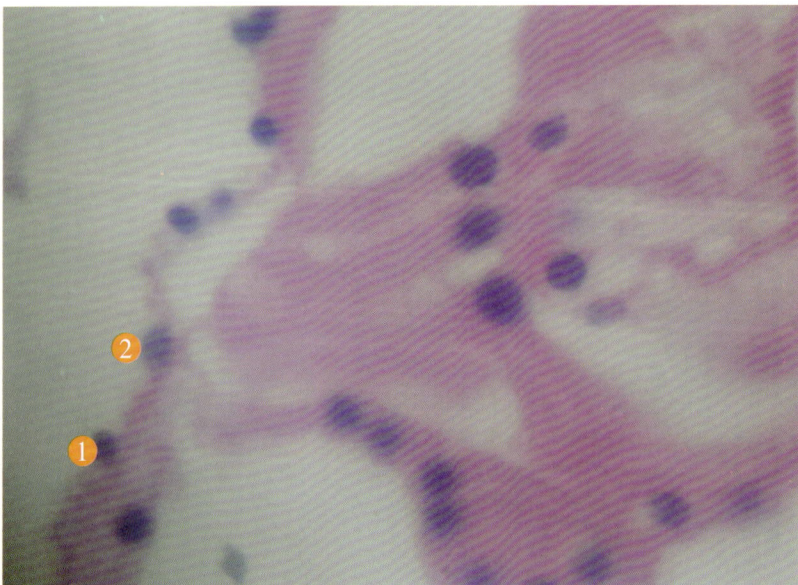

■ 图1-185　豚鼠螺旋神经源干细胞穿越基膜（2）

苏木素-伊红染色　×400

❶示基膜下细胞；❷示在穿越基膜的基膜下细胞。

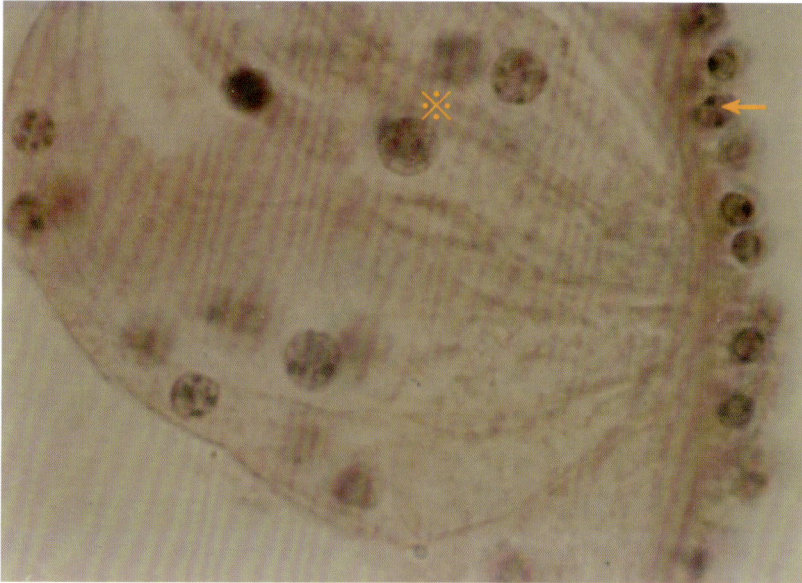

■ 图1-186　豚鼠螺旋神经源干细胞穿越基膜（3）

苏木素-伊红染色　×1 000

※示外听细胞同源群。　←示穿越基膜的基膜下细胞。

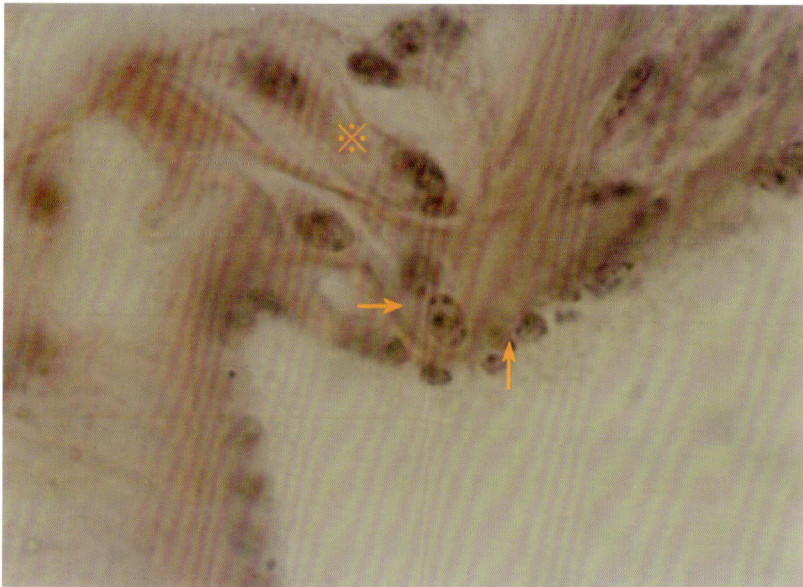

■ 图1-187　豚鼠螺旋神经源干细胞穿越基膜（4）

苏木素-伊红染色　×1 000

※示外侧细胞同源群。　→示螺旋器细胞直接分裂。↑示在穿越基膜的基膜下细胞。

（2）螺旋神经源干细胞来源途径　螺旋器干细胞的螺旋神经来源可循螺旋神经束远段、中段和近段一直追溯到螺旋神经节。

1）螺旋神经束远段　螺旋神经束远段从缰孔(Habenula孔)出骨螺旋板，缰孔可向上朝向基底膜（图1-188～图1-191），有时可朝外侧开口（图1-192），也可因骨螺旋板下叶封闭不严，使螺旋神经细胞外迁形成基膜下细胞（图1-193～图1-195）。当然，早期螺旋板未骨化时，螺旋神经细胞更顺利地外移成为基膜下细胞（图1-196、图1-197）。

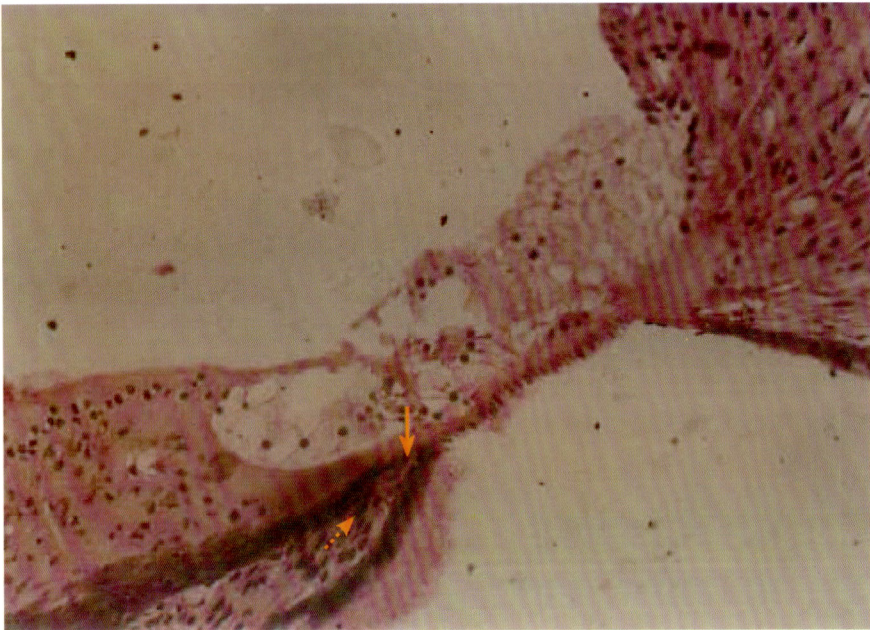

■ **图1-188　豚鼠螺旋神经束远段（1）**
苏木素-伊红染色　×200
示螺旋神经源干细胞流。 示缰孔朝上。

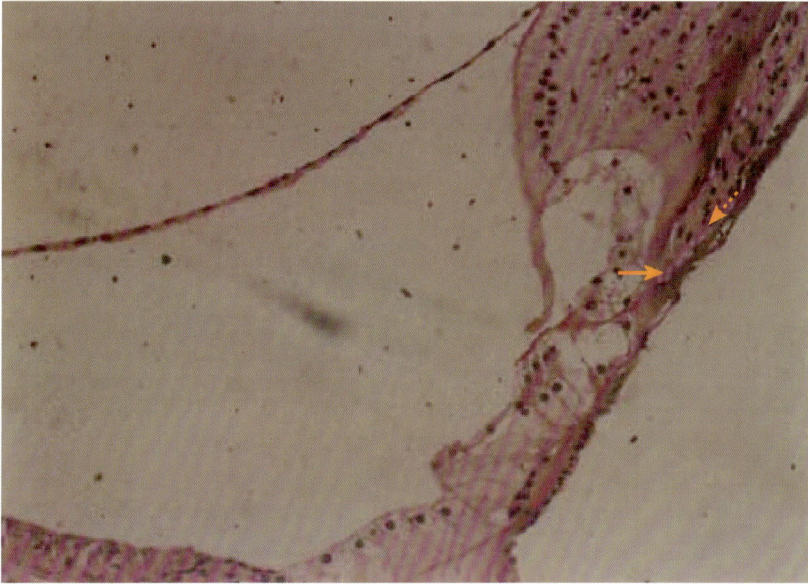

■ 图1-189 豚鼠螺旋神经束远段（2）

苏木素-伊红染色 ×200

示螺旋神经源干细胞流。 示缰孔朝上。

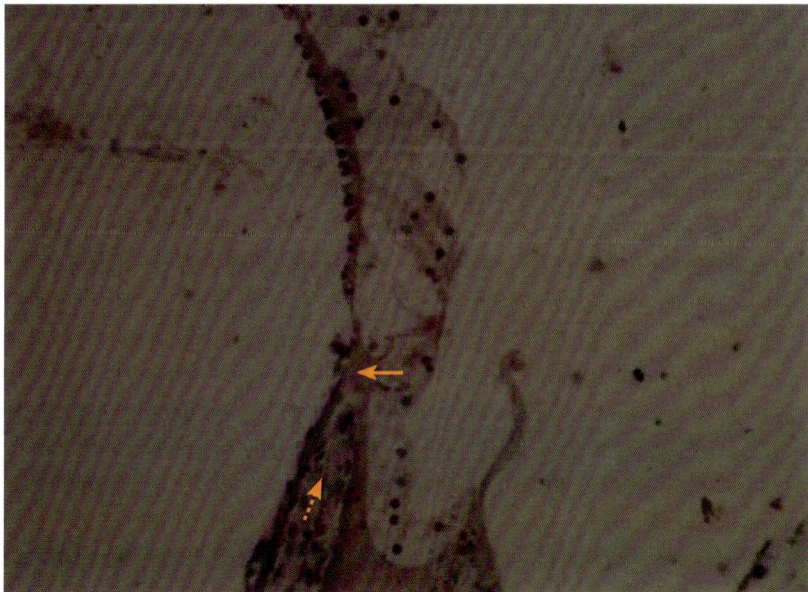

■ 图1-190 豚鼠螺旋神经束远段（3）

苏木素-伊红染色 ×200

示螺旋神经源干细胞流。 示缰孔朝上。

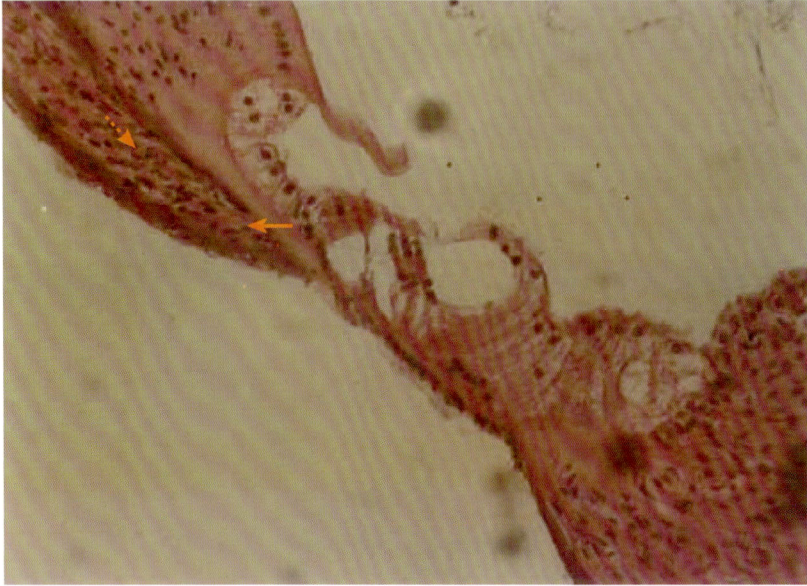

■ 图1-191 豚鼠螺旋神经束远段（4）

苏木素-伊红染色 ×200

示螺旋神经源干细胞流。 示缰孔朝上。

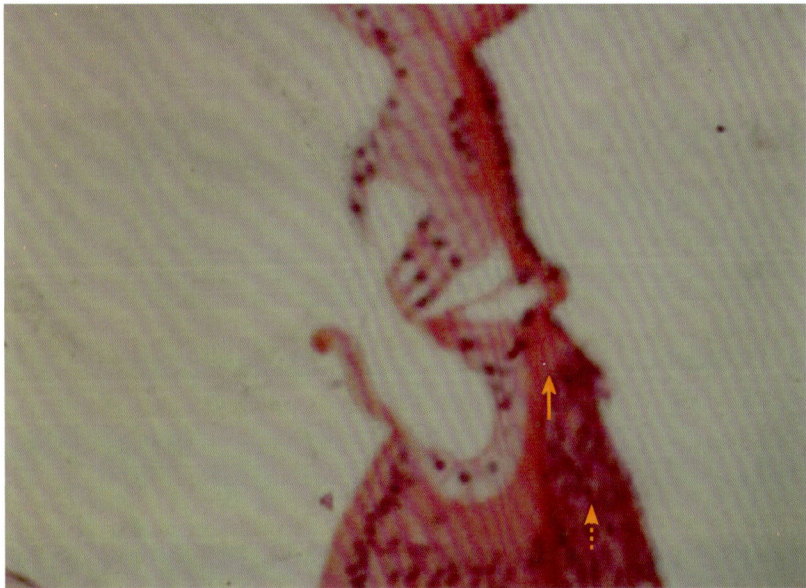

■ 图1-192 豚鼠螺旋神经束远段（5）

苏木素-伊红染色 ×200

示螺旋神经源干细胞流。 示缰孔朝外。

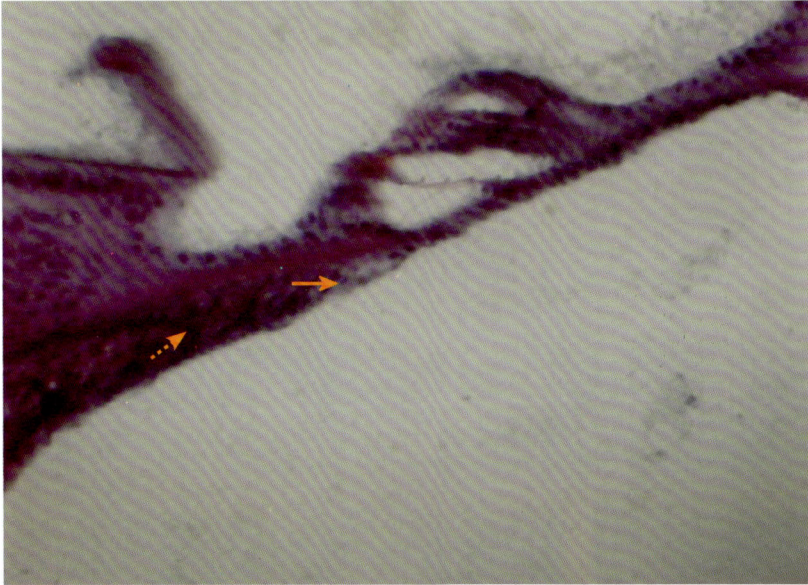

■ 图1-193　豚鼠基膜下细胞（1）

苏木素-伊红染色　×200

示螺旋神经源干细胞流。示细胞流出缰孔后向外延伸成为基膜下细胞。

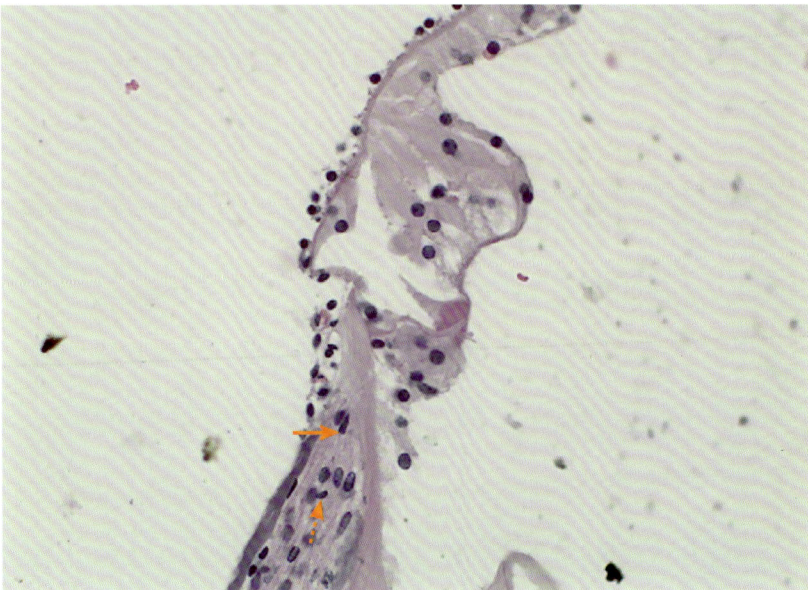

■ 图1-194　豚鼠基膜下细胞（2）

苏木素-伊红染色　×200

示细胞流出缰孔后向外延伸。示螺旋神经源干细胞流。

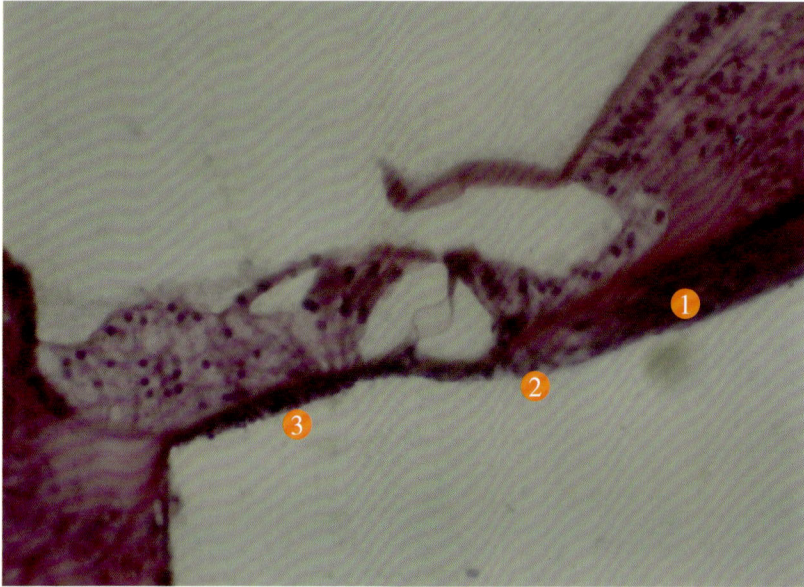

■ 图1-195　豚鼠基膜下细胞（3）

苏木素−伊红染色　×200

❶示螺旋神经源干细胞流；❷示细胞流向外延伸；❸示基膜下细胞。

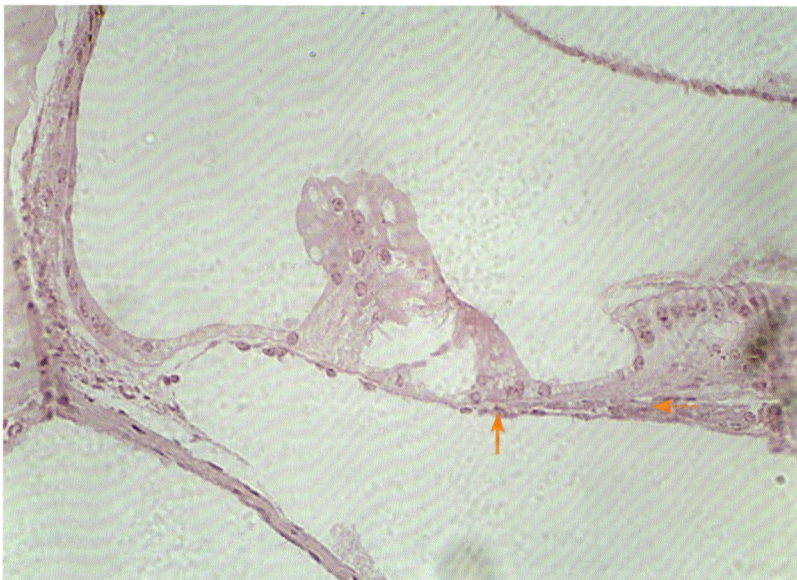

■ 图1-196　豚鼠基膜下细胞（4）

苏木素−伊红染色　×200

◀┈示螺旋神经源干细胞流。↑示基膜下细胞。

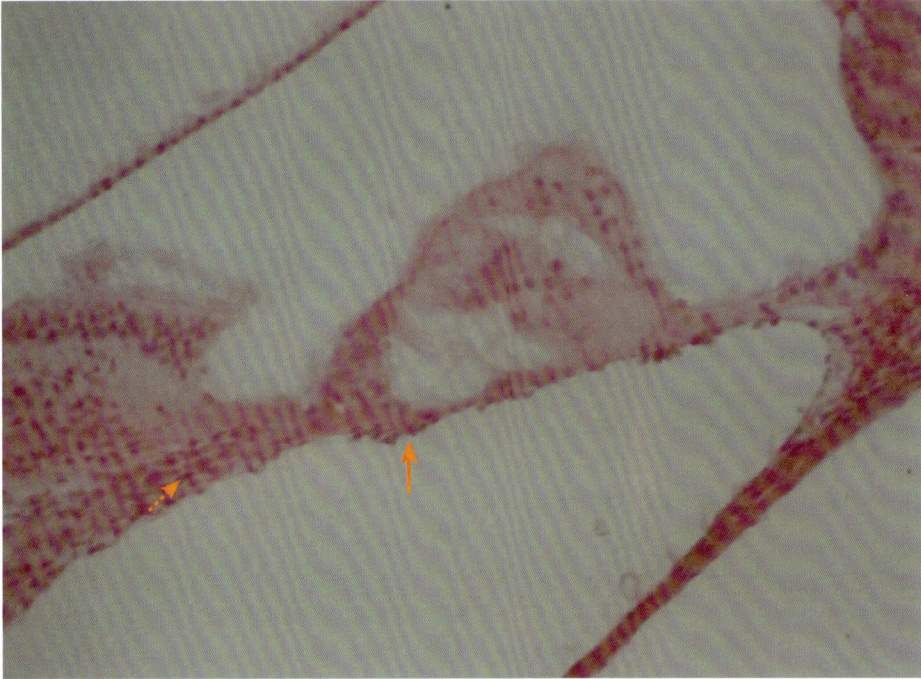

■ 图1-197　豚鼠基膜下细胞（5）

苏木素-伊红染色　×200

示膜性螺旋板干细胞流。 示基膜下细胞。

2）螺旋神经束中段　螺旋神经远端细胞流可追溯到螺旋神经束中段，终端的神经细胞群体呈现流线型（图1-198～图1-200），也可呈超长变形（图1-201）。神经细胞迁移过程中仍可进行直接分裂（图1-202～图1-204）。

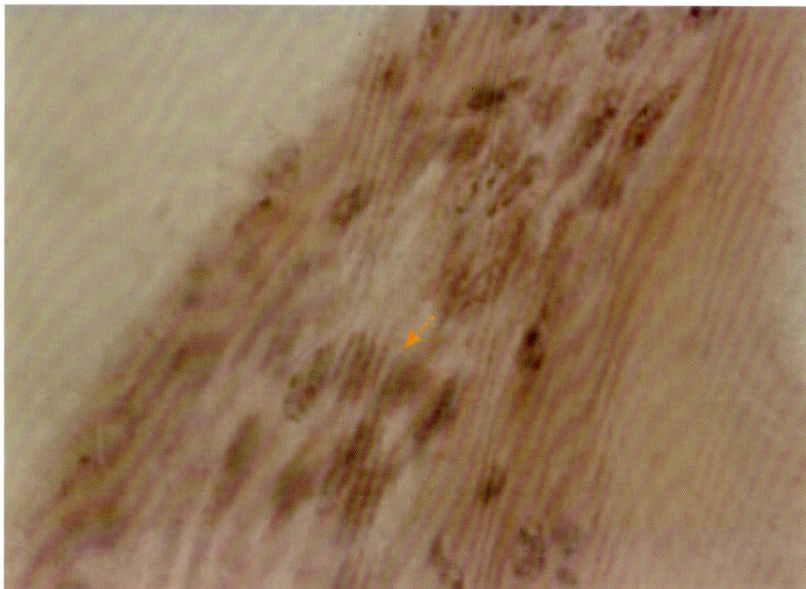

■ 图1-198 豚鼠螺旋神经束中段（1）

苏木素-伊红染色 ×400

示螺旋神经源干细胞流。

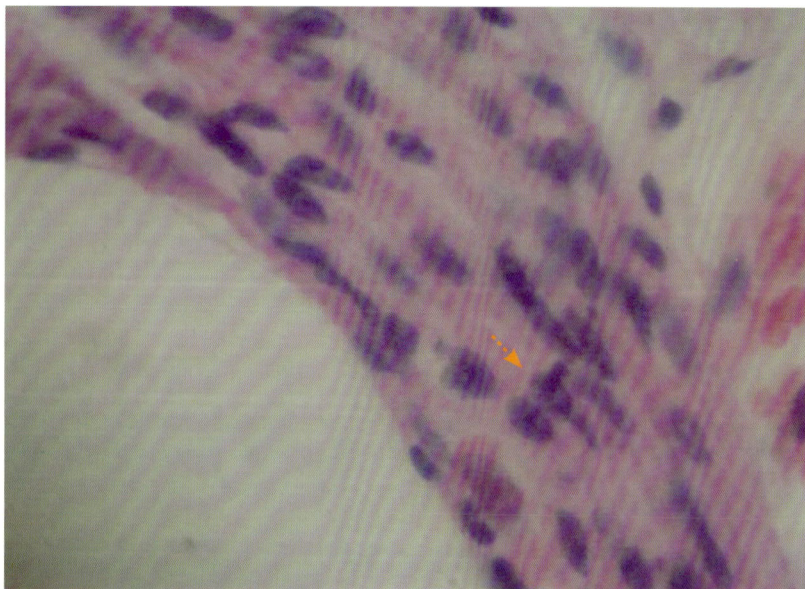

■ 图1-199 豚鼠螺旋神经束中段（2）

苏木素-伊红染色 ×400

示螺旋神经源干细胞流。

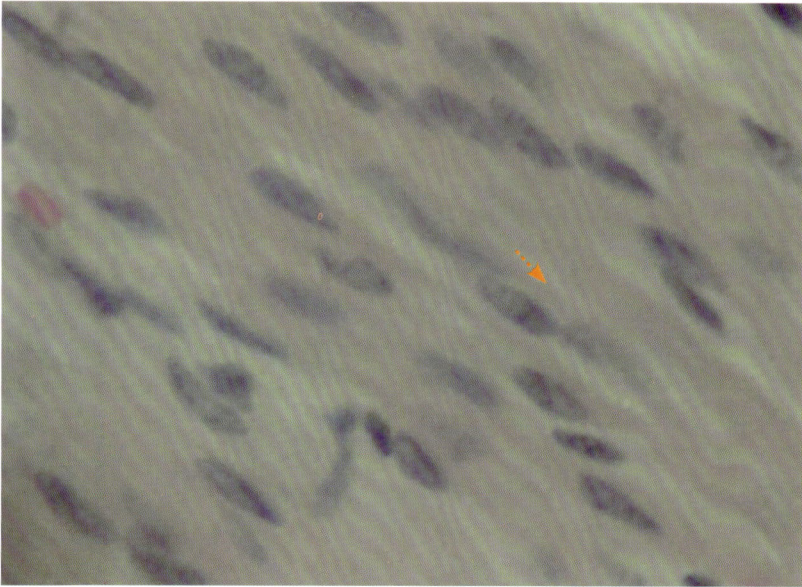

■ 图1-200　豚鼠螺旋神经束中段（3）

苏木素–伊红染色　×400

示螺旋神经源干细胞流迁移的方向。

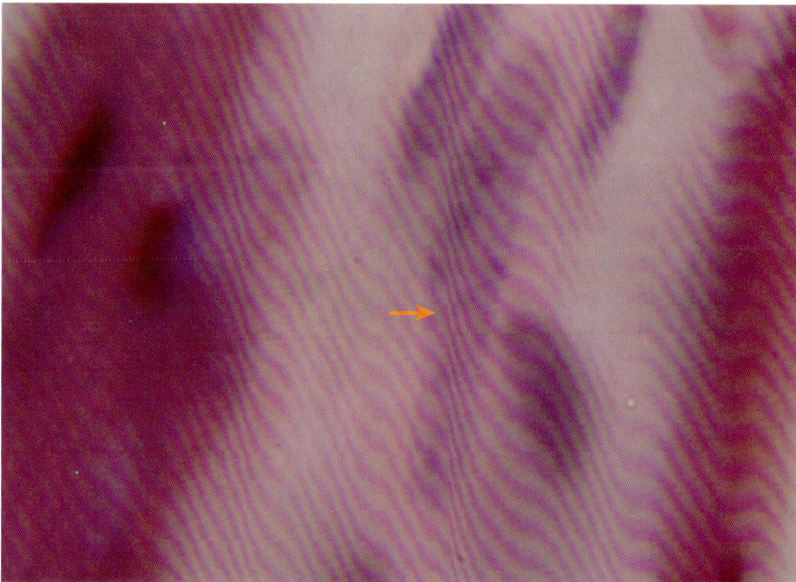

■ 图1-201　豚鼠螺旋神经束中段（4）

苏木素–伊红染色　×1 000

→ 示迁移中超长型干细胞核。

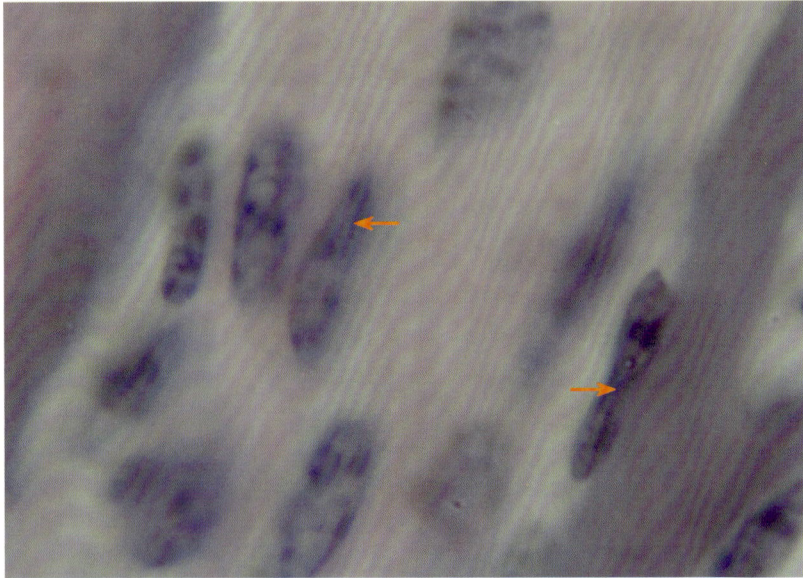

■ 图1-202　豚鼠螺旋神经束细胞直接分裂（1）

苏木素-伊红染色　×1 000

← 示迁移中的流线型干细胞。→ 示迁移中干细胞的直接分裂。

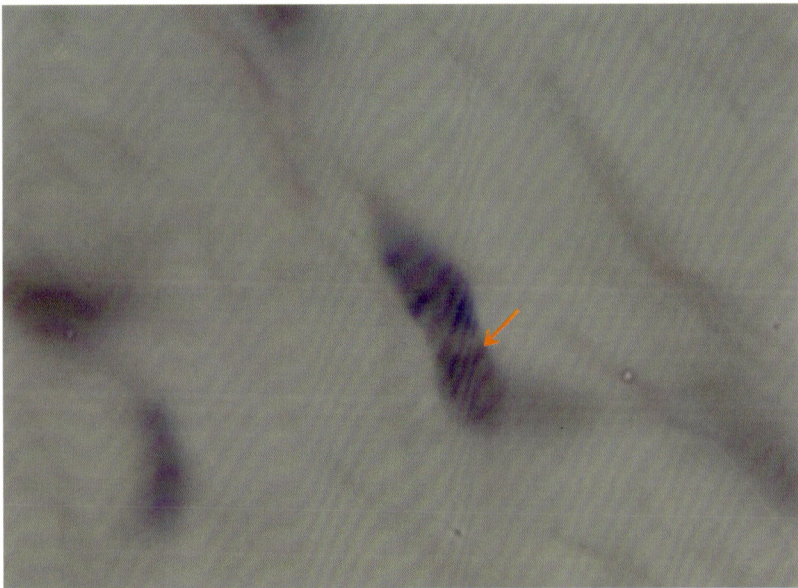

■ 图1-203　豚鼠螺旋神经束细胞直接分裂（2）

苏木素-伊红染色　×1 000

↙ 示迁移中干细胞的直接分裂。

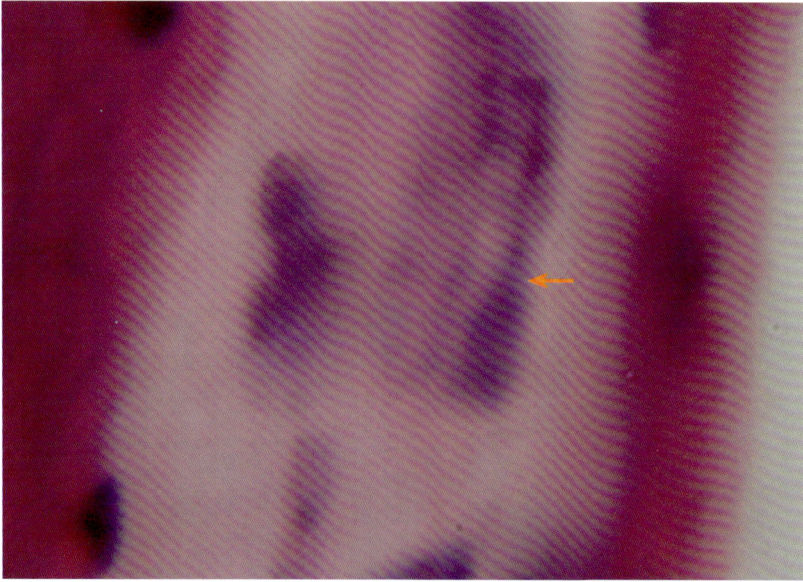

■ 图1-204　豚鼠螺旋神经束细胞直接分裂（3）

苏木素-伊红染色　×1 000

← 示迁移中干细胞的直接分裂。

3）螺旋神经束近段　继续循螺旋神经束向内追溯可见流线型神经细胞从螺旋神经节经螺旋神经束外流（图1-205、图1-206）。

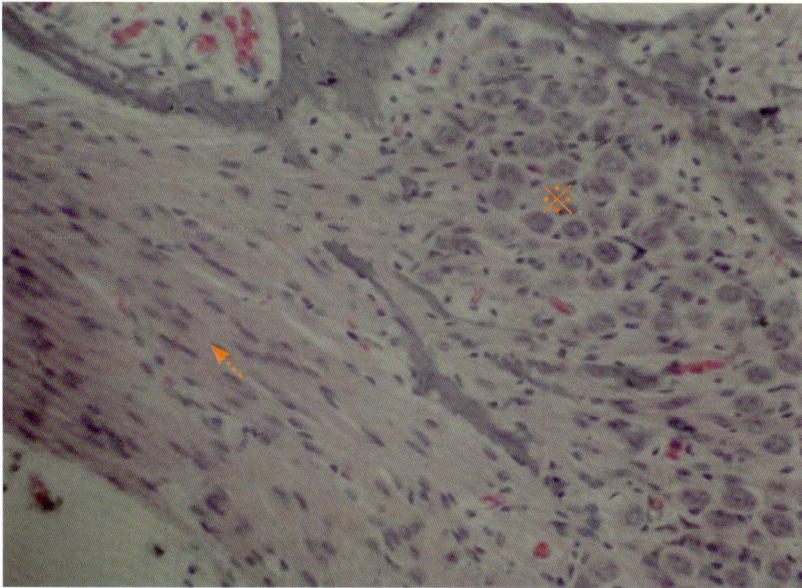

■ 图1-205　豚鼠螺旋神经束近段（1）

苏木素-伊红染色　×200

※示螺旋神经节。　示迁移干细胞流的方向。

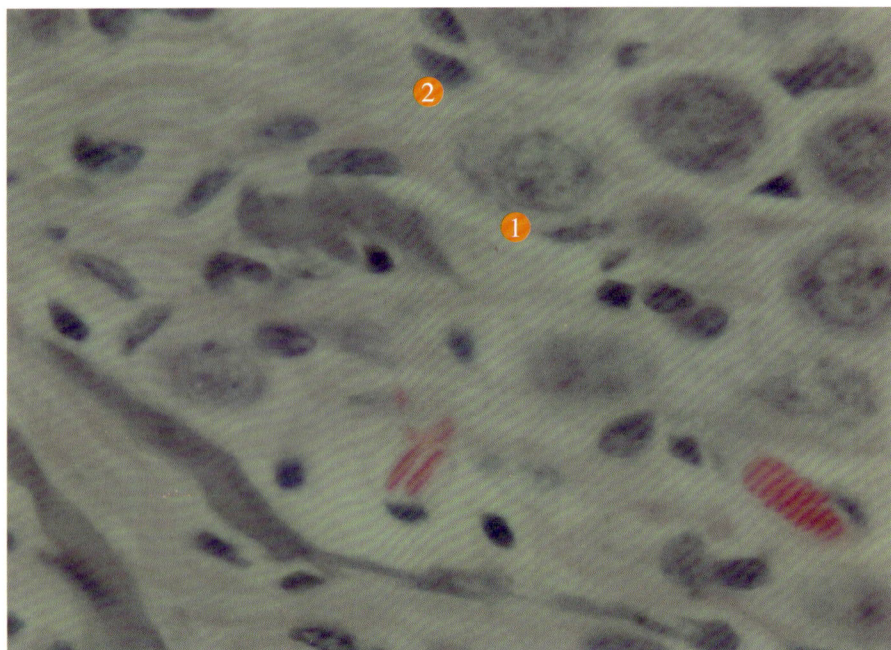

■ 图1-206　豚鼠螺旋神经束近段（2）

苏木素-伊红染色　×400

❶示螺旋神经节细胞；❷示迁移干细胞。

2. 螺旋器干细胞的螺旋下角来源途径　基底膜外侧附着点下方称为螺旋下角（图1-207、图1-208），其鼓室侧表面细胞是基膜下细胞的另一来源（图1-209～图1-211）。这里的基膜下细胞显然是Böttcher's细胞的干细胞来源（图1-212）。

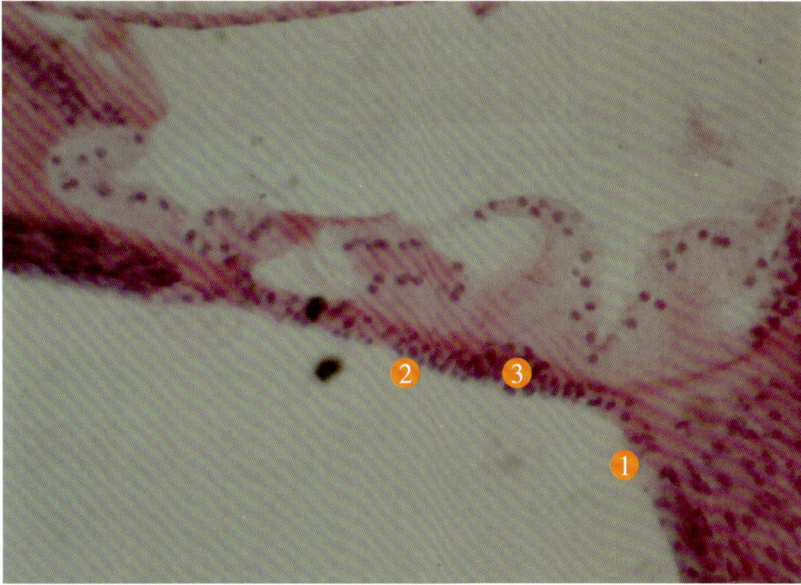

■ 图1-207　豚鼠螺旋器干细胞的螺旋下角来源途径（1）

苏木素-伊红染色　×200

❶示螺旋下角；❷示基膜下细胞；❸示基膜下细胞参与外缘细胞群构建。

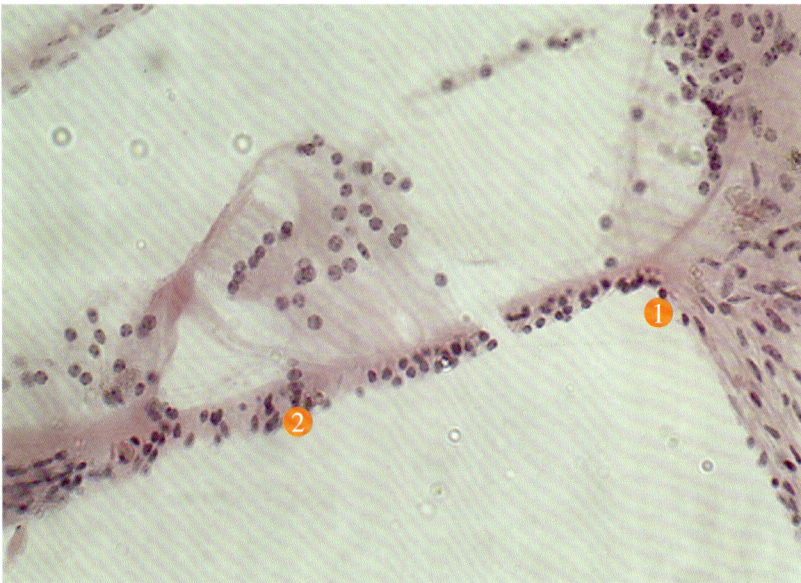

■ 图1-208　豚鼠螺旋器干细胞的螺旋下角来源途径（2）

苏木素-伊红染色　×200

❶示螺旋下角细胞；❷示基膜下细胞参与柱细胞演化。

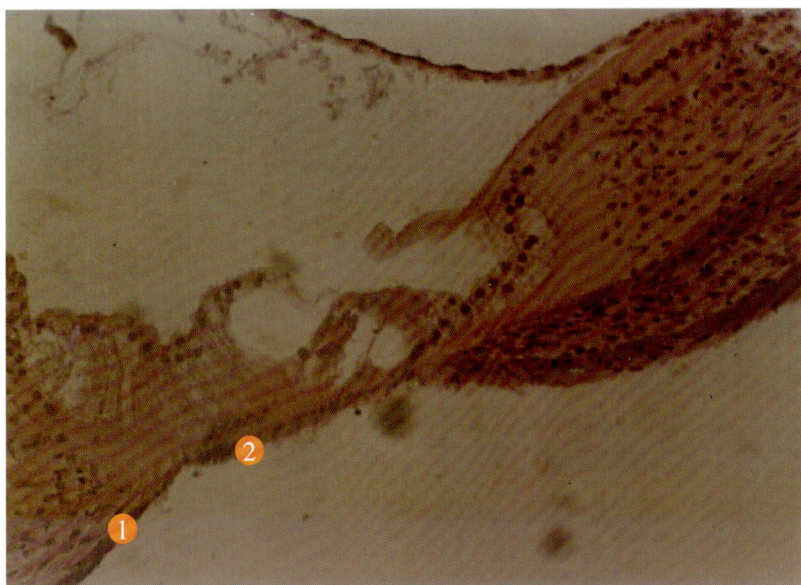

■ 图1-209　豚鼠螺旋器干细胞的螺旋下角来源途径（3）
苏木素-伊红染色　×200
❶示螺旋下角细胞；❷示基膜下细胞。

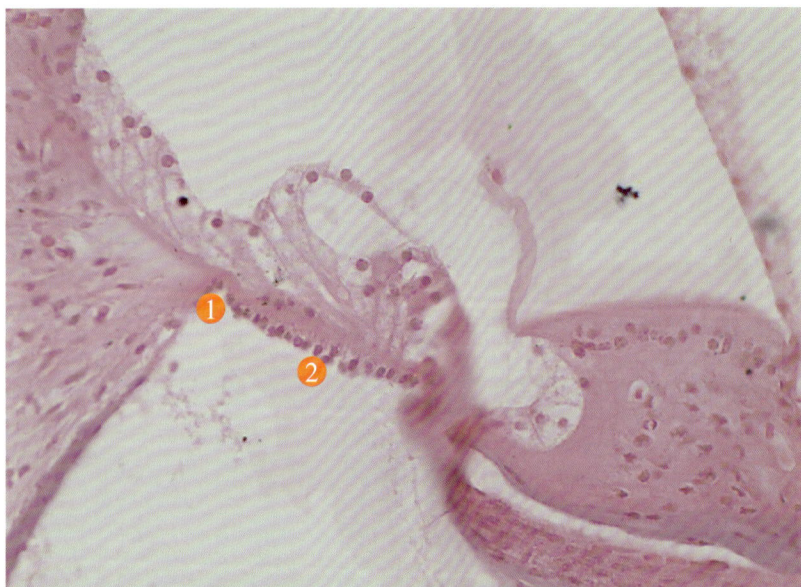

■ 图1-210　豚鼠螺旋器干细胞的螺旋下角来源途径（4）
苏木素-伊红染色　×200
❶示螺旋下角细胞；❷示基膜下细胞。

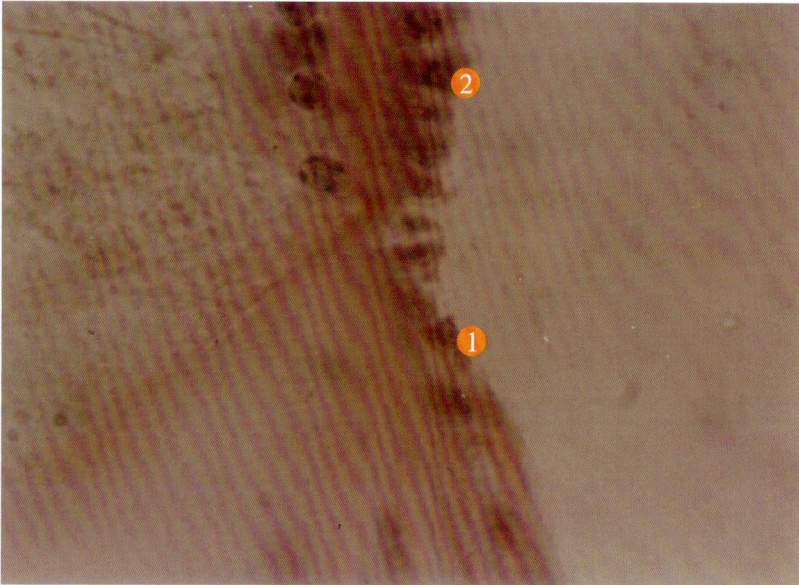

■ 图1-211 豚鼠螺旋器干细胞的螺旋下角来源途径（5）

苏木素-伊红染色 ×400

❶示螺旋下角细胞；❷示基膜下细胞。

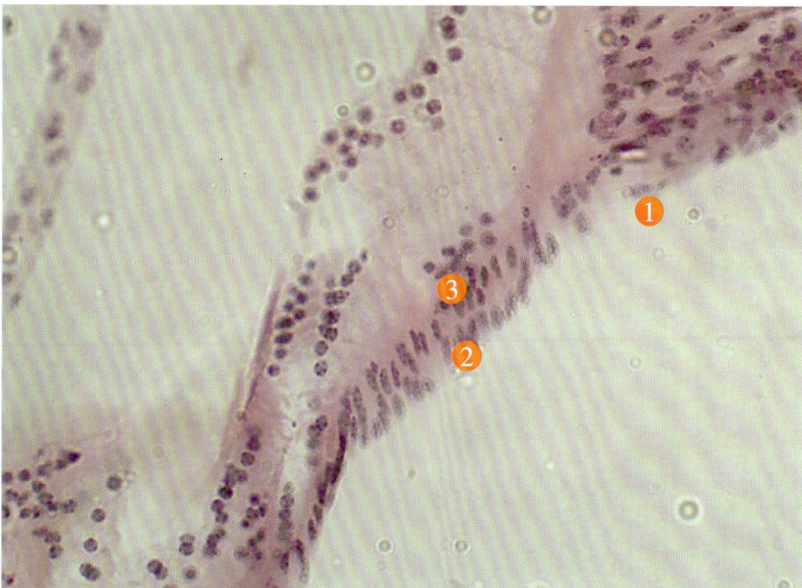

■ 图1-212 豚鼠螺旋器干细胞的螺旋下角来源途径（6）

苏木素-伊红染色 ×200

❶示螺旋下角细胞；❷示基膜下细胞；❸示Böttcher's细胞。

3. 螺旋器干细胞的螺旋韧带来源途径　来自螺旋韧带的干细胞也可突破基膜成为Cluadius'细胞的干细胞（图1-213、图1-214）。

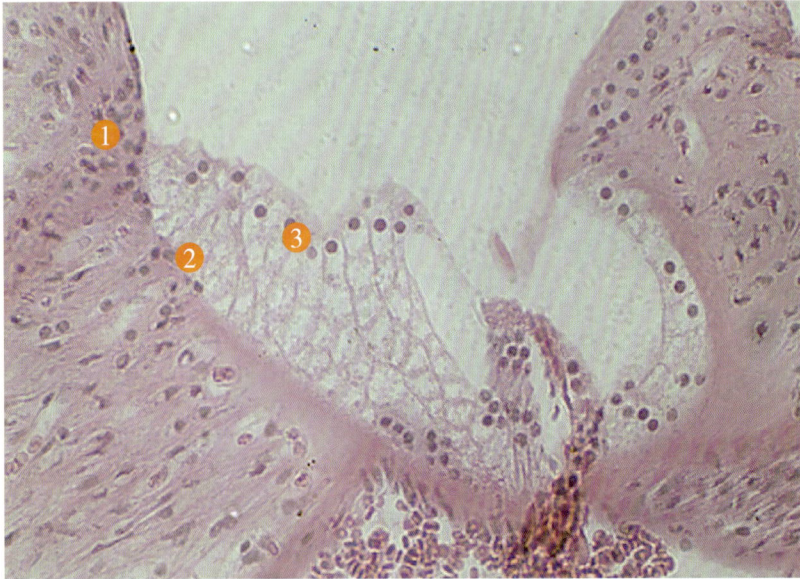

■ **图1-213　豚鼠螺旋器干细胞的螺旋韧带来源途径（1）**
苏木素–伊红染色　×200
❶示螺旋韧带干细胞流；❷示突破基膜的干细胞；❸示Cluadius'细胞。

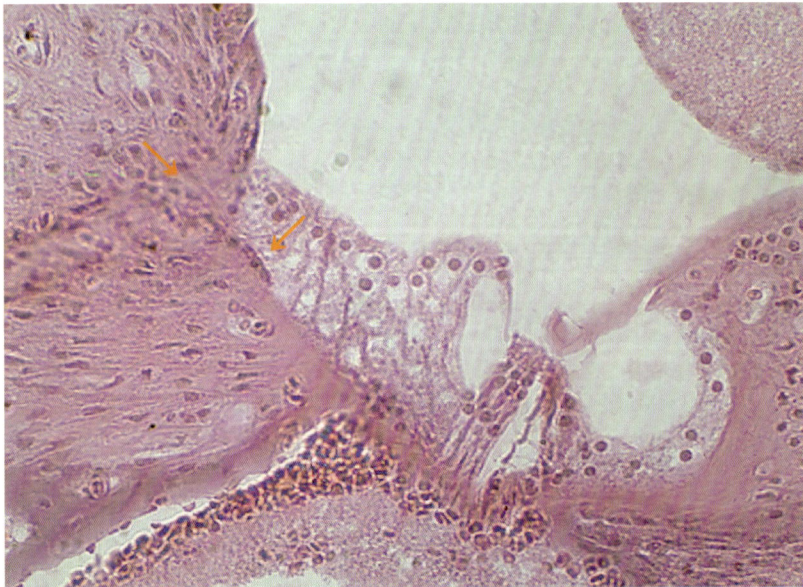

■ **图1-214　豚鼠螺旋器干细胞的螺旋韧带来源途径（2）**
苏木素–伊红染色　×200
↘示来自螺旋韧带的细胞流。↗示突破基膜的干细胞。

三、豚鼠螺旋器衰退期的形态特征

衰退期豚鼠蜗管第二圈，前庭阶特别宽大，螺旋器低矮（图1-215～图1-217）。第三圈螺旋器内隧道发育不良，外侧细胞群与内侧细胞群均未分化。前庭膜与盖膜结合紧贴于螺旋器上，中阶特别狭小（图1-218、图1-219）。第四圈内隧道柱细胞不完整，内外侧细胞群分化不良（图1-220、图1-221）。基底的第五圈左剖面螺旋器内隧道变形塌陷（图1-222）。第五圈右剖面骨性蜗管内唯一能见到的是极微小无功能膜性管道和游离的单层膜结构（图1-223）。

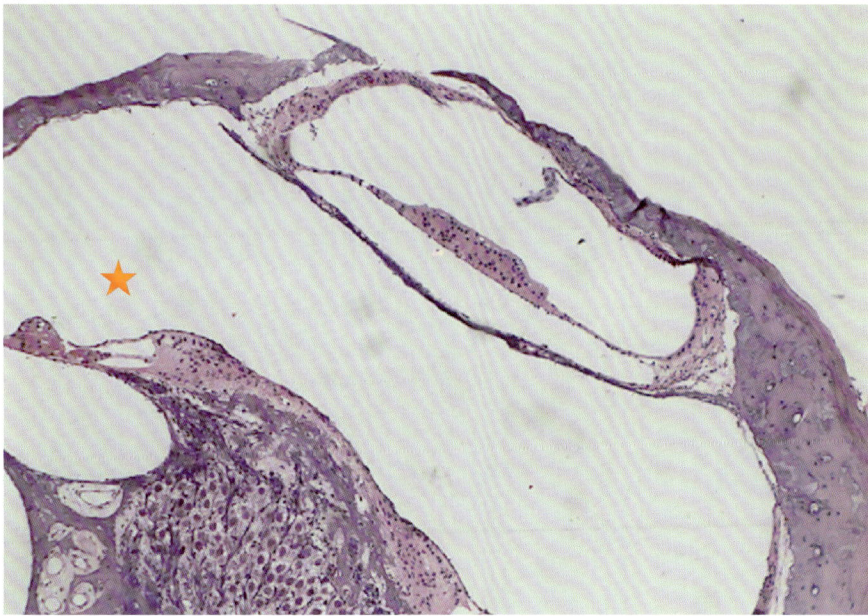

■ 图1-215 豚鼠衰退期蜗管第二圈
苏木素-伊红染色 ×100
★ 示衰退期豚鼠蜗管，宽大的前庭阶，低矮的螺旋器。

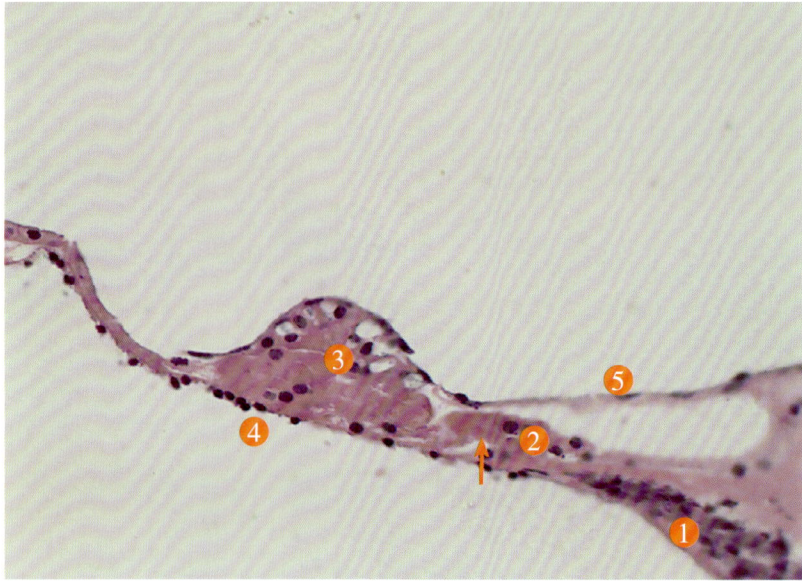

■ 图1-216　豚鼠衰退期第二圈螺旋器（左）
苏木素-伊红染色　×200

↑示发育不良的内隧道。❶示螺旋神经细胞流；❷示未分化的内侧细胞群；❸示未分化的外侧细胞群；❹示基膜下细胞；❺示前庭膜加盖膜。

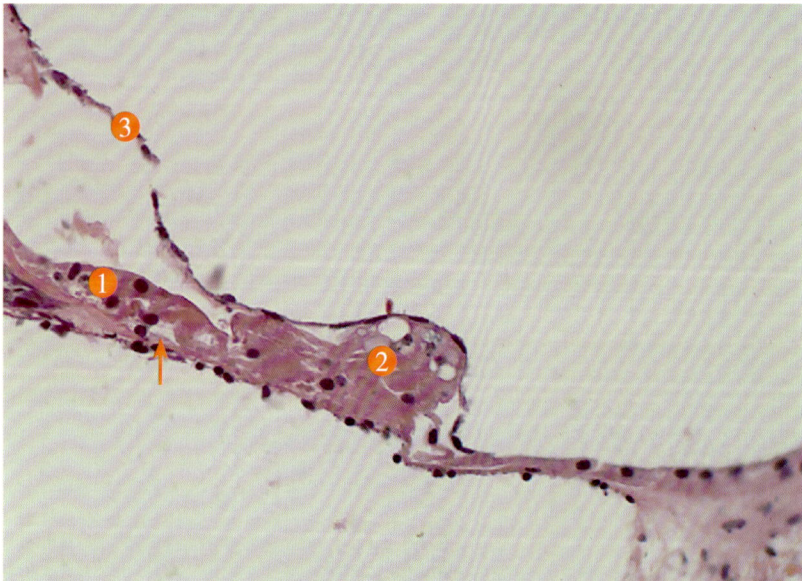

■ 图1-217　豚鼠衰退期第二圈螺旋器（右）
苏木素-伊红染色　×200

↑示发育不良的内隧道。❶示未分化的内侧细胞群；❷示未分化的外侧细胞群；❸示前庭膜加盖膜。

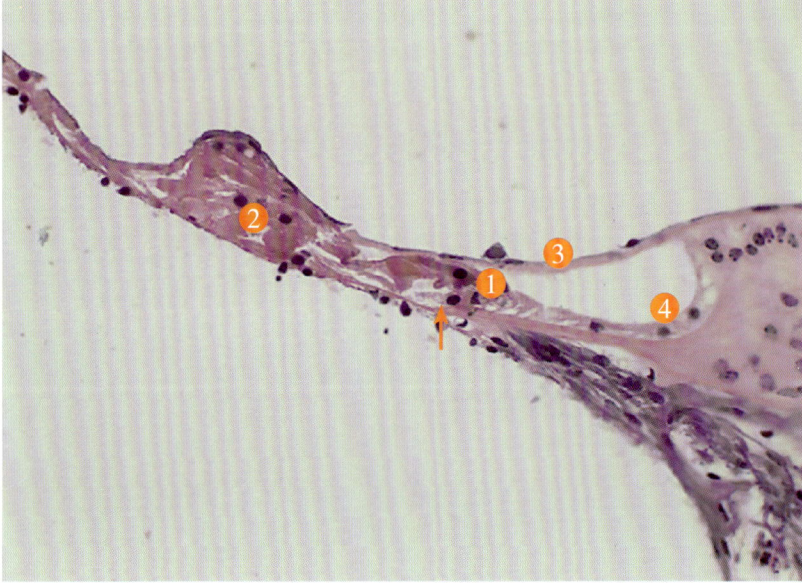

■ 图1-218　豚鼠衰退期第三圈螺旋器（左）

苏木素−伊红染色　×200

↑示破损的内隧道。❶示未分化的内侧细胞群；❷示未分化的外侧细胞群；❸示前庭膜加盖膜；❹示略显演化的内沟细胞。

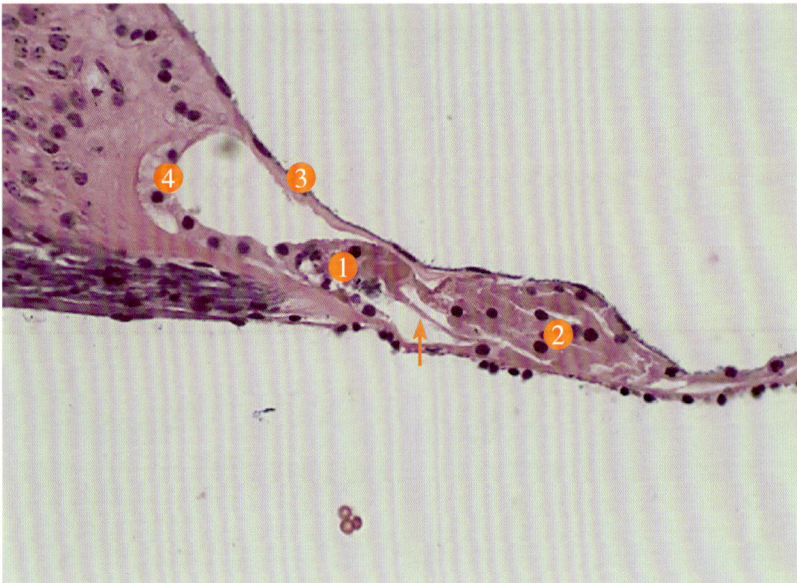

■ 图1-219　豚鼠衰退期第三圈螺旋器（右）

苏木素−伊红染色　×200

↑示刚可分辨的外柱细胞。❶示未分化内侧细胞群；❷示未分化外侧细胞群；❸示前庭膜加盖膜；❹示略显演化的内沟细胞。

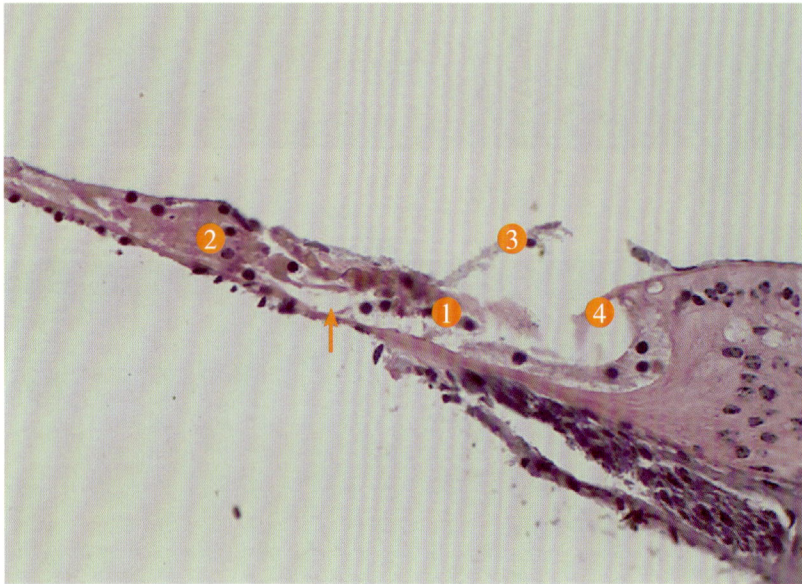

■ 图1-220　豚鼠衰退期第四圈螺旋器（左）

苏木素-伊红染色　×200

↑示发育不良的内隧道。❶示未分化的内侧细胞群；❷示未分化的外侧细胞群；❸示前庭膜；❹示盖膜。

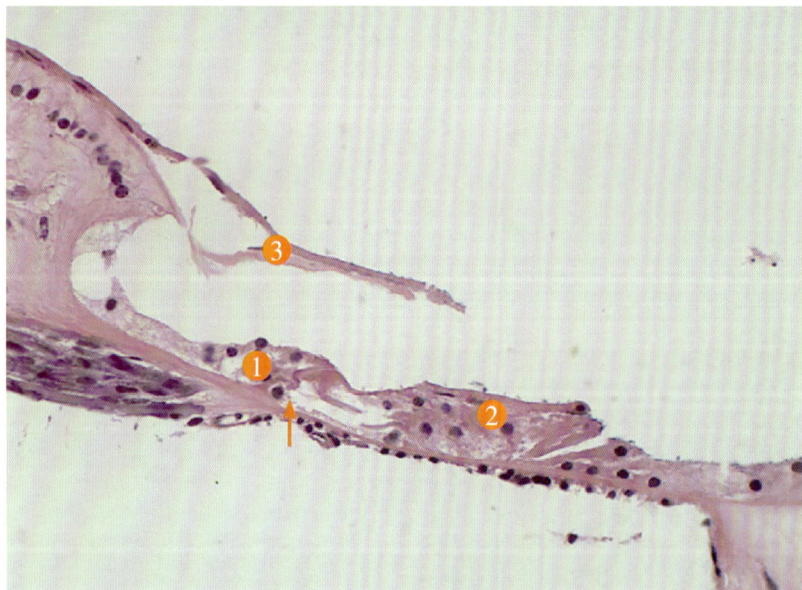

■ 图1-221　豚鼠衰退期第四圈螺旋器（右）

苏木素-伊红染色　×200

↑示发育不良的内隧道。❶示未分化的内侧细胞群；❷示未分化的外侧细胞群；❸示前庭膜加盖膜。

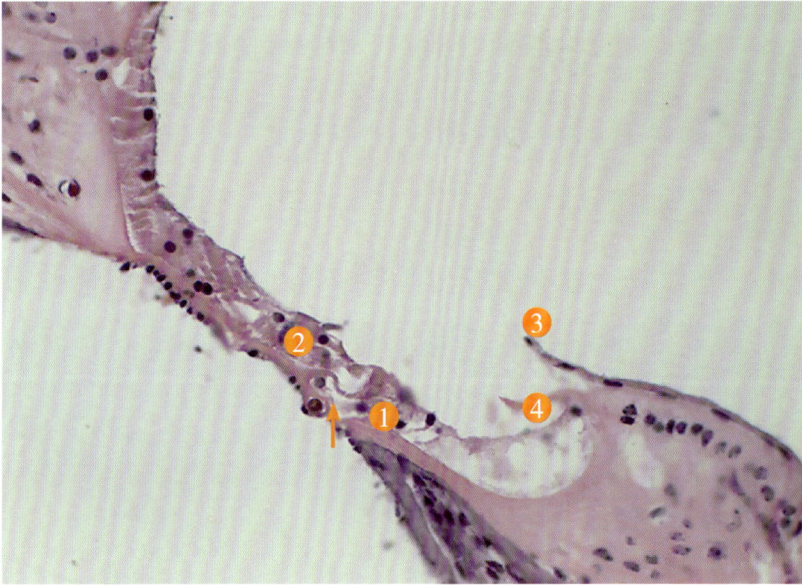

■ 图1-222　豚鼠衰退期第五圈螺旋器（左）

苏木素-伊红染色　×200

↑示塌陷的内隧道。❶示未分化的内侧细胞群；❷示未分化的外侧细胞群；❸示断离的前庭膜；❹示盖膜。

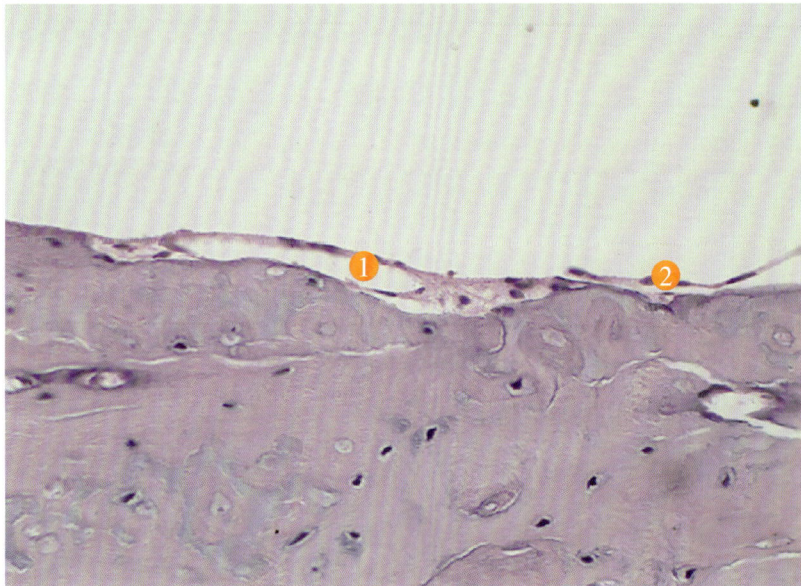

■ 图1-223　豚鼠衰退期第五圈螺旋器（右）

苏木素-伊红染色　×200

❶示骨性蜗管内唯一的膜性管道；❷示游离的单层膜。

第二节　位觉器官组织动力学

一、豚鼠壶腹嵴组织动力学

壶腹嵴从生成到衰退经历丘状增生、表层细胞层、上皮透明化、壶腹嵴成熟和壶腹嵴衰退等阶段。

（一）细胞丘状增生阶段

壶腹嵴干细胞来自前庭神经细胞流和邻近上皮细胞流注入（图1-224、图1-225）。壶腹嵴形成早期有大量细胞增生，呈丘状（图1-226）。

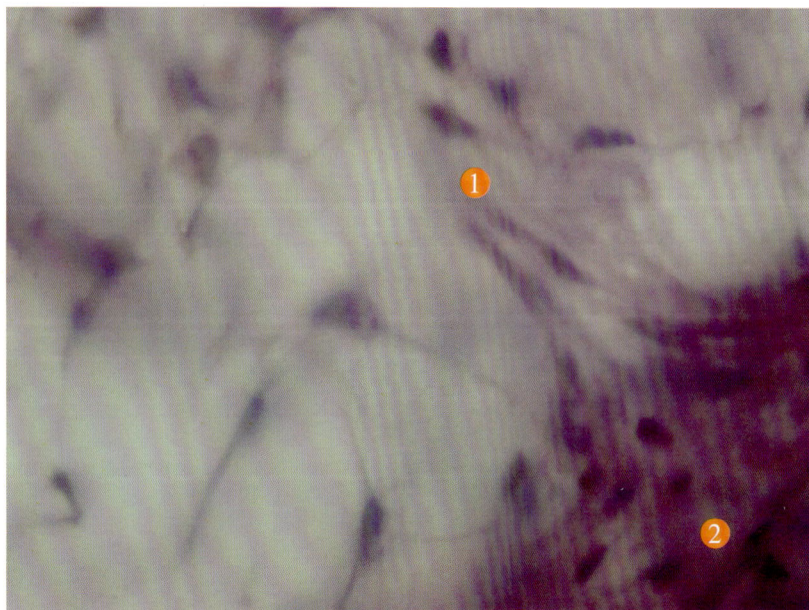

■ 图1-224　豚鼠壶腹嵴干细胞来源

苏木素-伊红染色　×400

❶示前庭神经细胞流；❷示前庭神经节。

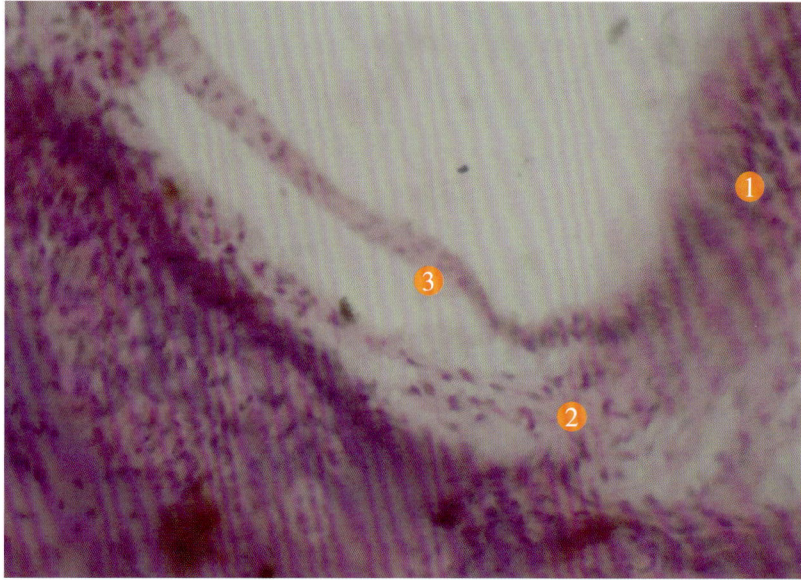

■ 图1-225　豚鼠壶腹嵴干细胞来源与细胞增生丘
苏木素-伊红染色　×200
❶示细胞增生丘；❷示前庭神经细胞流；❸示邻近表层细胞流。

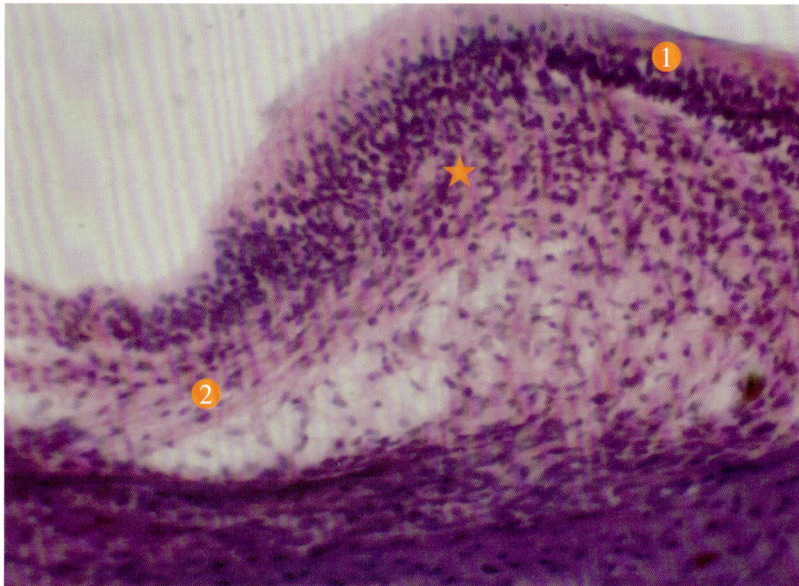

■ 图1-226　豚鼠壶腹嵴细胞增生丘
苏木素-伊红染色　×200
★示增生细胞丘。❶示表层细胞层；❷示前庭神经细胞流。

（二）表层细胞层阶段

增生丘继续增生形成一个壶腹嵴，少数见相向生长的两个壶腹嵴（图1-227）。增生细胞趋向表层，形成表层细胞带，而中心细胞稀疏，成为壶腹嵴芯（图1-228），而后表面细胞层游离面逐渐清晰，并与其分泌的胶状质分界明显，逐渐上皮化（图1-229、图1-230）。

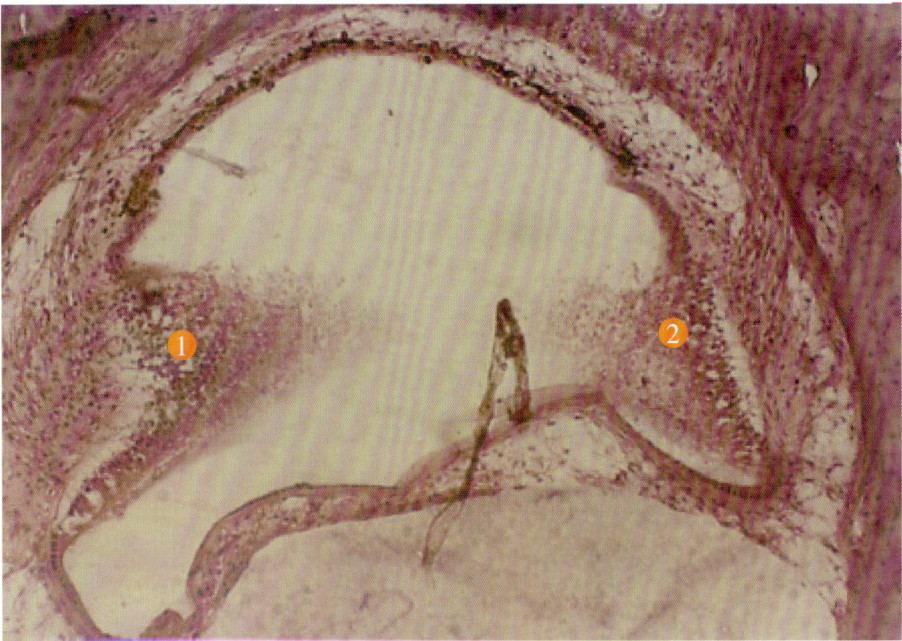

■ 图1-227　豚鼠双壶腹嵴
苏木素-伊红染色　×100
❶和❷示相向生长的两个壶腹嵴。

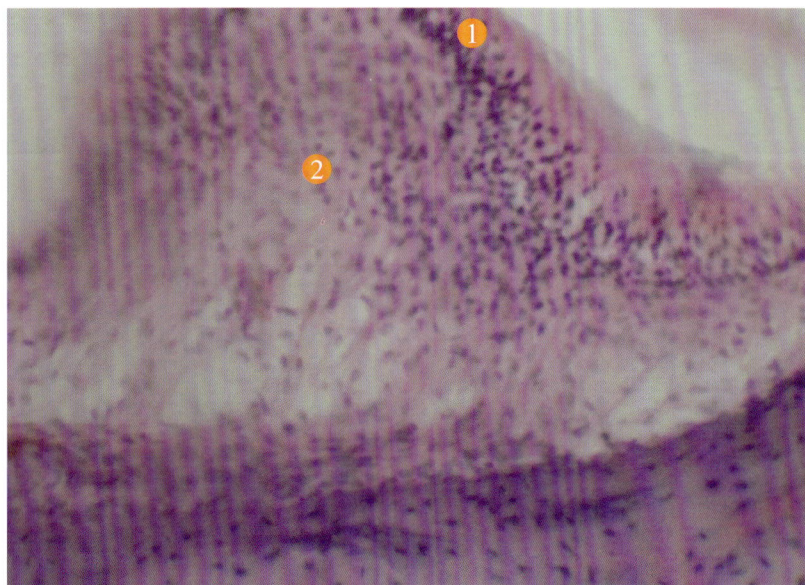

■ 图1-228　豚鼠壶腹嵴表层细胞带形成

苏木素-伊红染色　×200

❶示表层细胞带；❷示壶腹嵴芯。

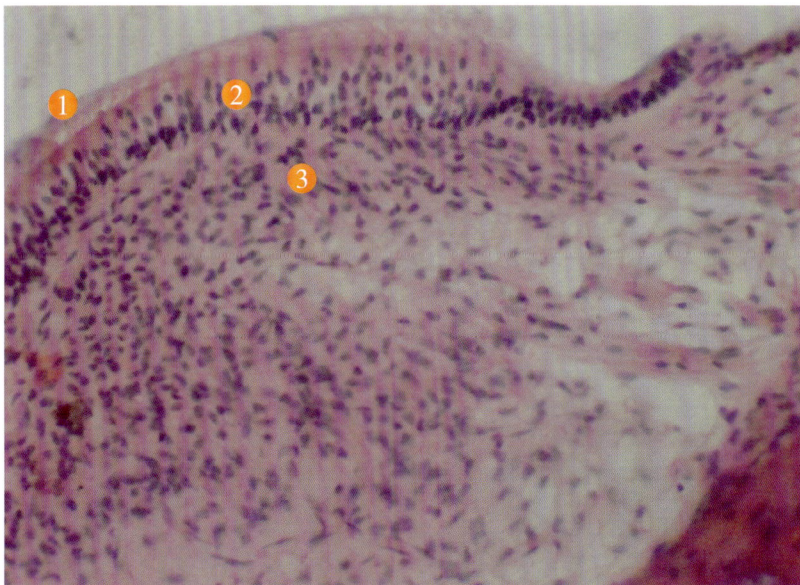

■ 图1-229　豚鼠表层细胞带上皮化（1）

苏木素-伊红染色　×200

❶示胶状质层；❷示上皮层；❸示上皮下层。

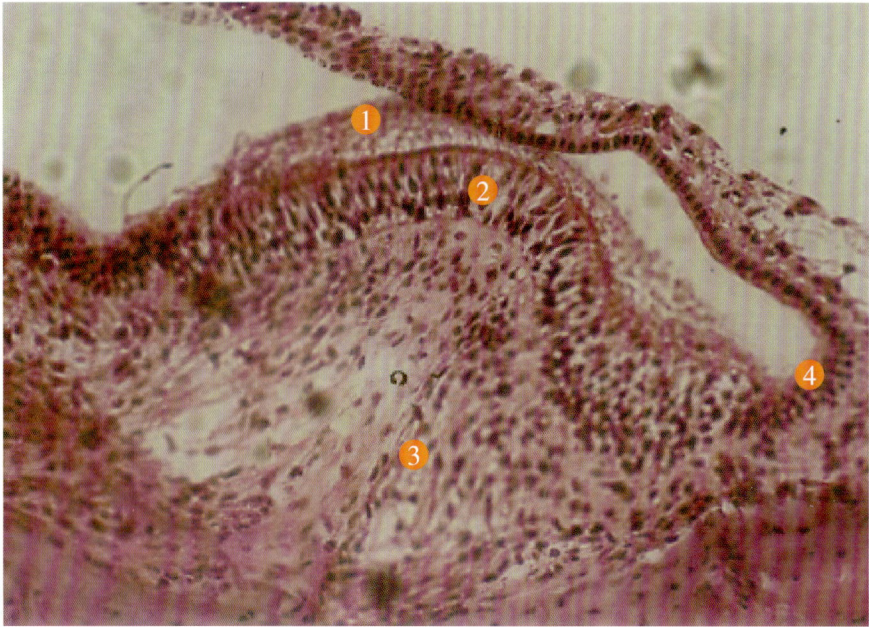

■ 图1-230　豚鼠表层细胞带上皮化（2）

苏木素–伊红染色　×200

❶示胶状质层；❷示上皮层；❸示前庭神经细胞流；❹示邻近上皮细胞流。

（三）上皮细胞透明化阶段

壶腹嵴的进一步演化是上皮透明化（图1-231），壶腹嵴顶部一些上皮细胞核可跃入上方的胶状质中，失去活力后成为上皮细胞影（图1-232～图1-234）。

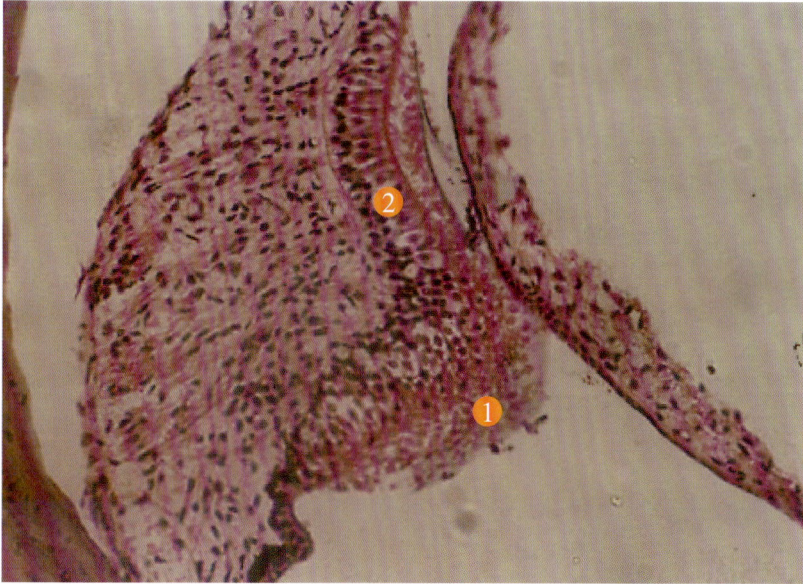

■ 图1-231　豚鼠壶腹嵴上皮透明化(1)

苏木素-伊红染色　×200

❶示胶状质层；❷示上皮细胞开始透明化。

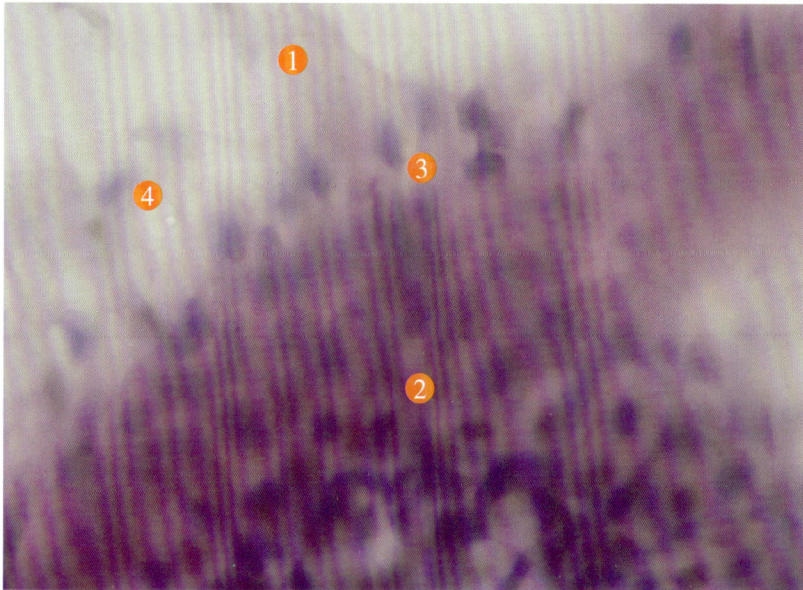

■ 图1-232　豚鼠壶腹嵴上皮透明化(2)

苏木素-伊红染色　×400

❶示胶状质；❷示透明化的上皮细胞；❸示"蒸腾"的细胞；
❹示上皮细胞影。

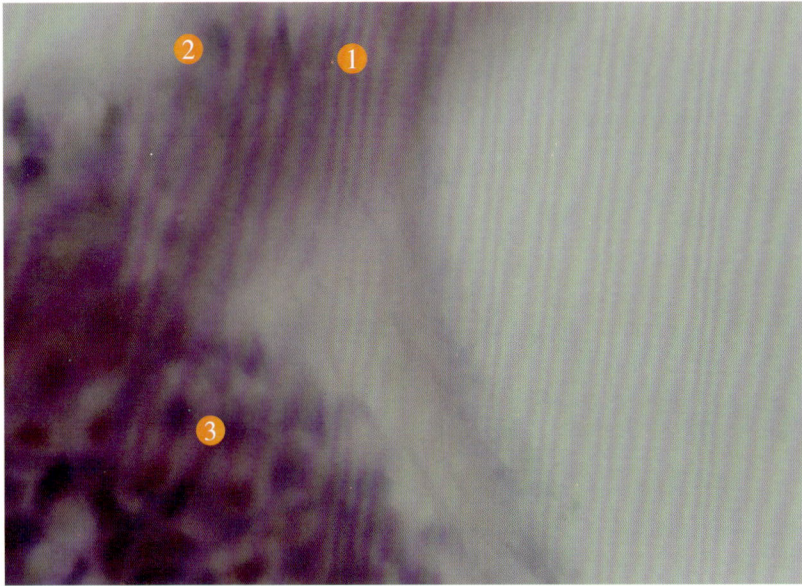

■ 图1-233 豚鼠壶腹嵴上皮透明化(3)

苏木素-伊红染色 ×400

❶示胶状质；❷示"蒸腾"的透明上皮细胞；❸示透明化的上皮细胞。

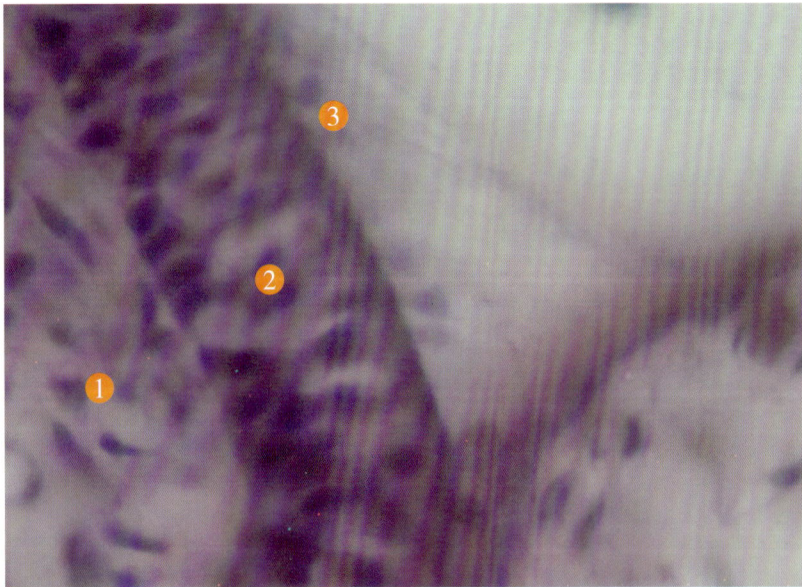

■ 图1-234 豚鼠壶腹嵴上皮透明化(4)

苏木素-伊红染色 ×400

❶示壶腹嵴芯；❷示透明化的壶腹嵴上皮；❸示上皮细胞影。

（四）壶腹嵴成熟阶段

豚鼠成熟壶腹嵴常抵触壶腹对侧壁（图1-235～图1-237）。

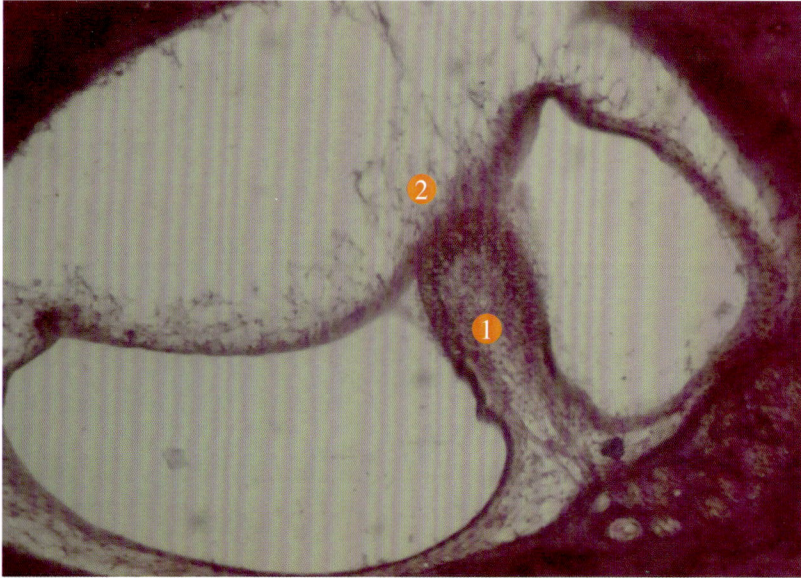

■ 图1-235 豚鼠成熟壶腹嵴（1）

苏木素-伊红染色 ×100

❶示壶腹嵴；❷示抵触的壶腹对侧壁。

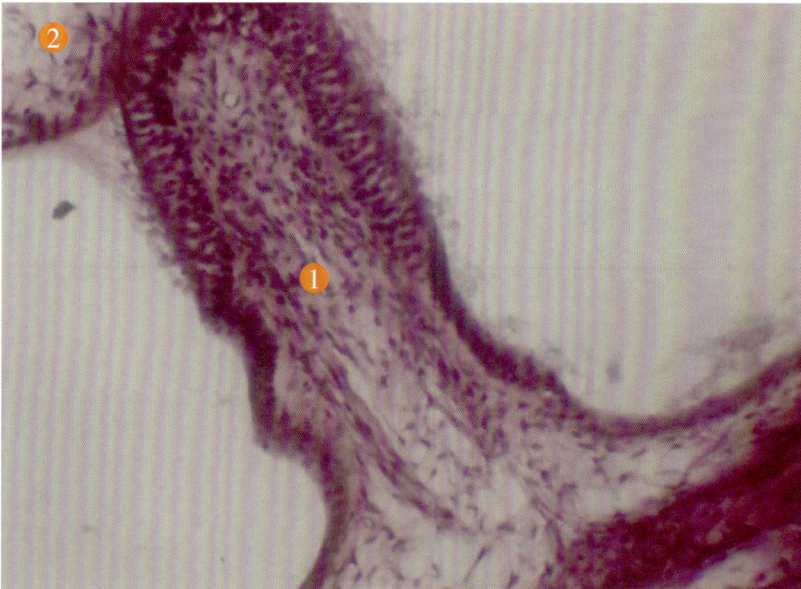

■ 图1-236 豚鼠成熟壶腹嵴（2）

苏木素-伊红染色 ×200

❶示壶腹嵴；❷示抵触的壶腹对侧壁。

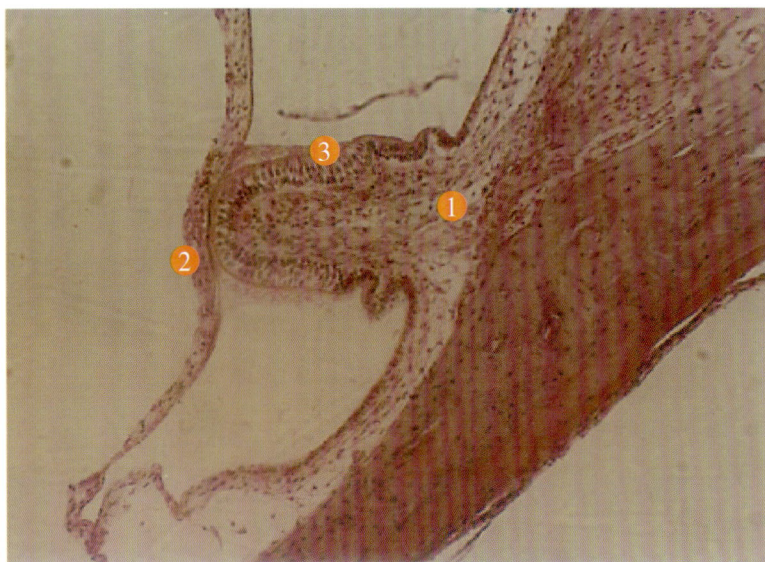

■ 图1-237　豚鼠成熟壶腹嵴（3）

苏木素-伊红染色　×100

❶示壶腹嵴；❷示抵触的壶腹对侧壁；❸示胶状质。

（五）壶腹嵴衰退

豚鼠衰退壶腹嵴表现为干细胞流枯竭，壶腹嵴芯细胞更稀疏，上皮细胞溶解（图1-238）。

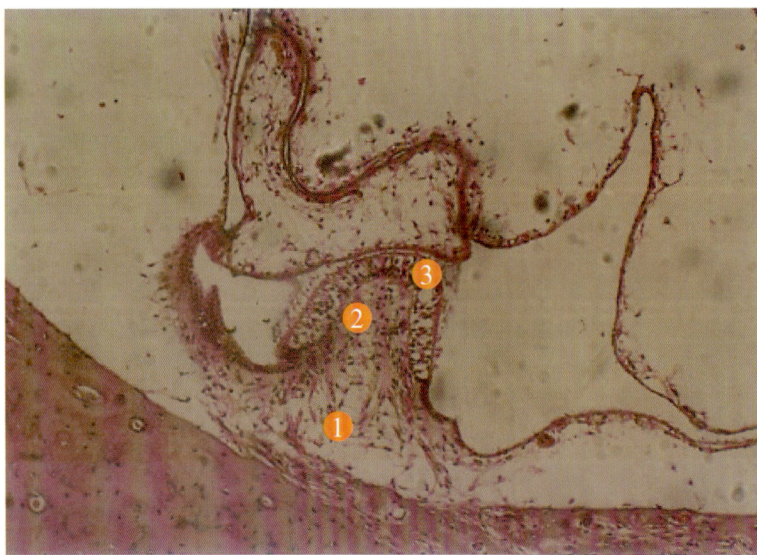

■ 图1-238　豚鼠壶腹嵴衰退

苏木素-伊红染色　×100

❶示前庭神经细胞流明显减少；❷示壶腹嵴芯细胞稀疏；❸示上皮细胞溶解。

二、豚鼠位觉斑组织动力学

豚鼠位觉斑包括椭圆囊斑和球囊斑，是囊膜的特化部分。椭圆囊膜和球囊膜通常衬有单层扁平上皮，偶见上皮细胞局部增生，凡上皮增生处都有干细胞流供应（图1-239～图1-242）。位觉斑演化过程大致与壶腹嵴相似，生成位觉斑处可见增生细胞半月，并有密集的干细胞流（图1-243）。而后增生细胞聚集形成上皮层（图1-244、图1-245），进而上皮透明化（图1-246），上皮形成位砂，最终成为成熟的位觉斑（图1-247）。

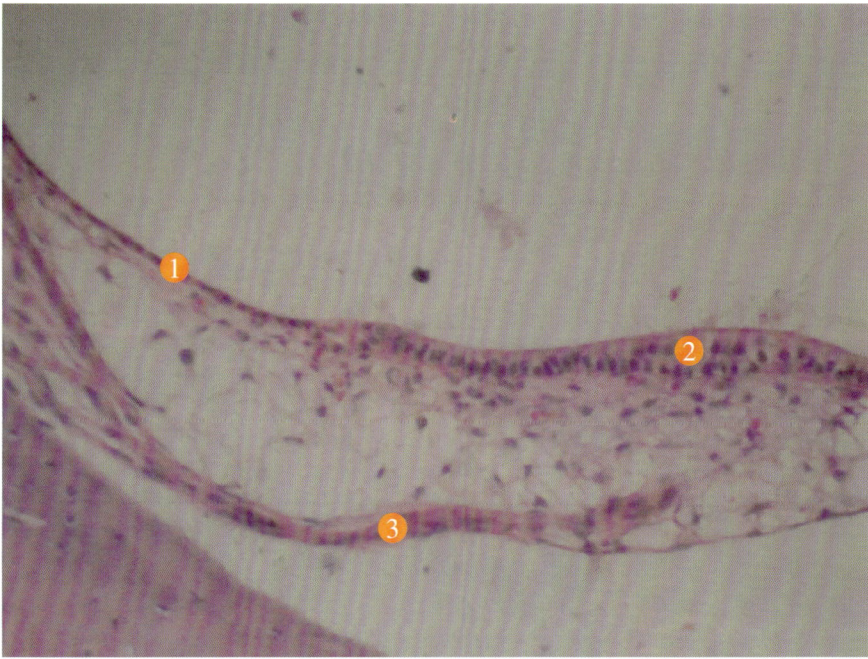

■ 图1-239 豚鼠前庭囊上皮增生（1）

苏木素-伊红染色 ×200

❶示单层扁平上皮；❷示二列上皮；❸示干细胞流。

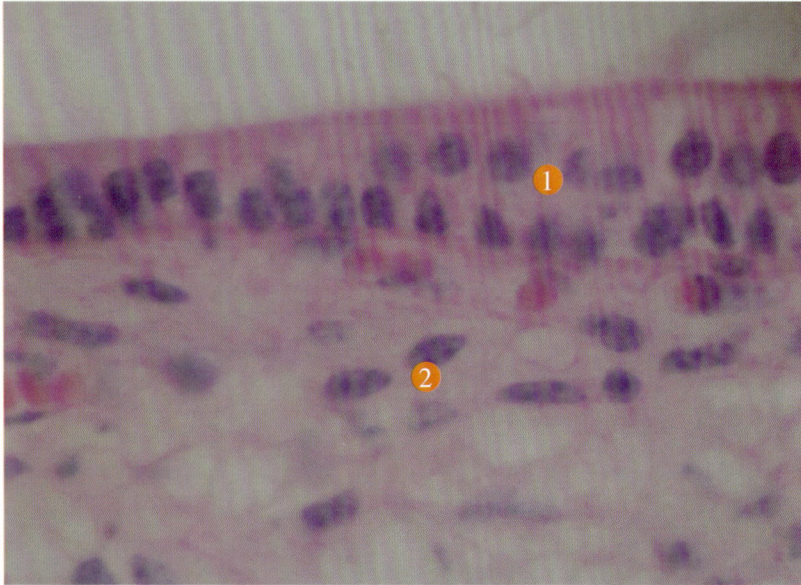

■ 图1-240　豚鼠前庭囊上皮增生（2）

苏木素-伊红染色　×400

❶示二列上皮；❷示趋向上皮的干细胞。

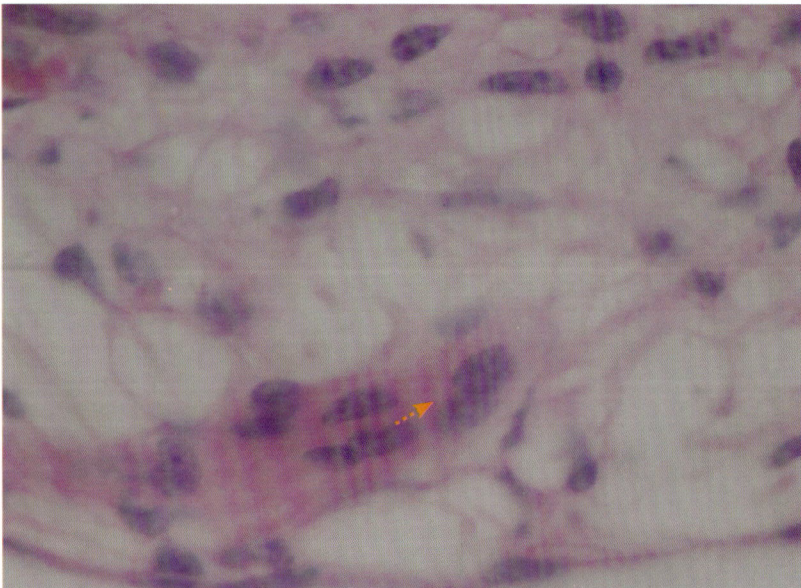

■ 图1-241　豚鼠前庭囊上皮干细胞（1）

苏木素-伊红染色　×400

示干细胞流向。

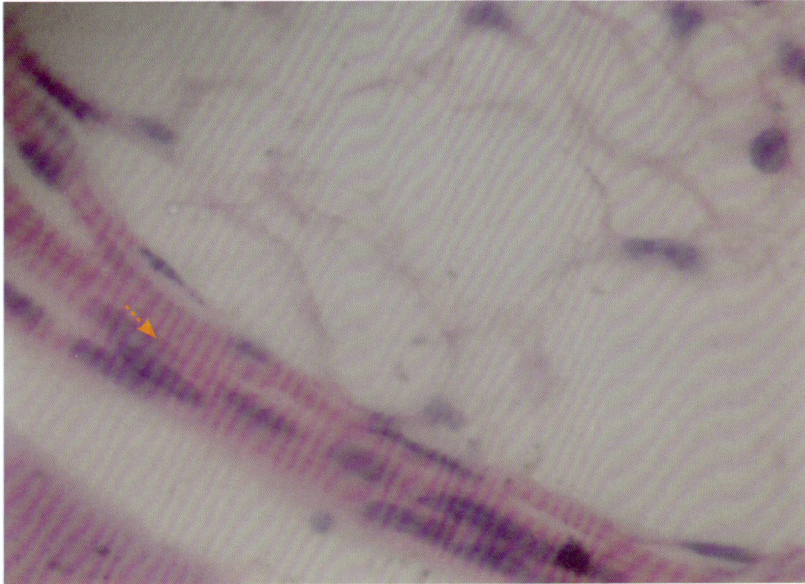

■ 图1-242　豚鼠前庭囊上皮干细胞（2）
苏木素-伊红染色　×400
示干细胞流向。

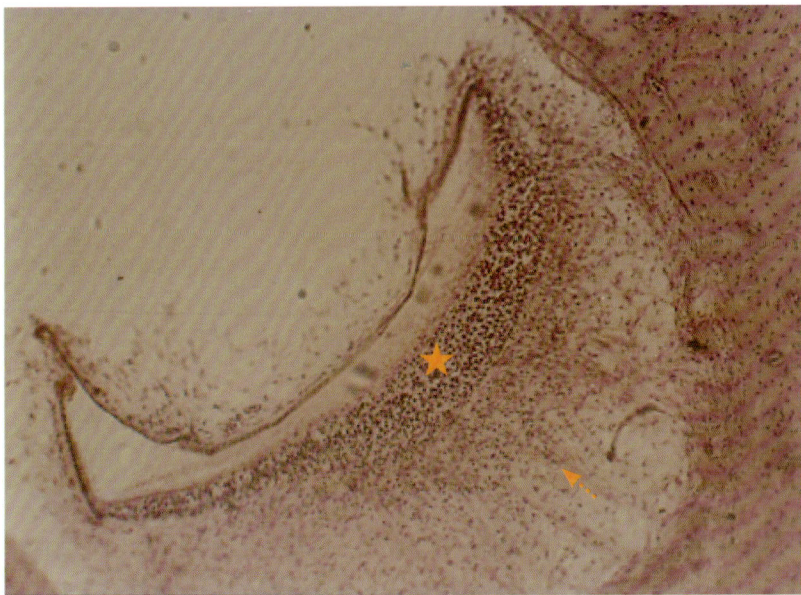

■ 图1-243　豚鼠位觉斑细胞增生半月
苏木素-伊红染色　×100
★示细胞增生半月。示密集的干细胞流。

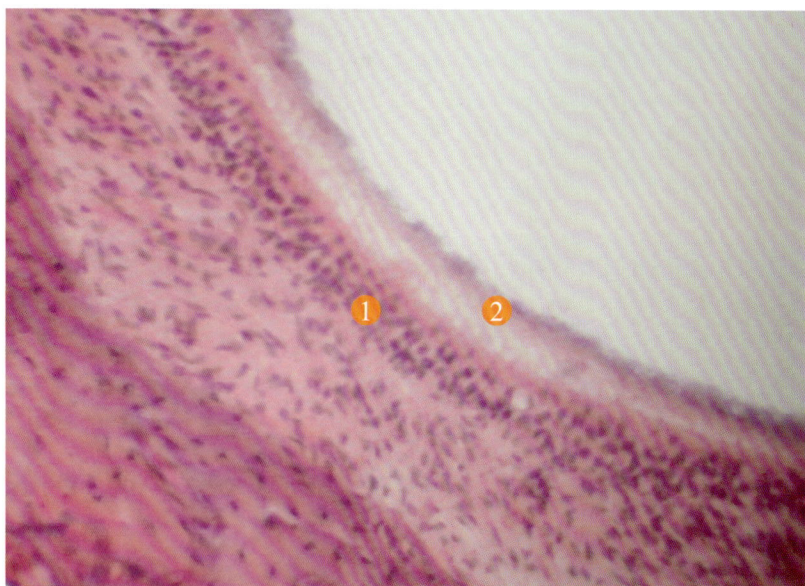

■ 图1-244　豚鼠位觉斑表面上皮（1）
苏木素-伊红染色　×200
❶示表面上皮层；❷示上皮的分泌层。

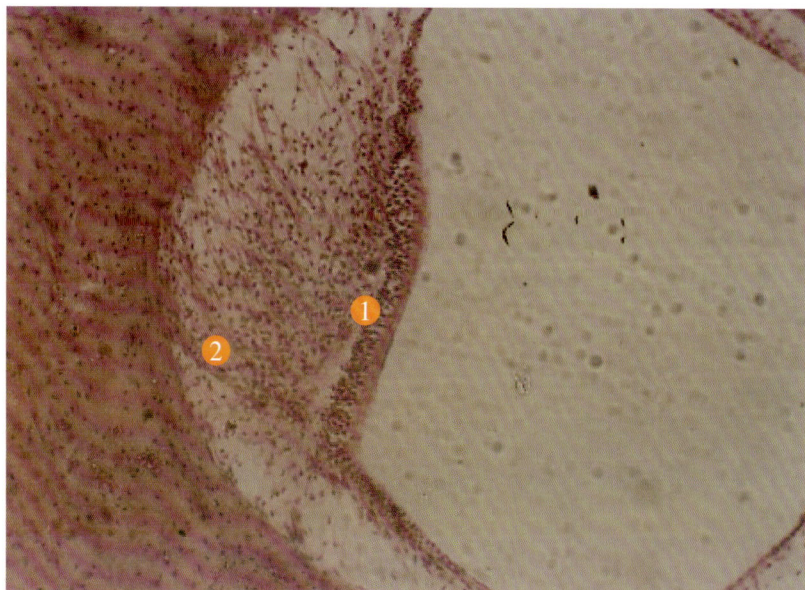

■ 图1-245　豚鼠位觉斑表面上皮（2）
苏木素-伊红染色　×100
❶示表面上皮层；❷示干细胞流。

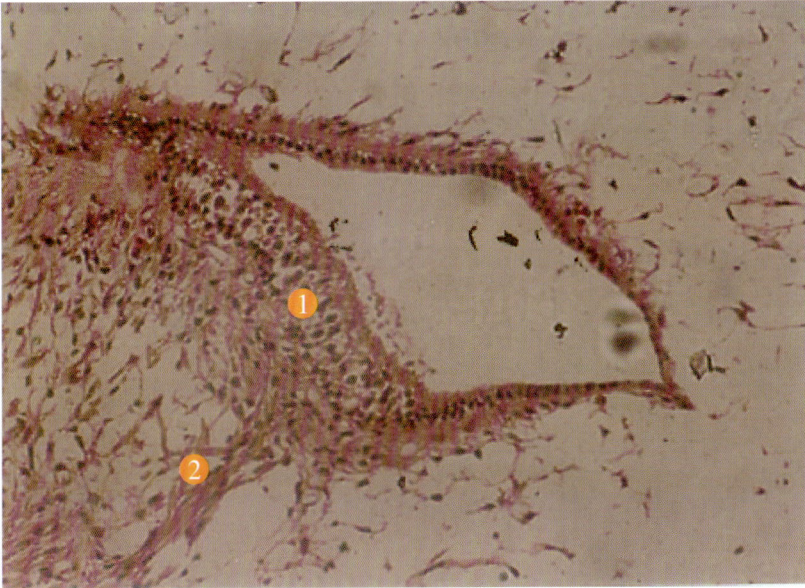

■ 图1-246　豚鼠位觉斑上皮透明化

苏木素-伊红染色　×200

❶示上皮透明化；❷示前庭神经源干细胞流。

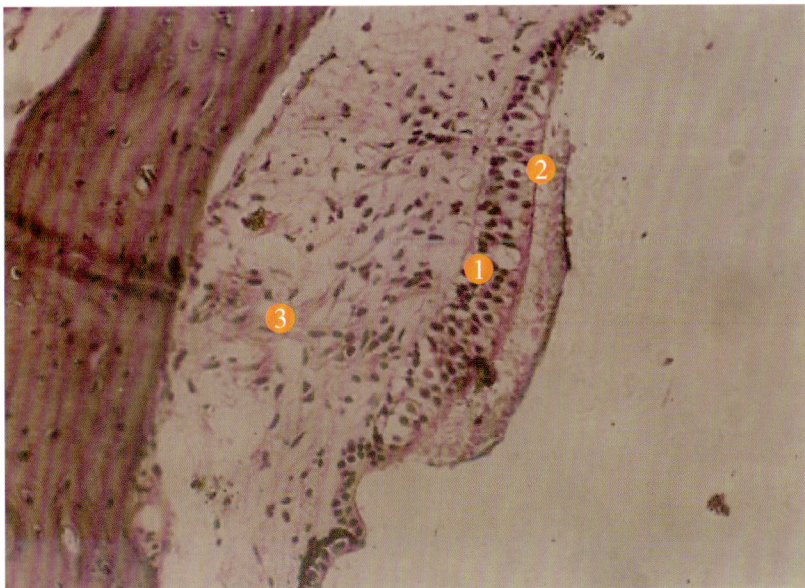

■ 图1-247　豚鼠位觉斑成熟

苏木素-伊红染色　×200

❶示上皮透明化；❷示位砂；❸示干细胞流。

第三节　人听觉器官组织动力学特点

　　人耳蜗比豚鼠耳蜗少1～2圈，但其听觉器官组织动力学和细胞动力学相似。人耳蜗也被前庭膜和基底膜分隔为前庭阶、中阶和鼓阶三个螺旋形管道。其中，中阶由前庭膜、基底膜和螺旋韧带围成，断面大致呈三角形（图1-248）。感受听觉的螺旋器位于基底膜上，其细胞组成与豚鼠相同（图1-249），来自螺旋神经束的干细胞负责听觉细胞不断更新。人的听觉器官也显示从蜗顶到蜗底的演化梯度，但人耳蜗生后有无生长期、有多长生长期及何时进入维生期尚缺少资料。

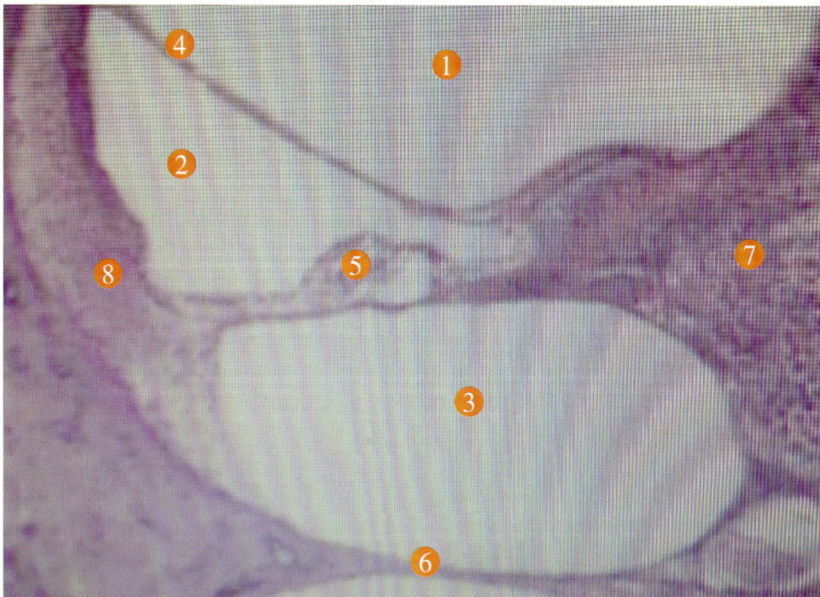

■ 图1-248　人内耳结构

苏木素-伊红染色　×100

❶示前庭阶；❷示膜蜗管；❸示鼓阶；❹示前庭膜；❺示螺旋器；
❻示蜗管隔板；❼示蜗轴；❽示螺旋韧带。

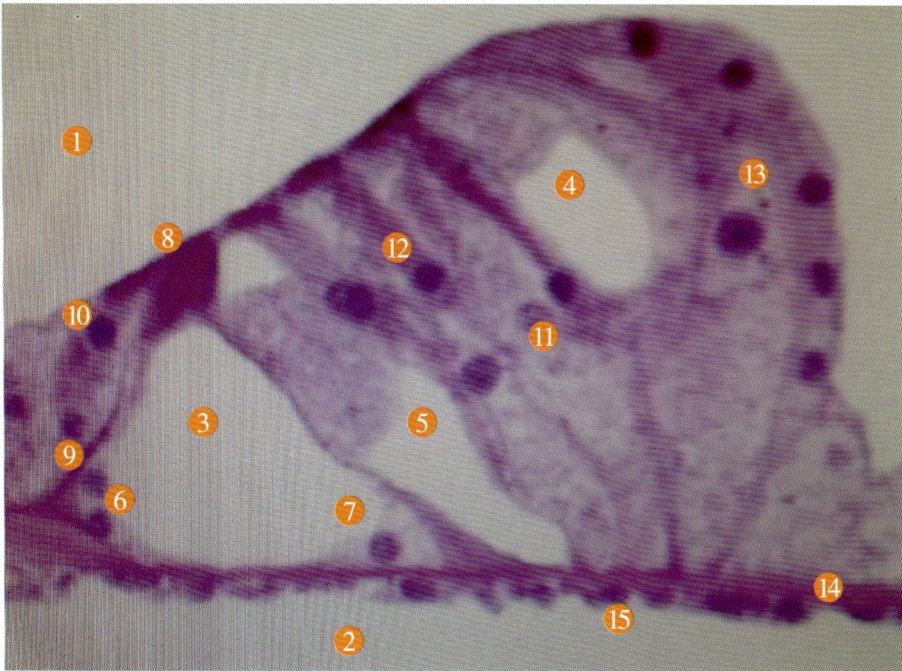

■ 图1-249 人螺旋器结构

苏木素-伊红染色 ×400

❶示前庭阶；❷示鼓阶；❸示内隧道；❹示外隧道；❺示Nuel间隙；❻示内柱细胞；❼示外柱细胞；❽示头板；❾示内指细胞；❿示内毛细胞；⓫示外指细胞；⓬示外毛细胞；⓭示Hensen细胞；⓮示基膜；⓯示基膜下细胞。

小 结

　　成体豚鼠耳蜗经历生长期、维生期和衰老期。生长期耳蜗蜗管、螺旋器和细胞均有生成、维生与衰亡的动力学过程。生长期蜗管生成从蜗顶细胞增生开始，细胞增生灶中央细胞坏死而中空，空腔扩大成为蜗顶腔，蜗顶腔上下壁分别为顶板和底板，底板又分出上层原听膜和下层隔板，原听膜增厚形成原听盘，原听盘细胞整合成上下两层，上层细胞移向原听盘表面，演化成感音细胞，即成为感音盘，而后感音盘中心感音细胞死亡，存活的感音细胞被原螺旋板排挤到感音盘周缘，成为感音盘周缘部，螺旋器的原基。蜗轴向上生长，逐渐凸显、增高的螺旋唇盘与从顶板分出并逐渐下垂的前庭膜接触、融合。蜗轴继续生长，螺旋唇挤到周边成为螺旋唇。蜗顶与蜗轴尖相互诱导，细胞增生细胞汇合，连成一体联合前庭阶才被分隔开，蜗管腔终于分隔出分立的前庭阶、膜蜗管和鼓阶。蜗底蜗管底部隔板成为纤维性薄膜，破裂消失，鼓阶遂并入蜗底腔。

螺旋器起源于感音盘周缘部。经历初级螺旋器和次级螺旋器两个阶段。初级螺旋器由被推到周边的感音盘周缘部和来自膜性螺旋板的内侧细胞群组成。内隧道经历原始、初级到次级内隧道。内隧道将初级螺旋器细胞分为内侧细胞群和外侧细胞群。外侧细胞群因外隧道出现而分成外听细胞群和外缘细胞群。外听细胞群逐渐整合为两排，上排为初级毛细胞，下排成为初级指细胞。经透明化成为次级指细胞与次级毛细胞。外缘细胞群又分出盖在外隧道上方的单层盖细胞和其外侧的外缘细胞，后者演化成为Hensen细胞及Claudius'细胞替代或掩盖外沟细胞。内侧细胞群演化形成内听细胞群、内缘细胞和内沟细胞。基底膜由早期的多细胞性膜演化为纤维膜，基膜下细胞是螺旋器细胞更新的干细胞库。早期来自膜性螺旋突，后主要来自螺旋神经束，少部分来自螺旋下角。

豚鼠维生期螺旋器以细胞增殖和干细胞演化保持较长时间的结构与功能的完整性，螺旋器细胞频繁地以直接分裂方式增殖。毛细胞是指细胞脱颖生成的子细胞。螺旋器再生干细胞最终来源是螺旋神经节，神经细胞经螺旋神经近段、中段和远段迁移出缰孔，成为螺旋器干细胞。少数干细胞来自螺旋下角或螺旋韧带。

豚鼠螺旋器衰退的形态特征包括前庭阶特别宽大，中阶特别狭小，螺旋器低矮，内隧道发育不良，外侧细胞群与内侧细胞群均未分化，前庭膜与盖膜发育不良，甚至只残留极微小无功能膜性管道。

成体豚鼠位觉器官壶腹嵴与位觉斑均为神经性器官。壶腹嵴经细胞丘状增生、表面细胞层形成、上皮透明化、壶腹嵴成熟等阶段。前庭神经细胞流注入是壶腹嵴形成与维持的首要前提，干细胞流枯竭则壶腹嵴衰退。位觉斑演化过程大致与壶腹嵴相似，生成位觉斑处可见增生细胞半月，并有密集的干细胞流，而后增生细胞聚集形成上皮层，进而上皮透明化，上皮形成位砂，成为成熟的位觉斑。

人耳蜗比豚鼠耳蜗少1～2圈，但其听觉器官组织动力学和细胞动力学相似。感受听觉的螺旋器细胞组成与豚鼠相同，来自螺旋神经束的干细胞负责听觉细胞的不断更新。人的听觉器官也显示从蜗顶到蜗底的演化梯度。

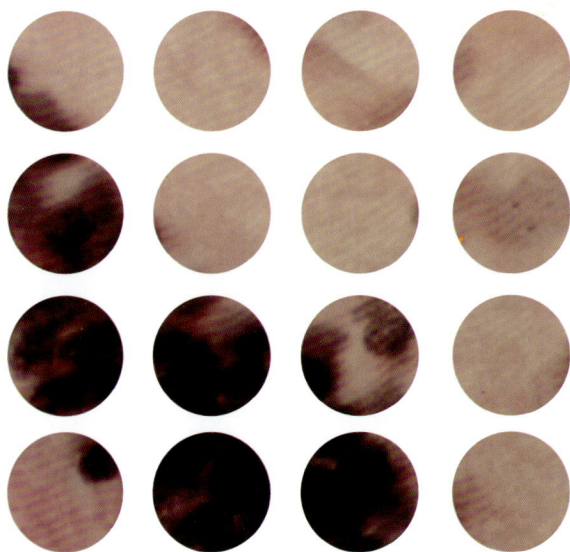

第二章
眼组织动力学

　　眼是视觉器官，由眼球及眼附属器组成。本章重点描述视网膜的组织动力学过程。

大白鼠视网膜组织动力学分为视网膜视部组织动力学、视网膜盲部组织动力学和视盘及视神经组织动力学。

一、大白鼠视网膜视部组织动力学

大白鼠视网膜视部从内向外有节细胞层、内核层、外核层和色素上皮层四层细胞（图2-1），视网膜组织动力学主要表现为各层细胞动力学过程及层间演化与迁移关系。

（一）视网膜节细胞层细胞动力学

1. 视网膜节细胞直接分裂　大白鼠视网膜节细胞直接分裂有对称性（图2-2、图2-3）和非对称性（图2-4、图2-5）的差异，有时可见簇状直接分裂（图2-6）。

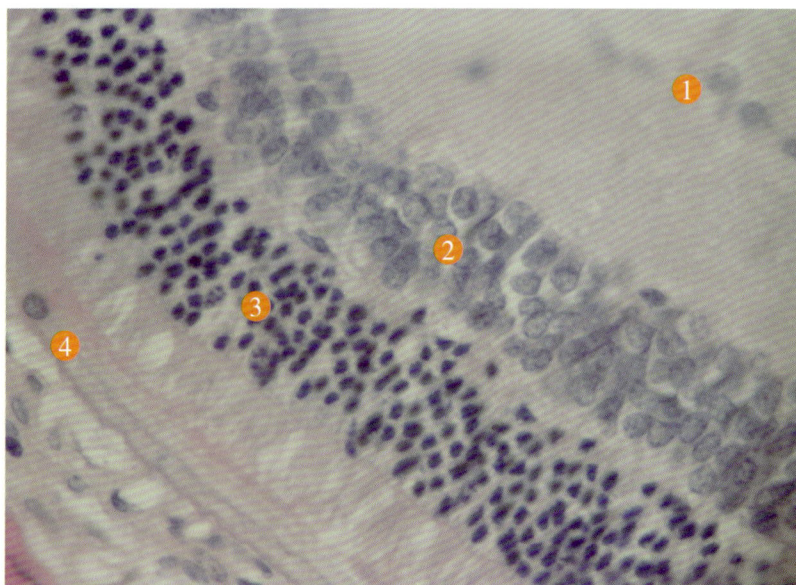

■ 图2-1　大白鼠视网膜

苏木素-伊红染色　×400

❶示节细胞层；**❷**示内核层；**❸**示外核层；**❹**示色素上皮层。

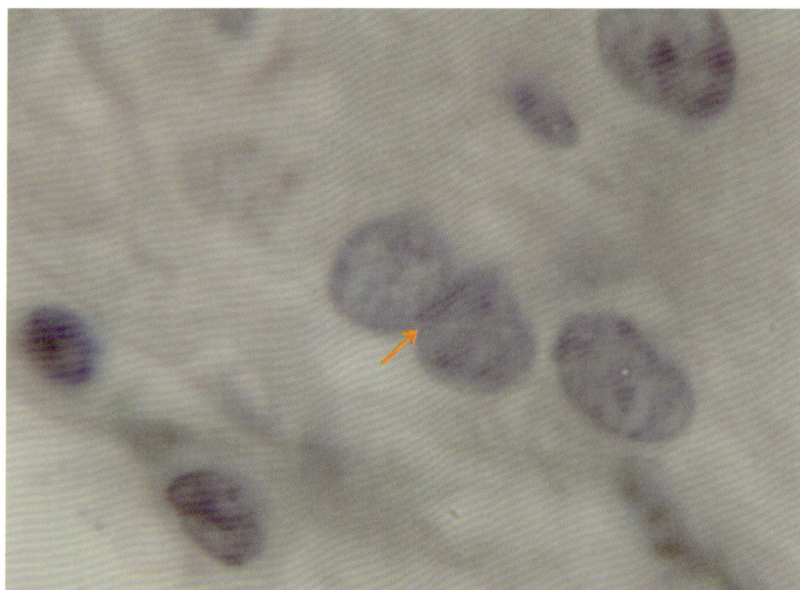

■ 图2-2　大白鼠节细胞直接分裂（1）

苏木素-伊红染色　×1 000

示节细胞对称性直接分裂。

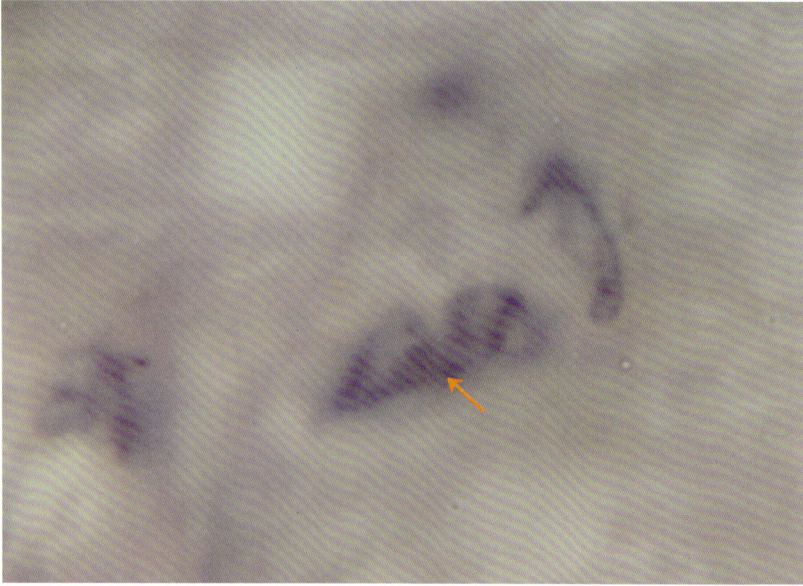

■ 图2-3　大白鼠节细胞直接分裂（2）

苏木素–伊红染色　×1 000

示节细胞对称性直接分裂。

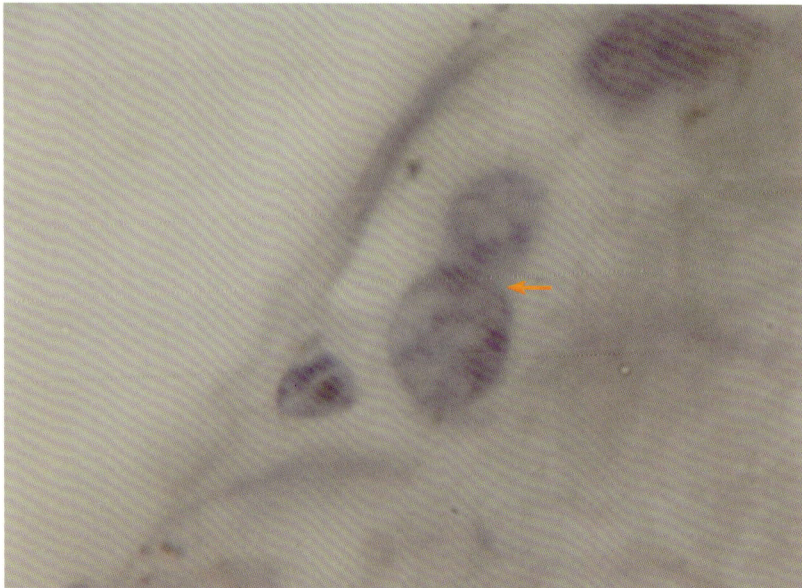

■ 图2-4　大白鼠节细胞直接分裂（3）

苏木素–伊红染色　×1 000

示节细胞非对称性直接分裂。

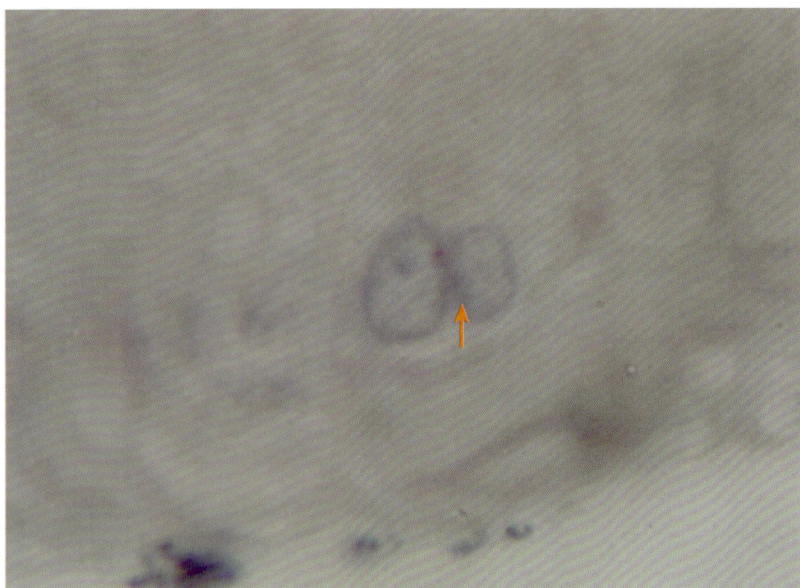

■ 图2-5　大白鼠节细胞直接分裂（4）
苏木素-伊红染色　×1 000
↑示节细胞非对称性直接分裂。

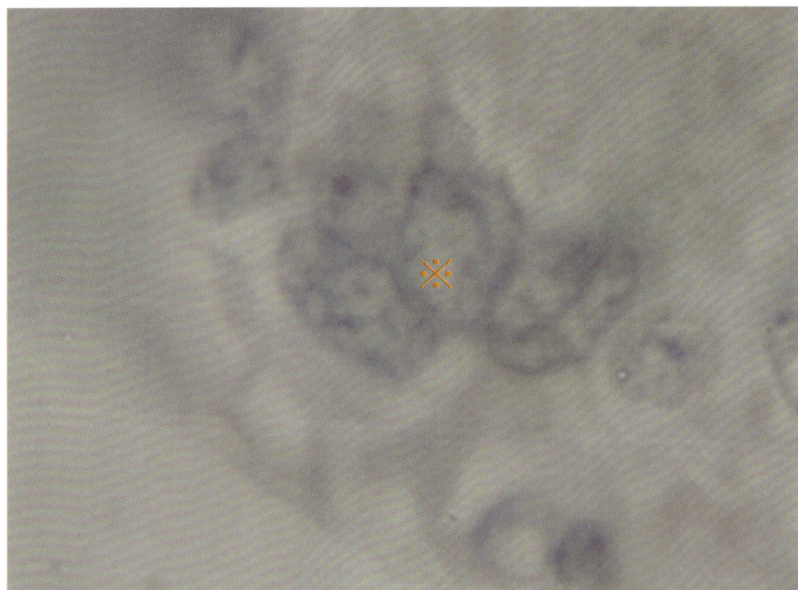

■ 图2-6　大白鼠节细胞直接分裂（5）
苏木素-伊红染色　×1 000
※示节细胞簇状直接分裂。

2．视网膜节细胞演化 随演化进程，节细胞层的神经细胞核染色逐渐变淡，细胞质嗜碱性逐渐减弱（图2-7）。

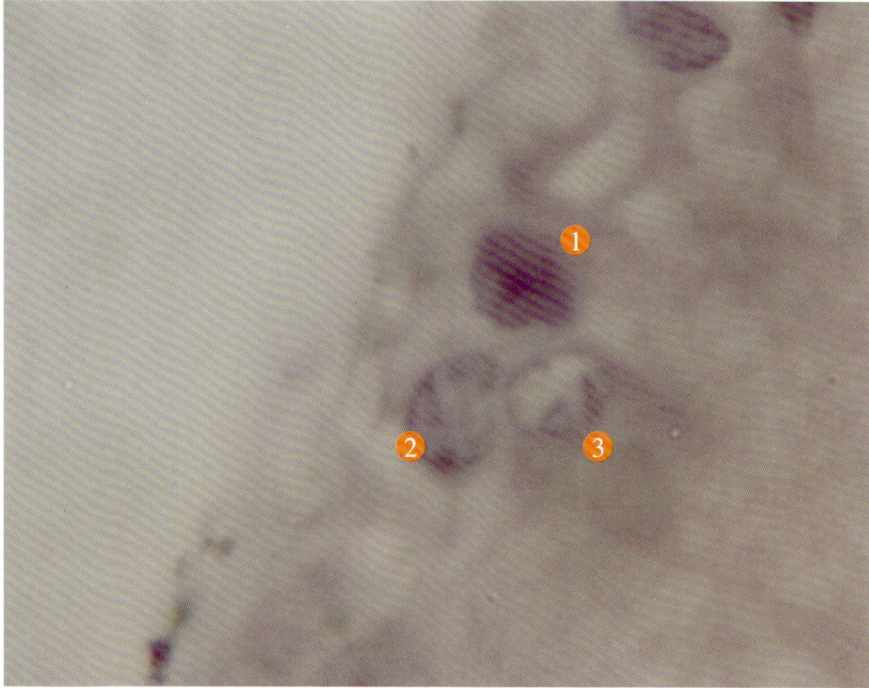

■ 图2-7 大白鼠节细胞演化

苏木素-伊红染色 ×1 000

❶示较幼稚的节细胞；❷示演化程度较高的节细胞；❸示接近衰老的节细胞。

3．视网膜节细胞衰老 常见核内巨大包含物的衰老节细胞（图2-8），也可呈现核破裂或核脱色（图2-9、图2-10）。大白鼠视网膜节细胞层常见许多空区，乃死亡细胞或迁出细胞所遗留（图2-11）。

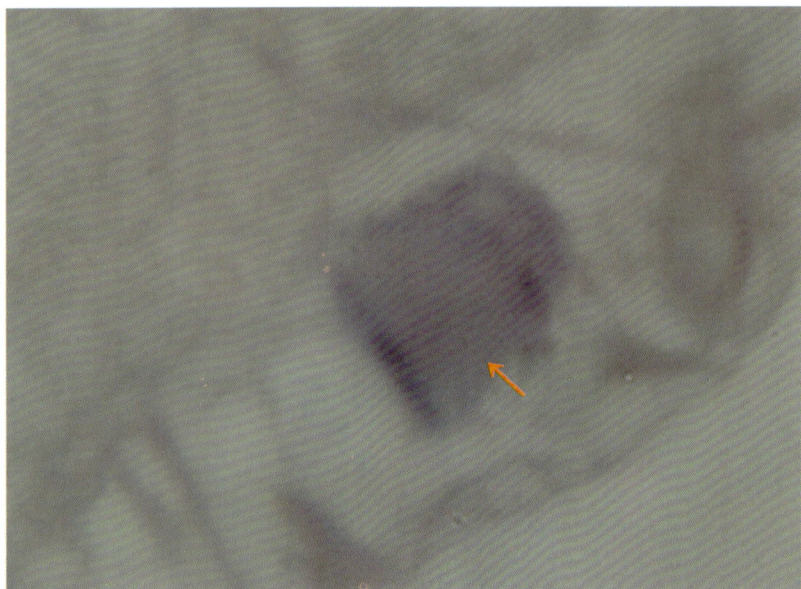

■ 图2-8　大白鼠节细胞衰老（1）

苏木素-伊红染色　×1 000

示核内巨大包含物的衰老节细胞。

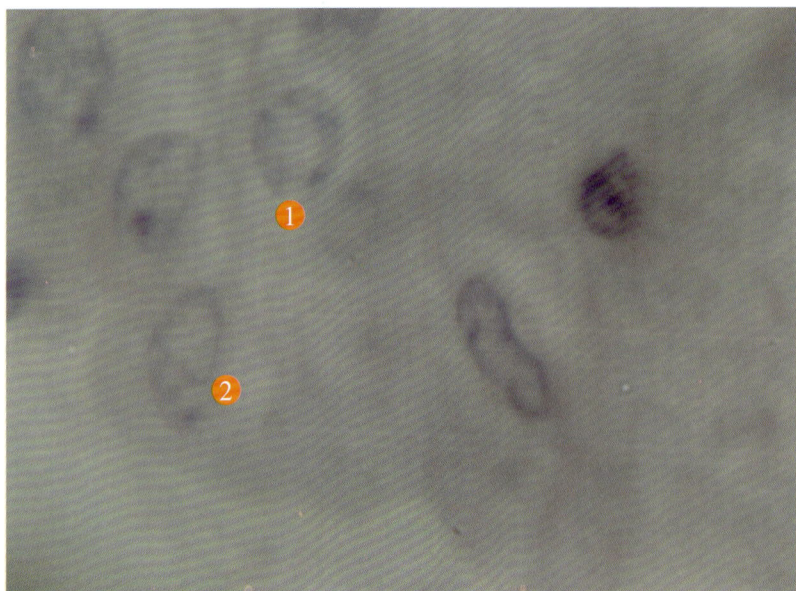

■ 图2-9　大白鼠节细胞衰老（2）

苏木素-伊红染色　×1 000

❶示核破裂；❷示核褪色。

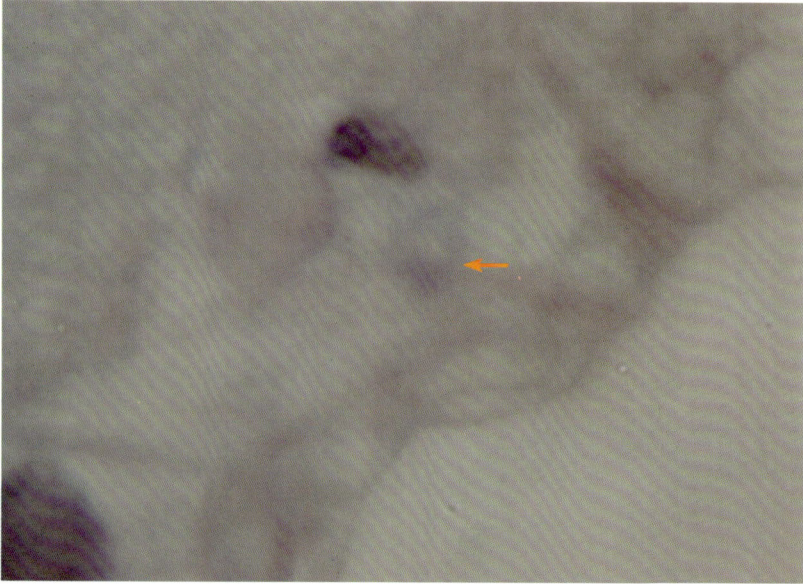

■ 图2-10　大白鼠节细胞衰老（3）
苏木素-伊红染色　×1 000
← 示核明显褪色的衰老节细胞。

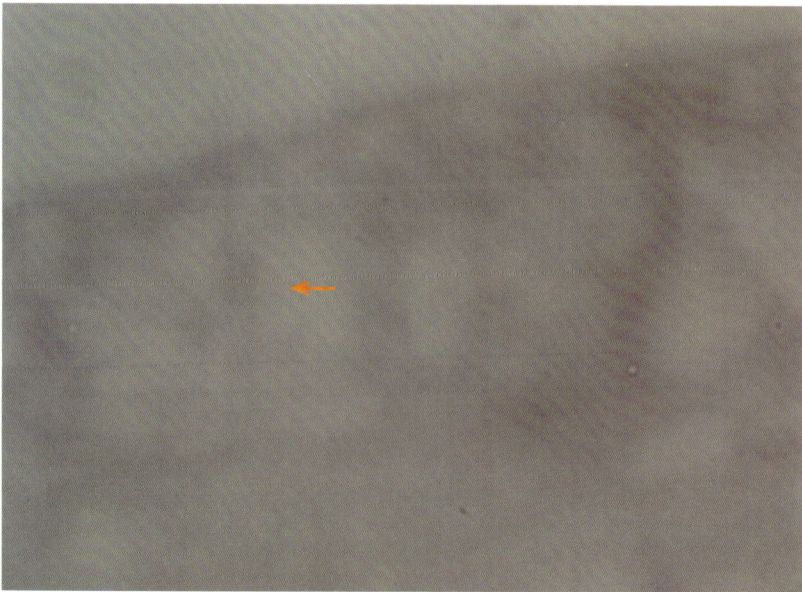

■ 图2-11　大白鼠节细胞衰老（4）
苏木素-伊红染色　×1 000
← 示节细胞死亡或迁出后所留空区。

4. 视网膜节细胞迁出　大白鼠视网膜节细胞层神经细胞可向外迁移到达内核层（图2-12～图2-14）。

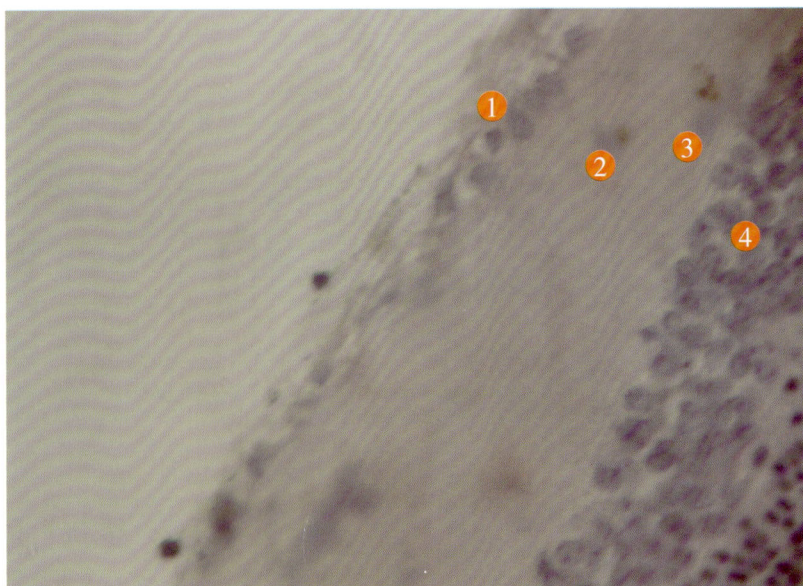

■ 图2-12　大白鼠节细胞迁出（1）
苏木素-伊红染色　×200

❶示节细胞层；❷示迁出的神经细胞；❸示即将到达内核层的迁移细胞；❹示内核层。

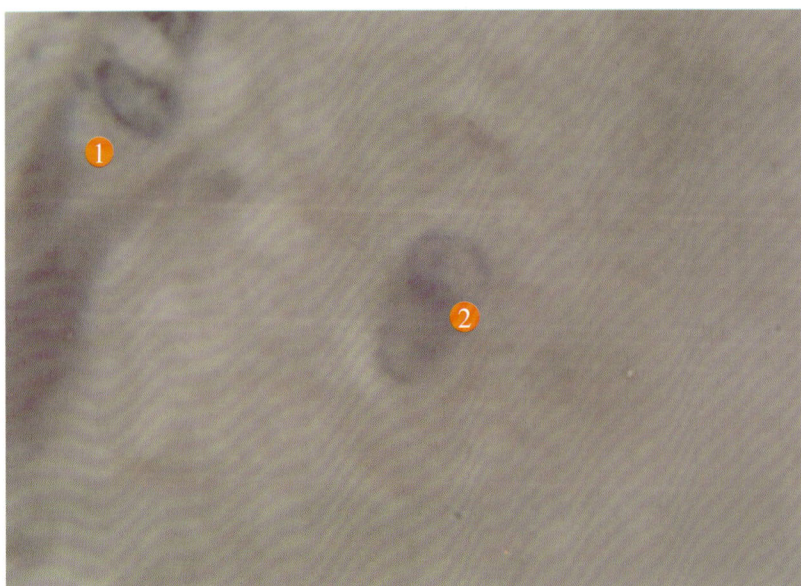

■ 图2-13　大白鼠节细胞迁出（2）
苏木素-伊红染色　×1 000

❶示节细胞层；❷示迁出的神经细胞。

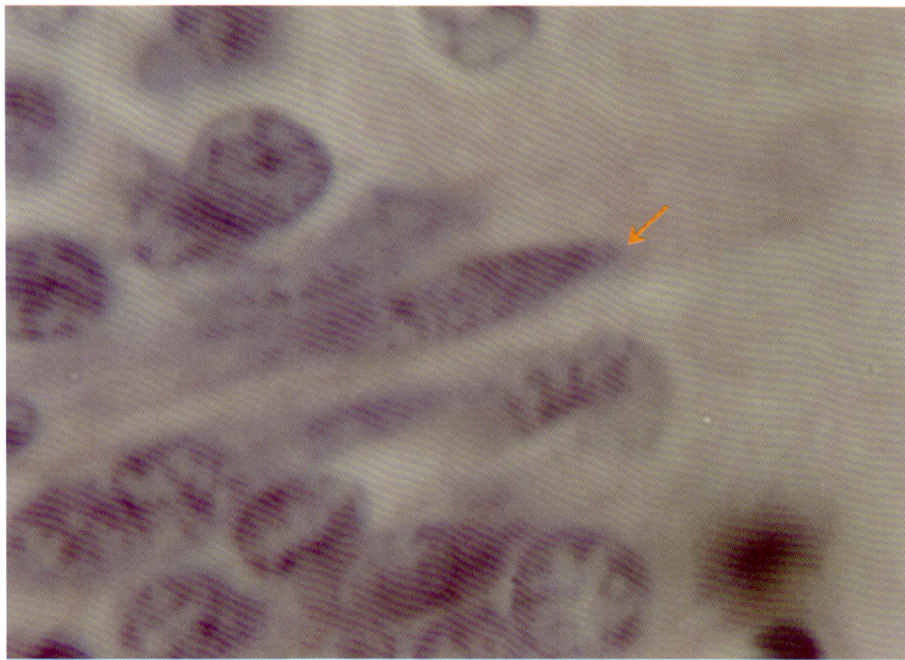

■ 图2-14　大白鼠节细胞迁出（3）

苏木素–伊红染色　×1 000

↙示节细胞向内核层迁移的流线型细胞。

（二）视网膜内核层细胞动力学

1. 内核层细胞直接分裂　可见有横隔式、侧裂式、脱颖式和核仁出核式等直接分裂象。

（1）横隔式直接分裂　大白鼠视网膜内核层细胞常见横隔式直接分裂（图2-15、图2-16）。

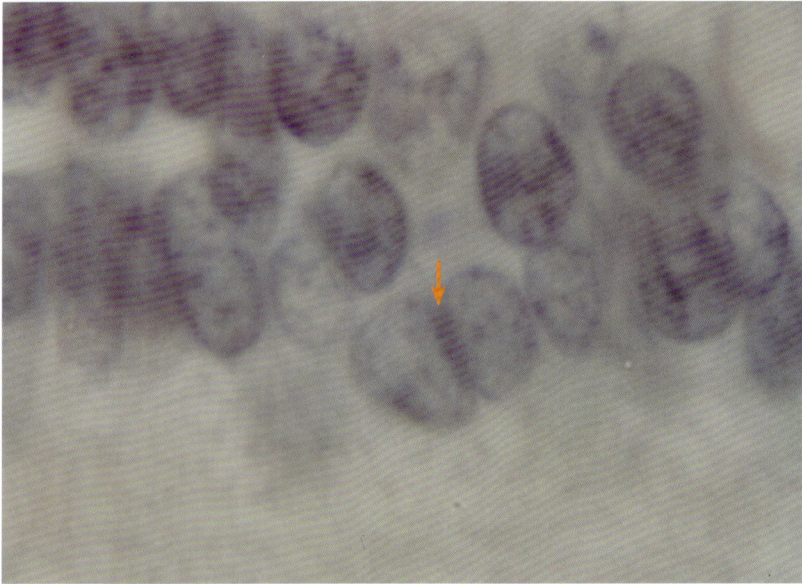

■ 图2-15 大白鼠内核层细胞横隔式直接分裂（1）

苏木素−伊红染色 ×1 000

↓示内核层细胞横隔式直接分裂。

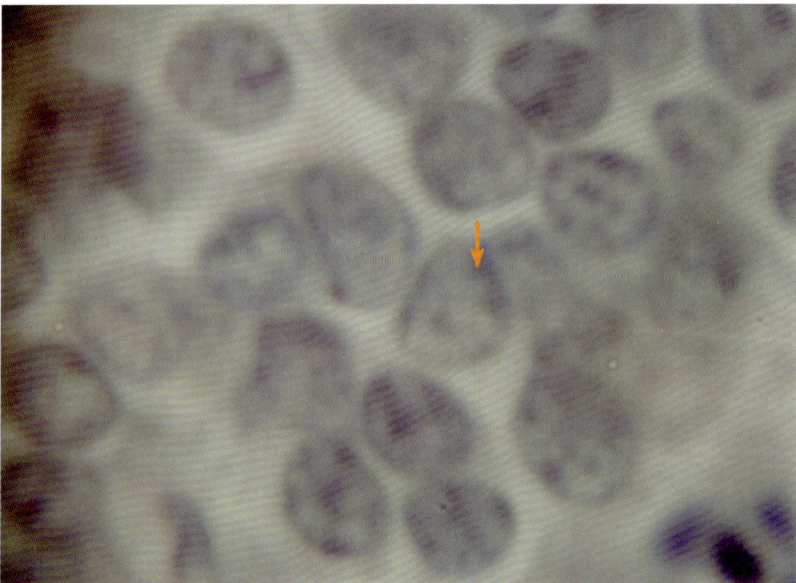

■ 图2-16 大白鼠内核层细胞横隔式直接分裂（2）

苏木素−伊红染色 ×1 000

↓示内核层细胞横隔式直接分裂。

（2）侧裂式直接分裂　大白鼠视网膜内核层细胞也常见侧裂式直接分裂象（图2-17）。

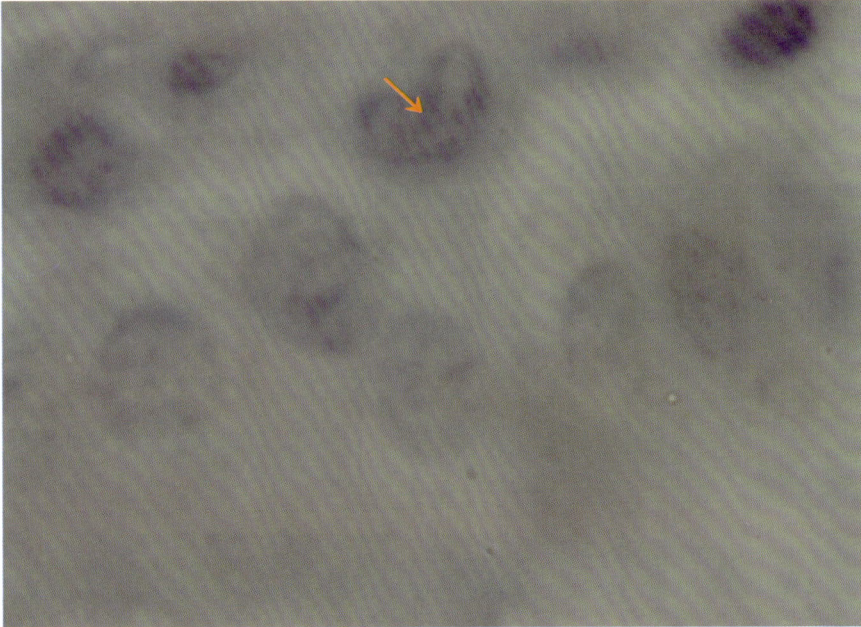

■ **图2-17　大白鼠视网膜内核层细胞侧裂式直接分裂**
苏木素-伊红染色　×1 000
示内核层细胞侧裂式直接分裂。

（3）脱颖式直接分裂　脱颖式直接分裂是大白鼠视网膜内核层细胞的特点之一，但不像肾上腺髓质交感神经节细胞那样，一个交感神经节细胞可脱颖产生许多子细胞，而与外听细胞脱颖式分裂相似，一个大白鼠视网膜内核层细胞通常只脱颖生成一个子细胞（图2-18、图2-19）。

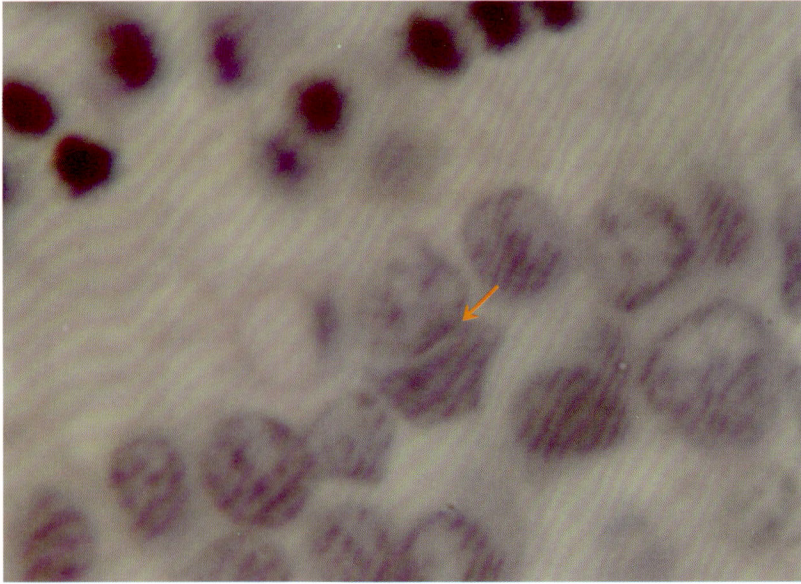

■ **图2-18　大白鼠内核层细胞脱颖式直接分裂（1）**

苏木素-伊红染色　×1 000

示内核层细胞脱颖式直接分裂。

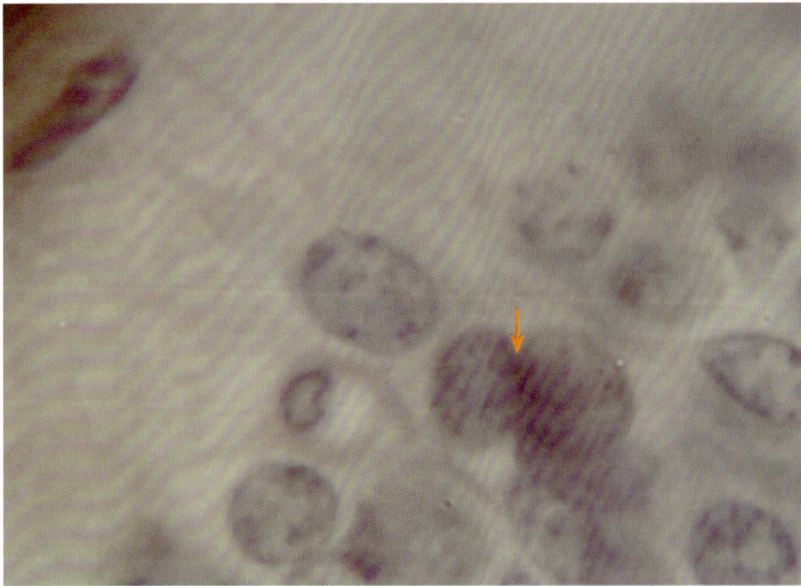

■ **图2-19　大白鼠内核层细胞脱颖式直接分裂（2）**

苏木素-伊红染色　×1 000

示内核层细胞脱颖式直接分裂。

（4）核仁出核式直接分裂　有的大白鼠视网膜内核层细胞核大多是空泡核内含一个或多个大核仁(图2-20、图2-21)，其中一个核仁逐渐靠边，最后以吐珠方式从核内吐出（图2-22、图2-23）。

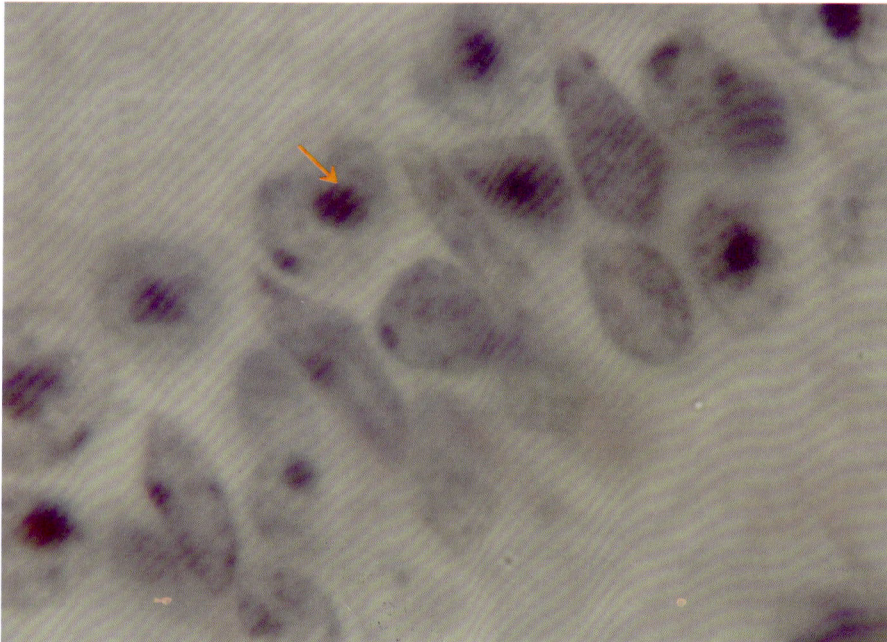

■ 图2-20　大白鼠内核层细胞核仁出核（1）

苏木素-伊红染色　×1 000

↘示内核层细胞核内大核仁。

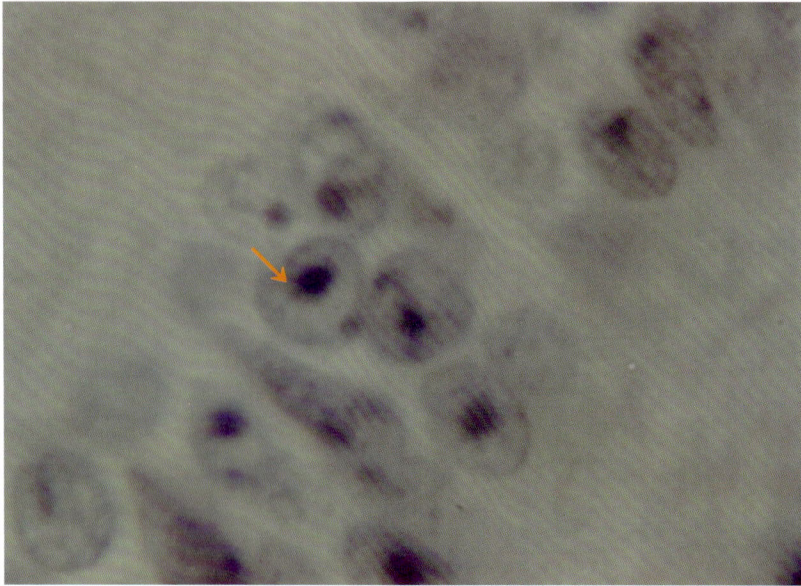

■ 图2-21　大白鼠内核层细胞核仁出核（2）

苏木素-伊红染色　×1 000

示内核层细胞核内大核仁。

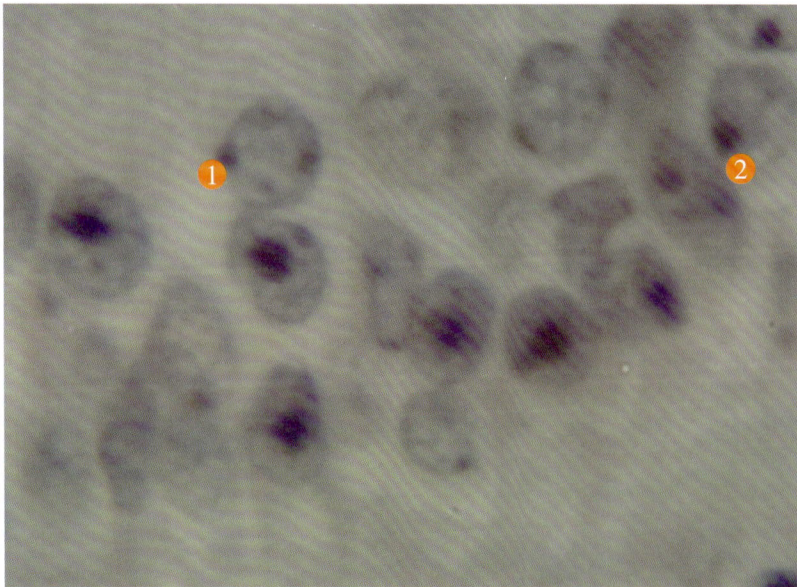

■ 图2-22　大白鼠内核层细胞核仁出核（3）

苏木素-伊红染色　×1 000

①和②示泡状核的核仁边缘化。

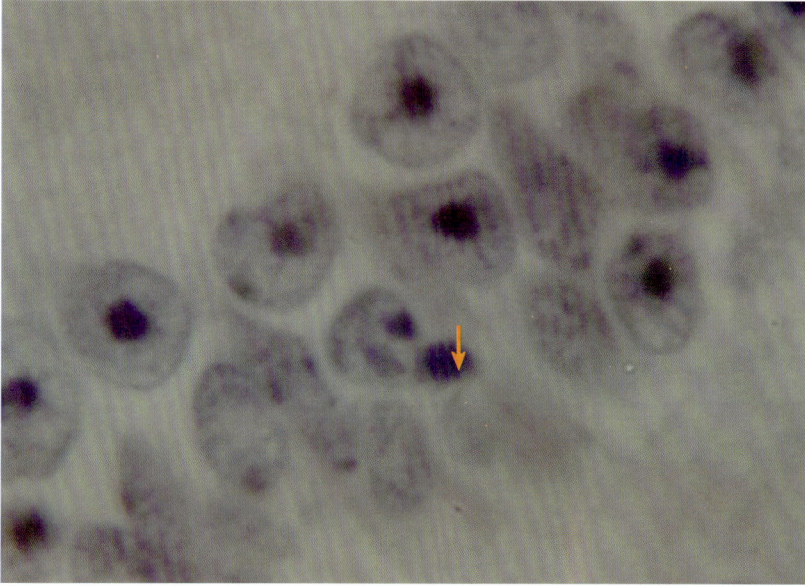

■ 图2-23　大白鼠内核层细胞核仁出核（4）
苏木素-伊红染色　×1 000
↓示内核细胞核吐出核仁。

2.　**视网膜内核层细胞衰亡**　衰亡的内核层细胞可表现为核碎裂（图2-24），但更多见的是核脱色（图2-25）。

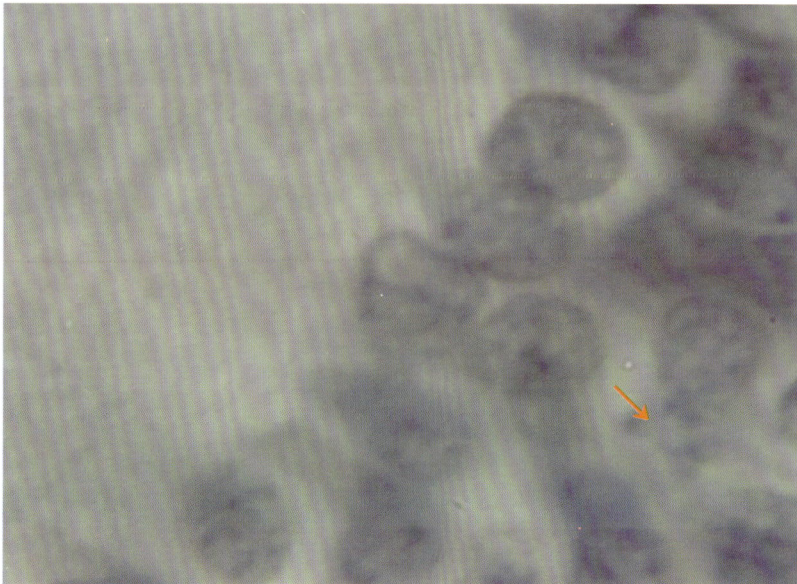

■ 图2-24　大白鼠内核层细胞衰亡（1）
苏木素-伊红染色　×1 000
↓示内核层细胞核破碎。

161

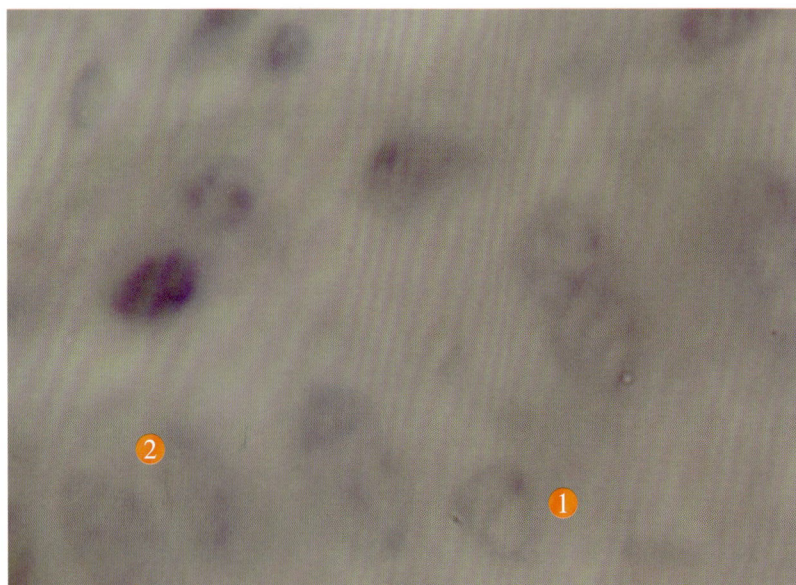

■ 图2-25　大白鼠内核层细胞衰亡（2）

苏木素–伊红染色　×1 000

❶和❷示内核层细胞核褪色。

3．视网膜内核层细胞演化与迁移　大白鼠视网膜内核层外缘细胞可经不对称性核分裂形成外核层濒危细胞核(图2-26)，也可通过过渡细胞迁移形成外核层细胞（图2-27、图2-28）。

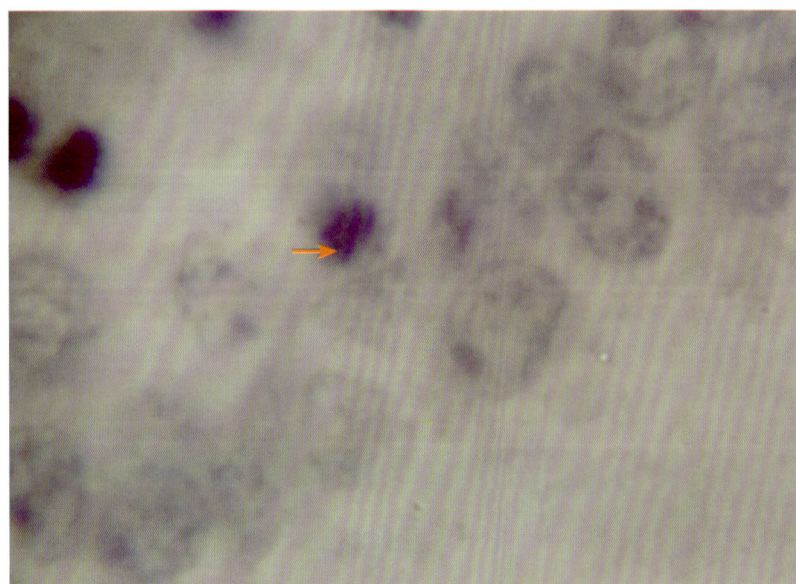

■ 图2-26　大白鼠内核层细胞演化

苏木素–伊红染色　×1 000

➡️示内核层外缘细胞经不对称核分裂生成一个外核层细胞。

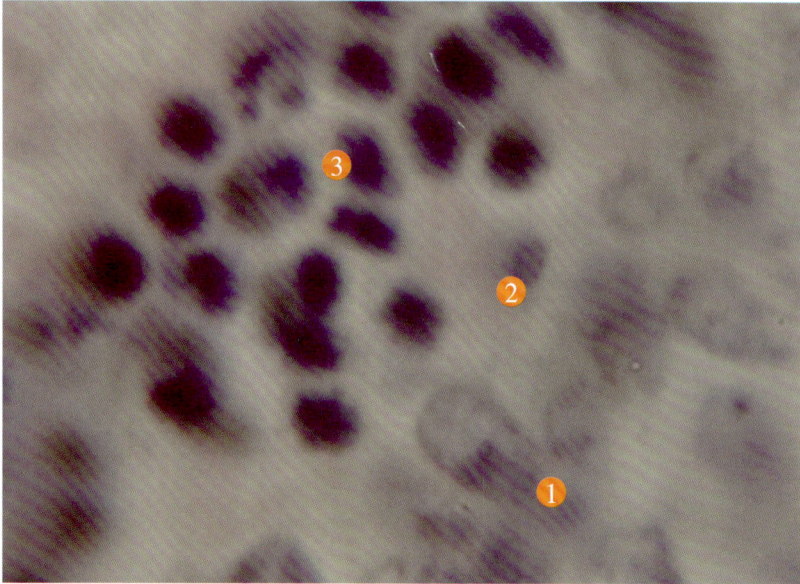

■ 图2-27　大白鼠内核层细胞迁向外核层（1）

苏木素–伊红染色　×1 000

❶示内核层；❷示迁移中的过渡细胞；❸示外核层。

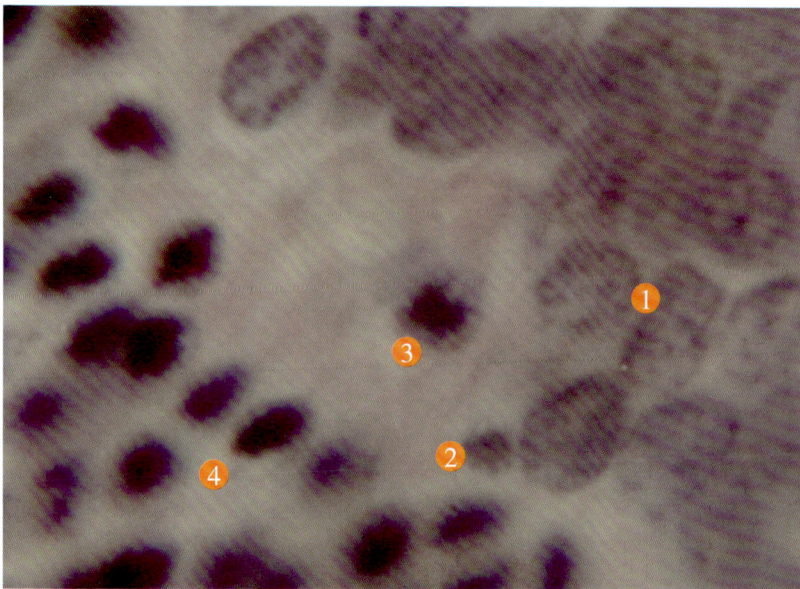

■ 图2-28　大白鼠内核层细胞迁向外核层（2）

苏木素–伊红染色　×1 000

❶示内核层；❷示迁移过渡细胞；❸示迁移中的外核层细胞；
❹示外核层。

（三）视网膜外核层细胞动力学

1. 外核层细胞垂死核分裂　外核层细胞处于危亡状态，其细胞核核膜淡薄甚或消失，染色质呈堆块状，但仍可进行细胞分裂，称为垂死核分裂，可有对称性和不对称性之分，此外还有核乳头式和核内核分裂等方式。

（1）外核层细胞对称性垂死核分裂　可见染色质堆块大致被均分为二（图2-29、图2-30）。

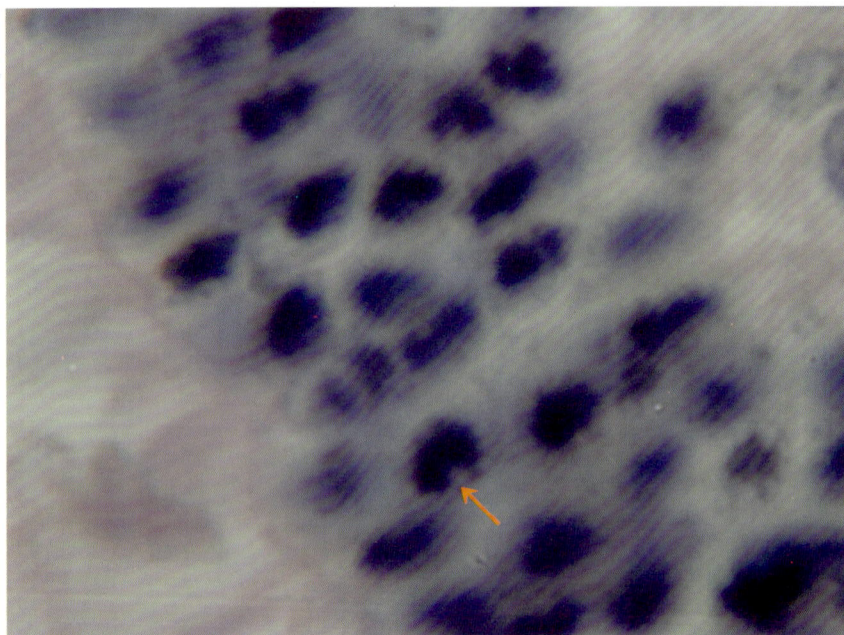

■ **图2-29　大白鼠外核层细胞对称性垂死核分裂（1）**

苏木素–伊红染色　×1 000

↑示外核层细胞对称性垂死核分裂。

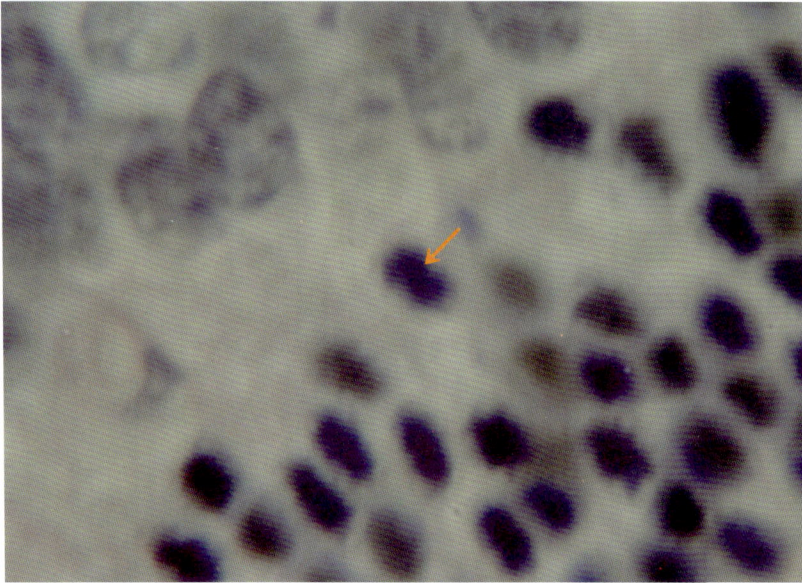

■ 图2-30　大白鼠外核层细胞对称性垂死核分裂（2）
苏木素-伊红染色　×1 000
示外核层细胞对称性垂死核分裂。

（2）外核层细胞不对称性垂死核分裂　染色质堆块被分成大小有显著差别的两部分（图2-31）。

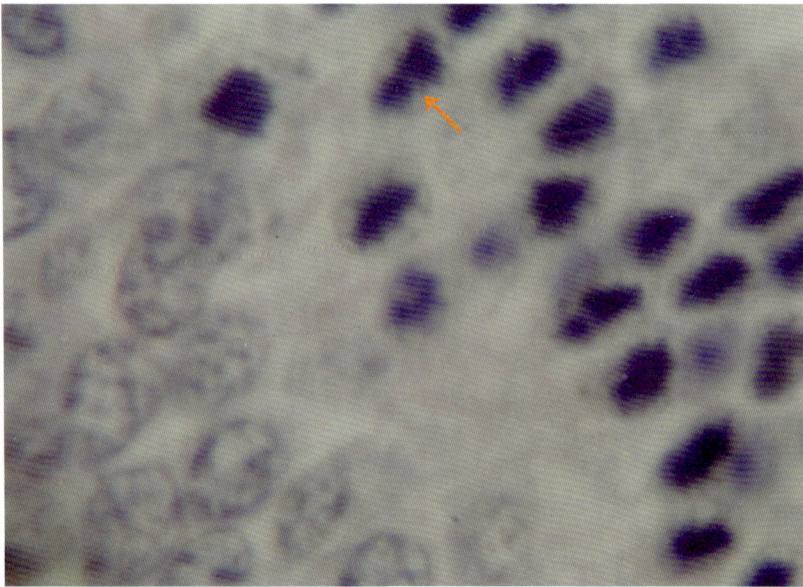

■ 图2-31　大白鼠外核层细胞不对称性垂死核分裂
苏木素-伊红染色　×1 000
示外核层细胞不对称性垂死核分裂。

（3）外核层细胞核乳头式垂死分裂　外界膜显然是阻止外核层细胞外移的栅栏，但一些外缘的外核层细胞核向外形成核乳头伸出外界膜之外（图2-32～图2-34），核乳头逐渐脱离核母体成为游离的小核，进入核周空泡，并逐步朝色素上皮层方向迁移（图2-35～图2-37）。

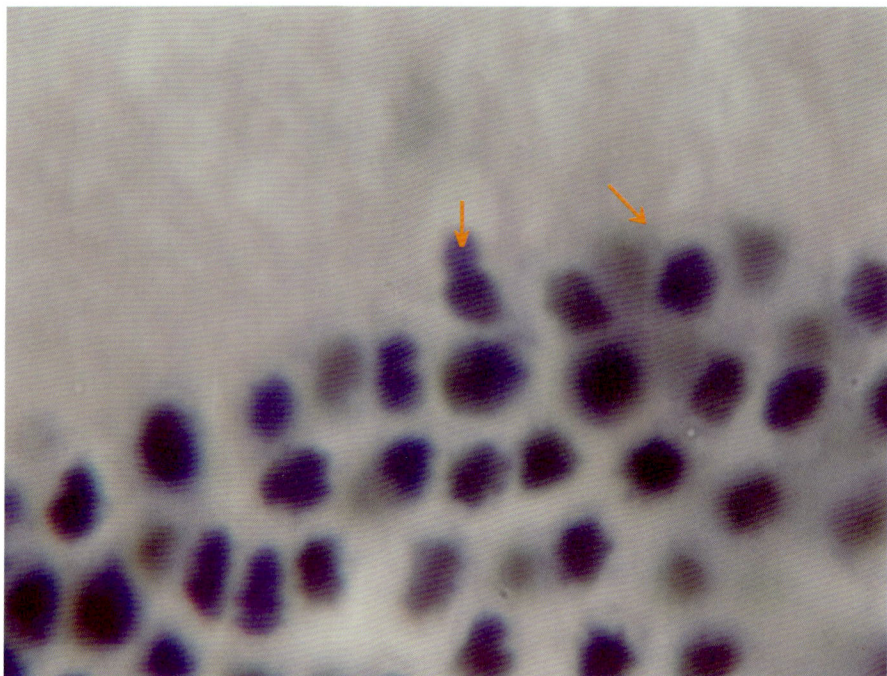

■ 图2-32　大白鼠外核层细胞核乳头式核分裂（1）

苏木素-伊红染色　×1 000

↓示外核层细胞核乳头式核分裂。↘示外界膜。

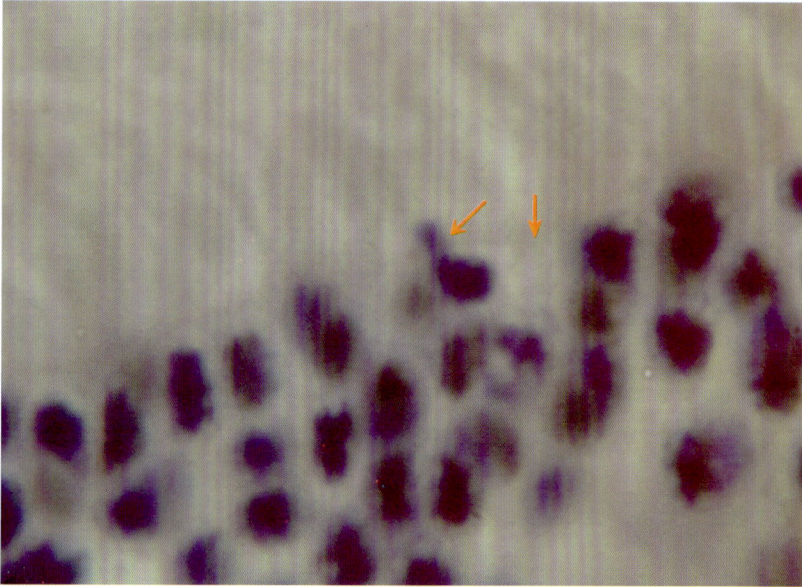

■ 图2-33 大白鼠外核层细胞核乳头式核分裂（2）

苏木素-伊红染色 ×1 000

示外核层细胞核乳头式核分裂。 示外界膜。

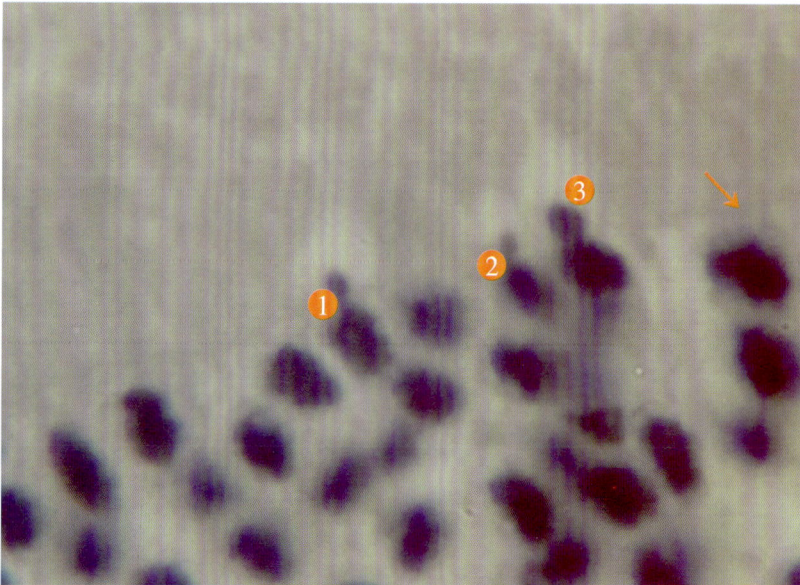

■ 图2-34 大白鼠外核层细胞核乳头式核分裂（3）

苏木素-伊红染色 ×1 000

示外界膜。❶、❷和❸示外核层细胞核乳头式核分裂。

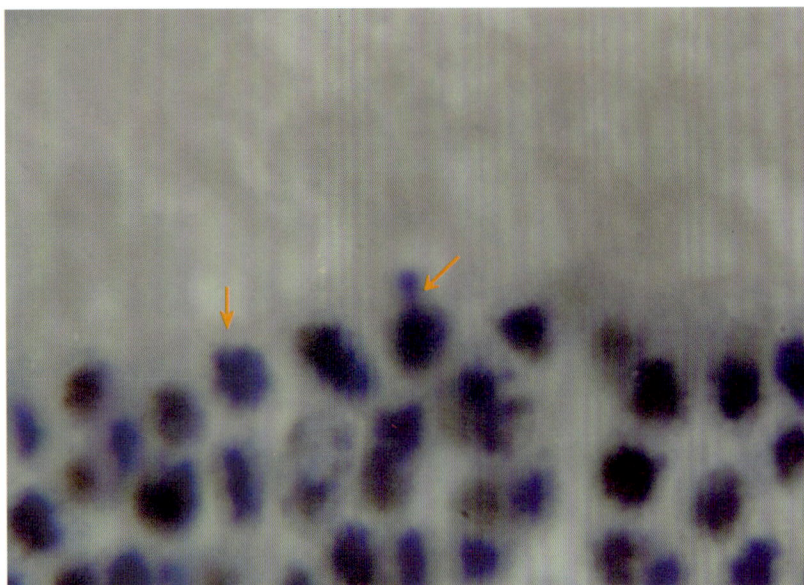

■ 图2-35 大白鼠外核层细胞核乳头式核分裂（4）
苏木素-伊红染色 ×1 000
示将脱离核母体的核乳头。 示外界膜。

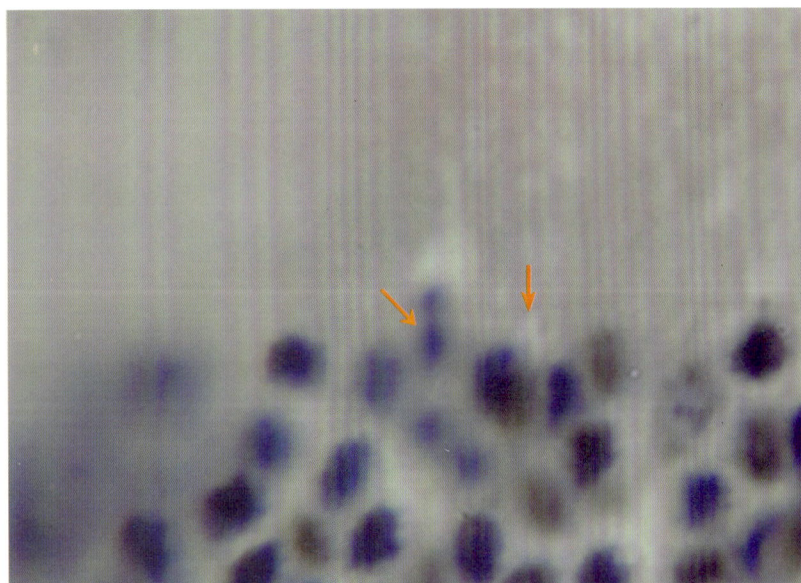

■ 图2-36 大白鼠外核层细胞核乳头式核分裂（5）
苏木素-伊红染色 ×1 000
示将脱离核母体的核乳头。 示外界膜。

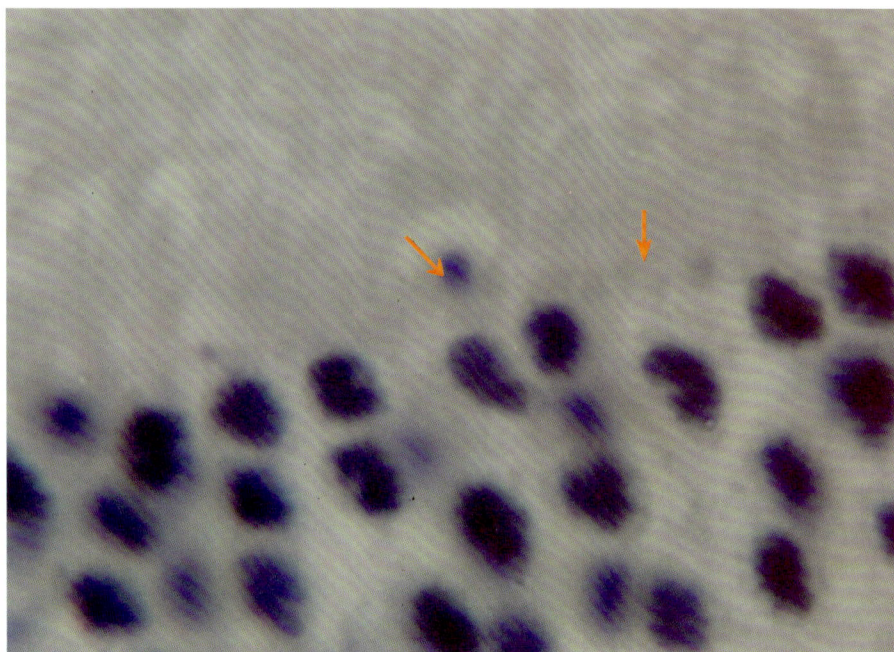

■ 图2-37 大白鼠外核层细胞核乳头式核分裂（6）
苏木素-伊红染色 ×1 000
↘示脱离核母体的进入核周空泡内的核乳头。↓示外界膜。

（4）外核层细胞核内核分裂与衰亡 核内核分裂又称核内垂死分裂，属濒危分裂范围。其特点是核膜不完全破坏，染色质分开聚集成两簇。此外，还有微核形成（图2-38～图2-40），多数微核形成是细胞衰亡征象。

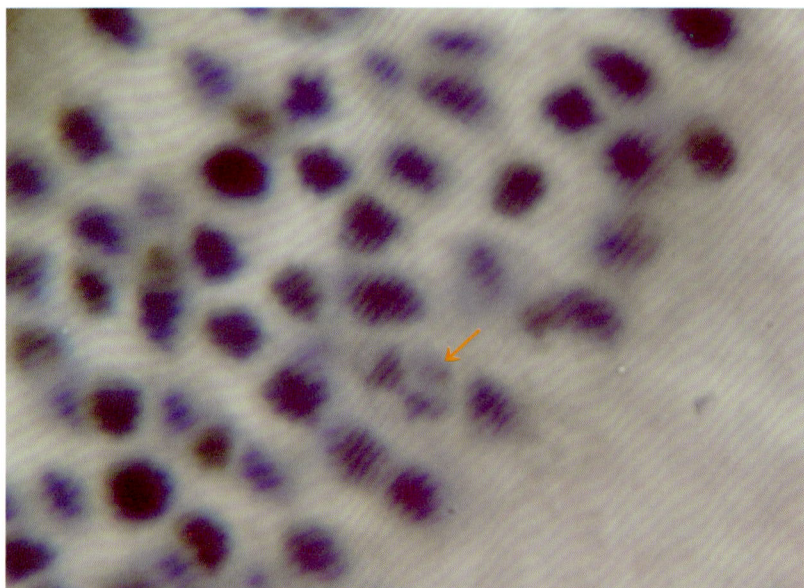

■ 图2-38　大白鼠外核层细胞核内核分裂（1）
苏木素-伊红染色　×1 000
示外核层细胞有微核形成的核内核分裂。

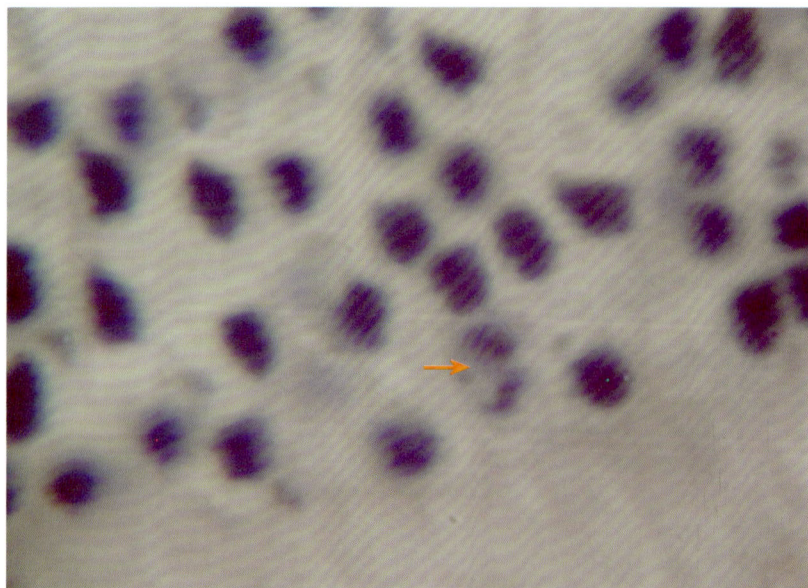

■ 图2-39　大白鼠外核层细胞核内核分裂（2）
苏木素-伊红染色　×1 000
示外核层细胞有微核形成的核内核分裂。

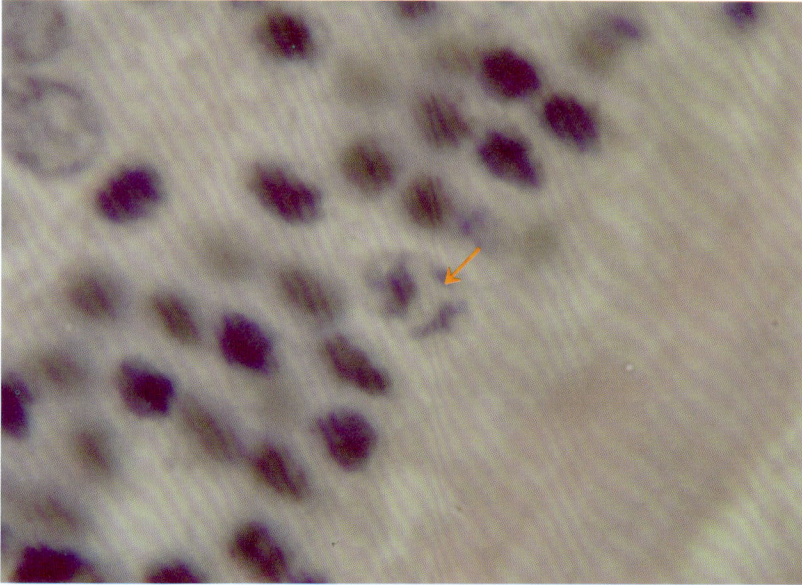

■ 图2-40　大白鼠外核层细胞核内核分裂（3）
苏木素-伊红染色　×1 000
示外核层细胞有微核形成的核内核分裂。

2. 外核层细胞核外迁　越过外界膜的外核层细胞核或染色质块逐步向色素上皮层迁移（图2-41～图2-43）。

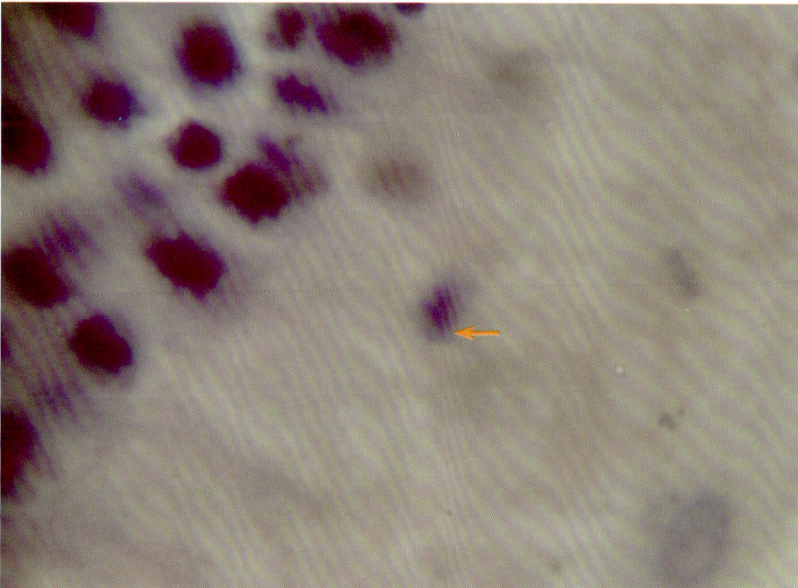

■ 图2-41　大白鼠外核层细胞核物质外迁（1）
苏木素-伊红染色　×1 000
示外核层细胞微核逐步向色素上皮层迁移。

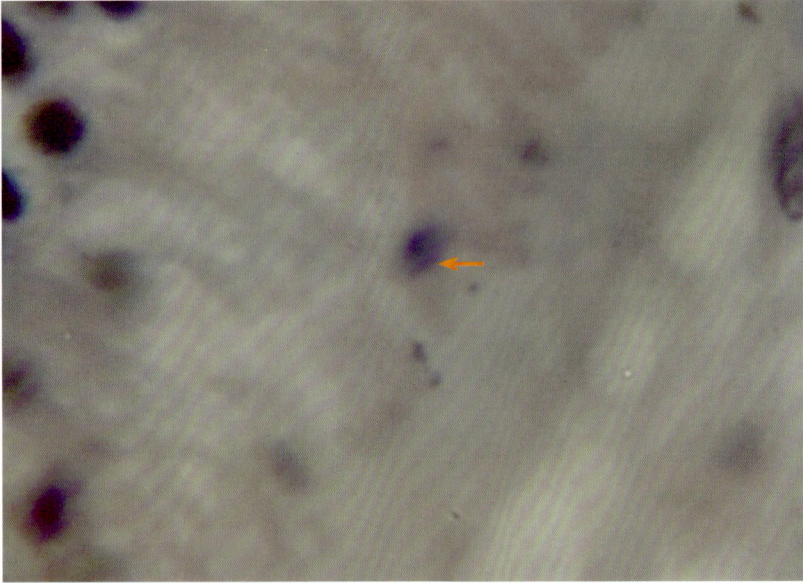

■ 图2-42 大白鼠外核层细胞核物质外迁（2）

苏木素-伊红染色 ×1 000

← 示外核层细胞微核逐步向色素上皮层迁移。

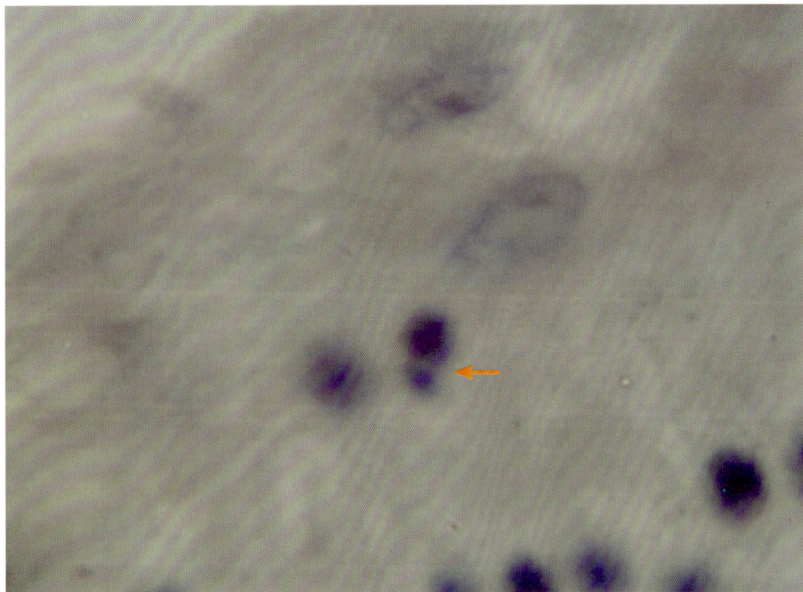

■ 图2-43 大白鼠外核层细胞核物质外迁（3）

苏木素-伊红染色 ×1 000

← 示外核层细胞核到达色素上皮层。

（四）视网膜色素上皮层细胞动力学

一些大白鼠视网膜的色素上皮层细胞及脉络膜细胞缺少色素颗粒，有利于观察其细胞动力学过程。

1. 色素上皮层细胞直接分裂　色素上皮层细胞可见明显的直接分裂象（图2-44～图2-46）。

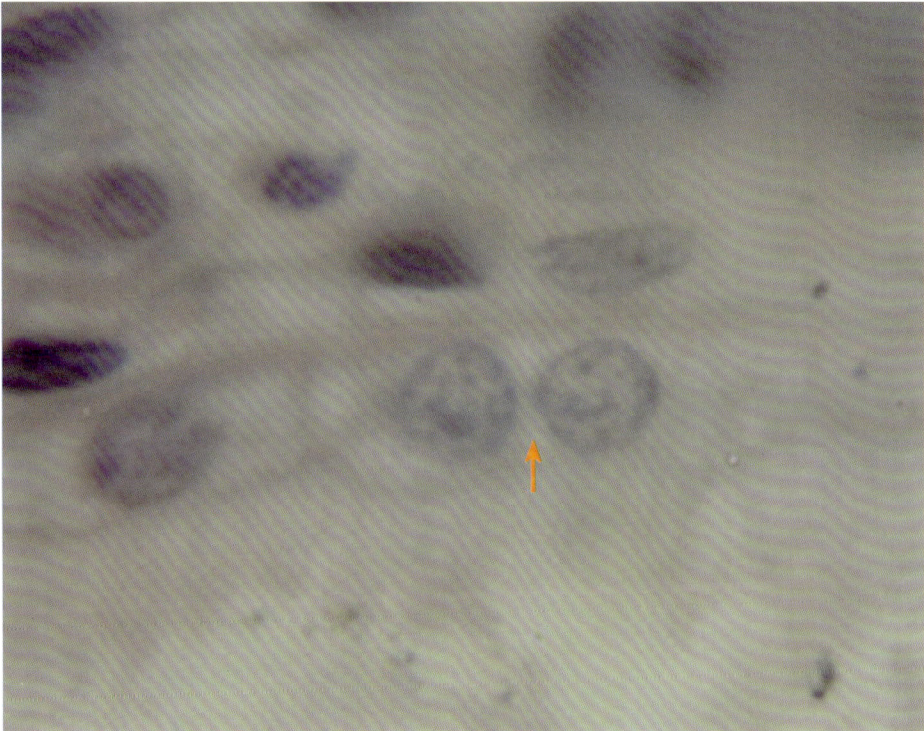

■ **图2-44　大白鼠色素上皮细胞直接分裂（1）**

苏木素-伊红染色　×1 000

↑示色素上皮细胞直接分裂。

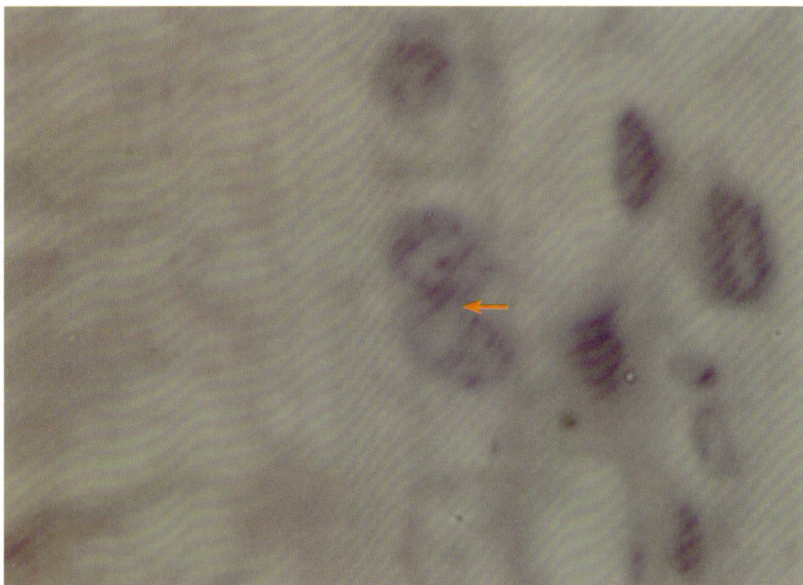

■ 图2-45　大白鼠色素上皮细胞直接分裂（2）
苏木素-伊红染色　×1 000
← 示色素上皮细胞直接分裂。

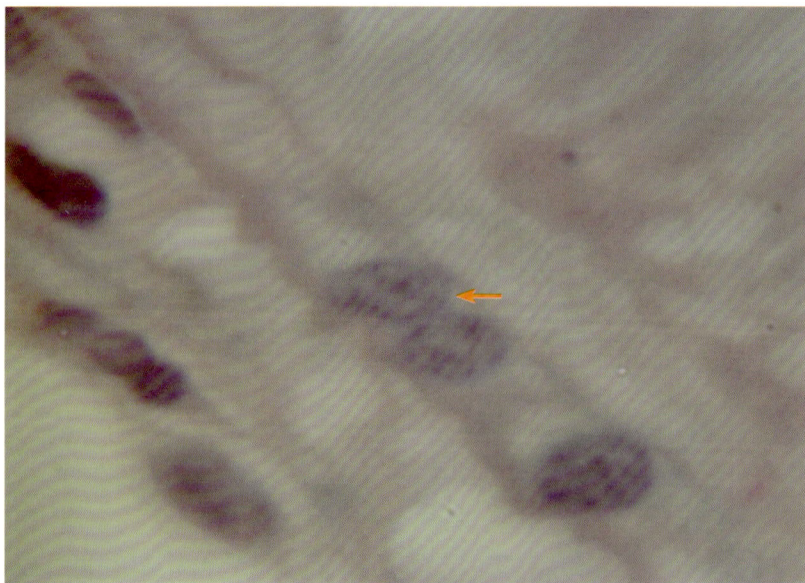

■ 图2-46　大白鼠色素上皮细胞直接分裂（3）
苏木素-伊红染色　×1 000
← 示色素上皮细胞直接分裂。

2. 色素上皮层细胞衰亡　色素上皮层细胞主要以核逐渐褪色方式而

衰亡（图2-47、图2-48），致使大面积色素上皮层缺少有活性的色素上皮细胞（图2-49）。

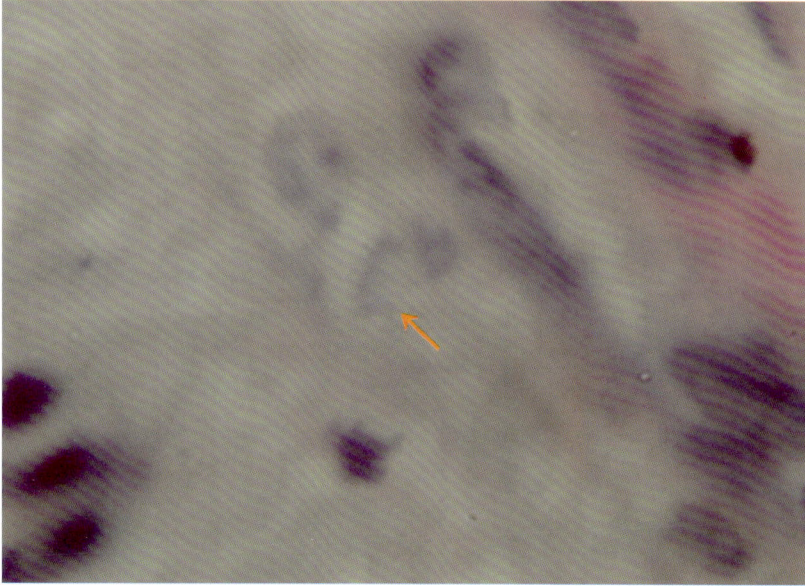

■ 图2-47　大白鼠色素上皮细胞衰亡（1）

苏木素－伊红染色　×1 000

← 示色素上皮细胞核褪色。

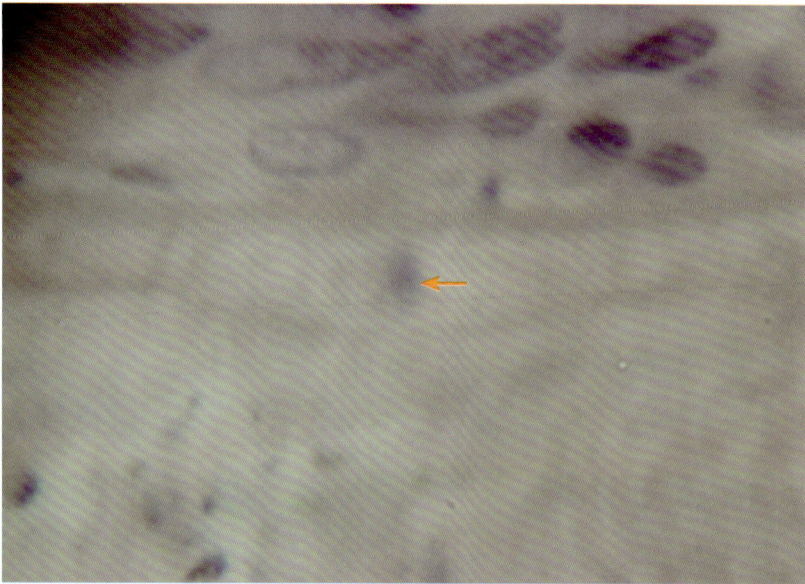

■ 图2-48　大白鼠色素上皮细胞衰亡（2）

苏木素－伊红染色　×1 000

← 示色素上皮细胞核褪色。

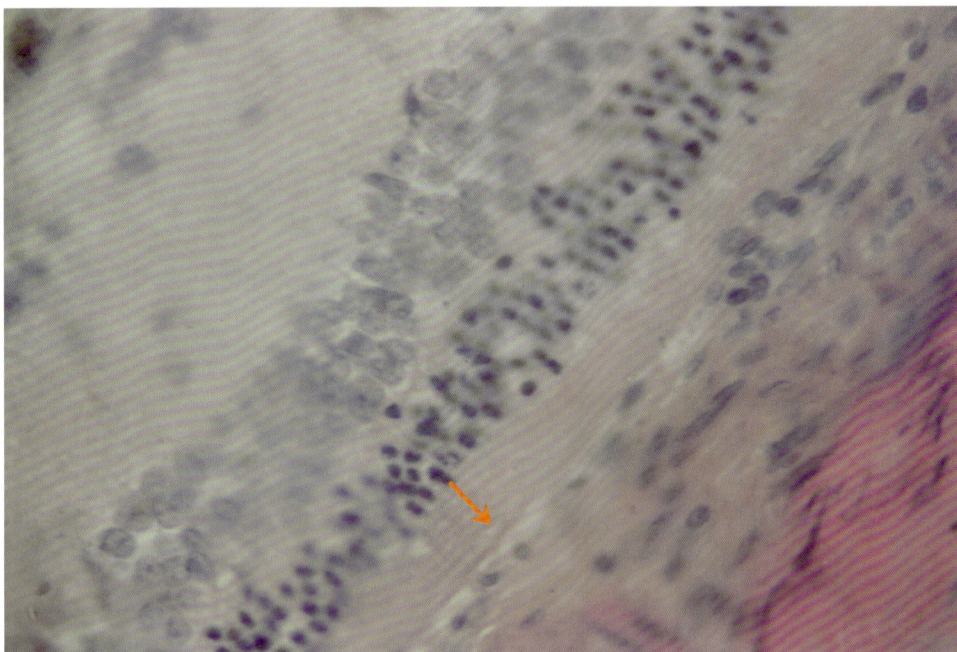

■ 图2-49　大白鼠色素上皮细胞衰亡（3）

苏木素-伊红染色　×100

↘示色素上皮层长距离无核区。

3．**色素上皮层细胞更新**　邻近的脉络膜内色素上皮层干细胞可钻入色素上皮层（图2-50），经核钝圆化，逐渐整合为色素上皮细胞（图2-51）。在缺少有活性细胞的色素上皮层衰退区常有脉络膜细胞聚集，成为色素上皮层的更新点（图2-52），靠内表面的细胞也可排列成层，整片地局部替换衰退的色素上皮层（图2-53）。

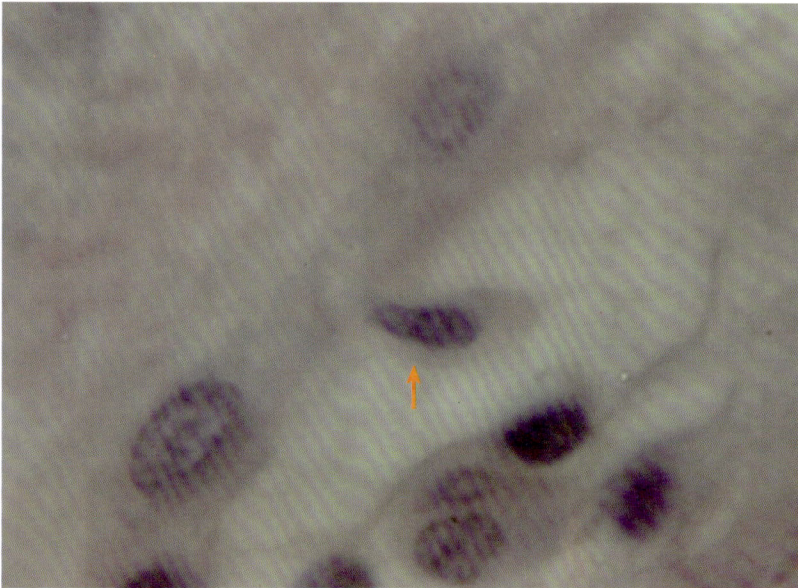

■ 图2-50　大白鼠色素上皮细胞的局部更新（1）
苏木素-伊红染色　×1 000
↑示正在钻入色素上皮层的干细胞。

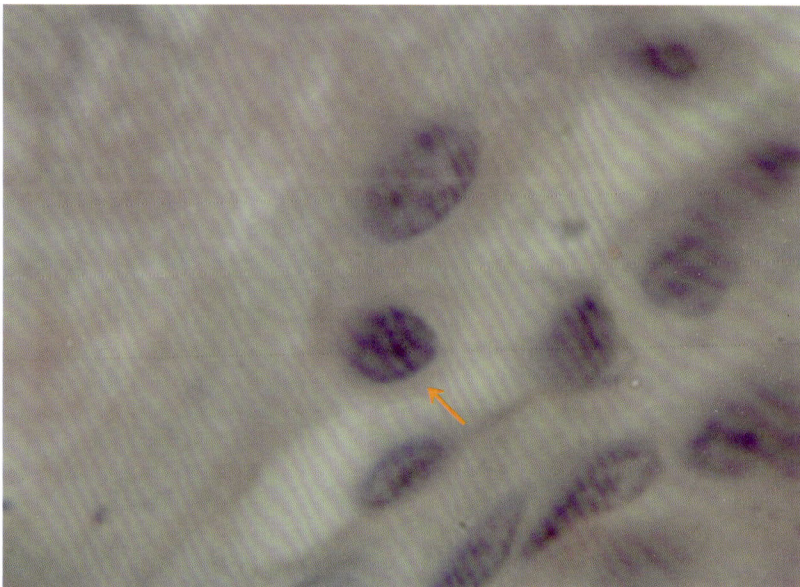

■ 图2-51　大白鼠色素上皮细胞的局部更新（2）
苏木素-伊红染色　×1 000
示正在钝圆化整合为色素上皮细胞的干细胞。

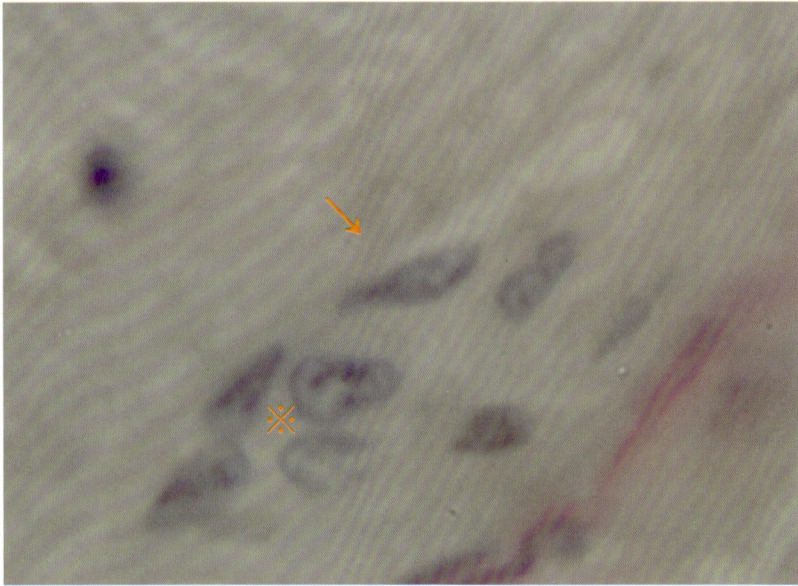

■ 图2-52　大白鼠色素上皮细胞的局部更新（3）

苏木素-伊红染色　×1 000

↗示衰退的色素上皮层。※示色素上皮细胞更新灶。

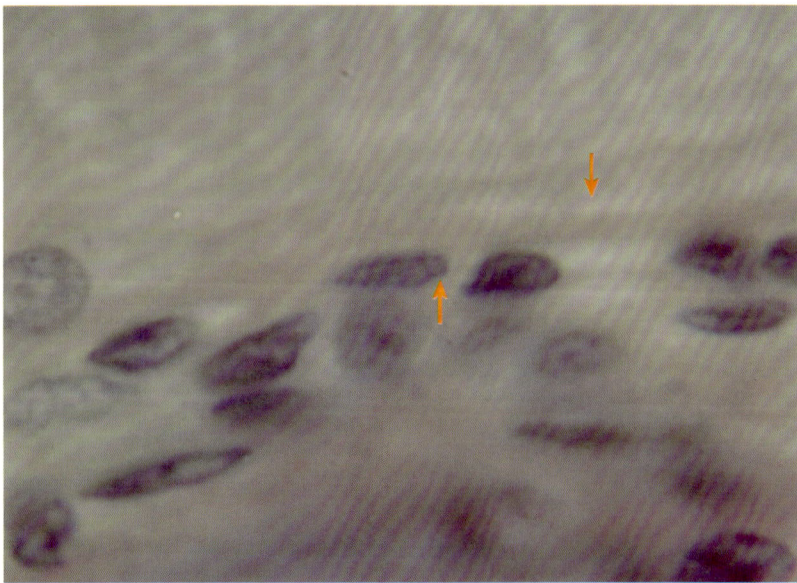

■ 图2-53　大白鼠色素上皮细胞的局部更新（4）

苏木素-伊红染色　×1 000

↓示后备的新色素上皮层片层。↑示衰退的色素上皮层。

二、大白鼠视网膜盲部组织动力学

大白鼠视网膜视部与盲部分界明显，在视部终结处内核层与外核层细胞层弯曲抵达色素上皮层（图2-54、图2-55），视网膜盲部失去视部的细胞分层模式，特别明显的是失去视细胞层，成为单层、二层或多层细胞的上皮（图2-56～图2-58）。色素上皮层演变为单层扁平上皮（图2-59、图2-60）。再往边缘视网膜盲部可出现增生皱褶（图2-61）。因有血源性干细胞供应，故最边缘的盲部并不显出衰退，反而显得局部代偿性增生活跃（图2-62）。

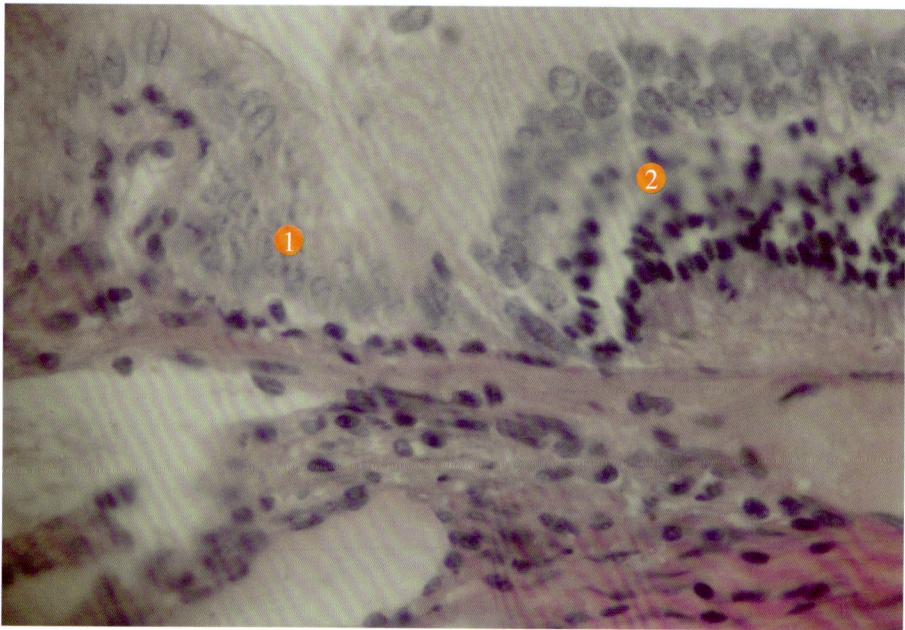

■ 图2-54 大白鼠视网膜盲部组织动力学（1）
苏木素-伊红染色 ×200
❶示视网膜盲部；❷示视网膜视部。

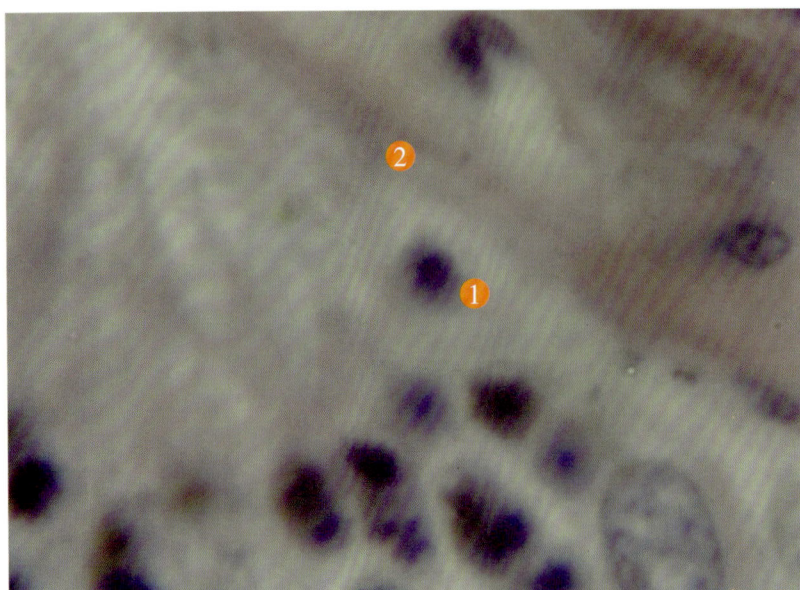

■ **图2-55　大白鼠视网膜盲部组织动力学（2）**

苏木素-伊红染色　×1 000

❶示外核层视细胞；❷示衰退的色素上皮层。

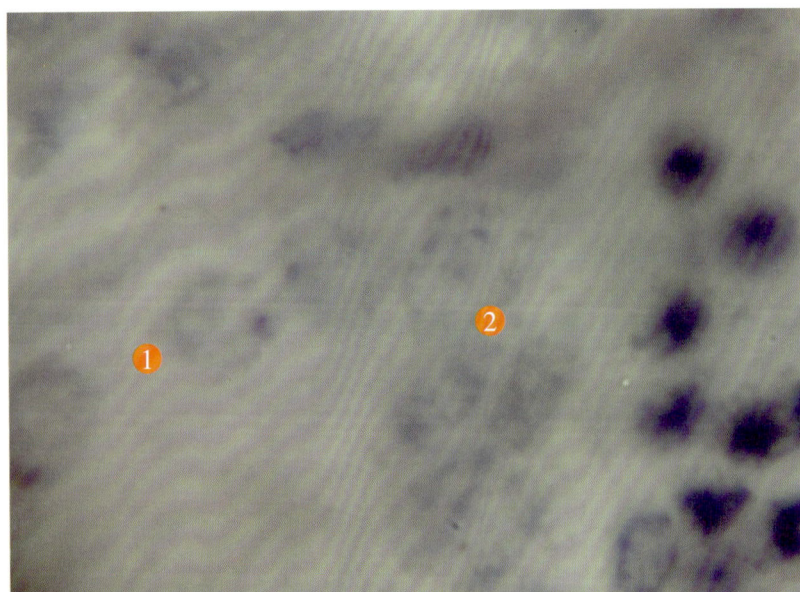

■ **图2-56　大白鼠视网膜盲部组织动力学（3）**

苏木素-伊红染色　×1 000

❶示盲部的单层上皮；❷示视部终结的内核层。

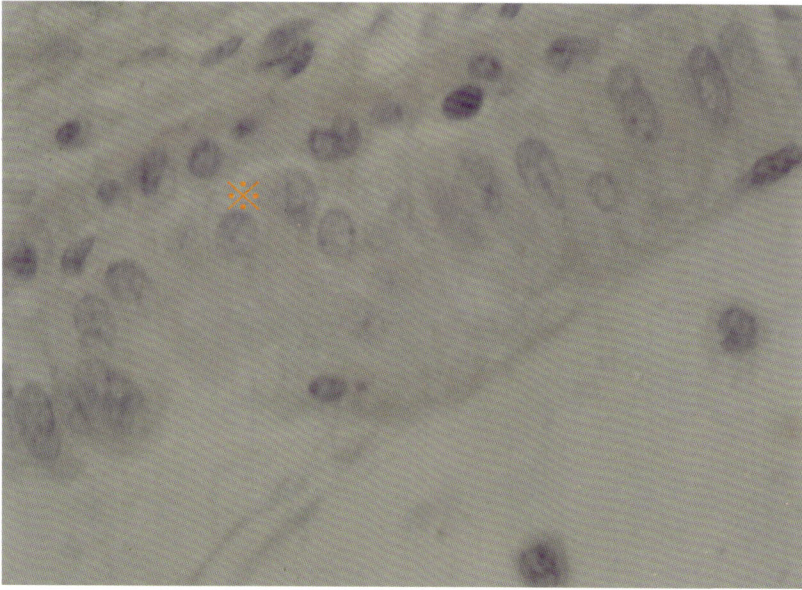

■ 图2-57　大白鼠视网膜盲部组织动力学（4）

苏木素–伊红染色　×400

※示视网膜盲部二列上皮。

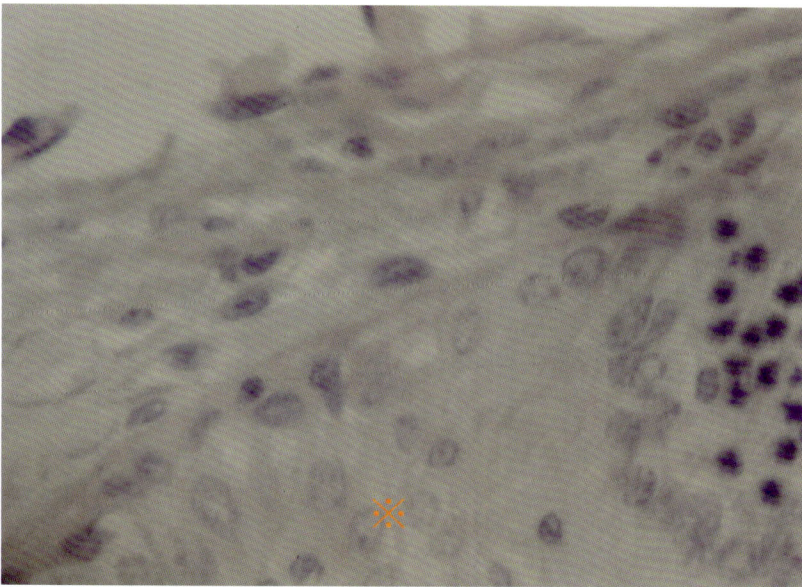

■ 图2-58　大白鼠视网膜盲部组织动力学（5）

苏木素–伊红染色　×400

※示视网膜盲部多列上皮。

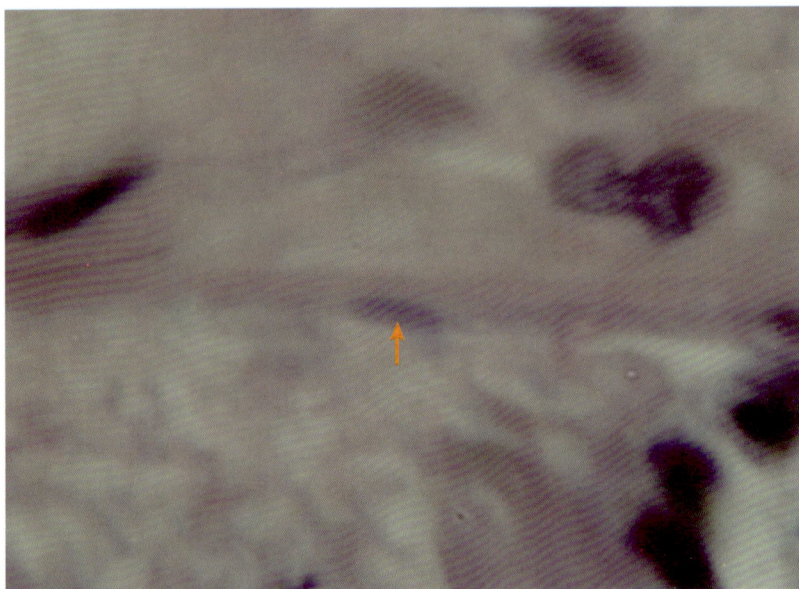

■ **图2-59　大白鼠视网膜盲部组织动力学（6）**
苏木素-伊红染色　×1 000
↑示盲部色素上皮层。

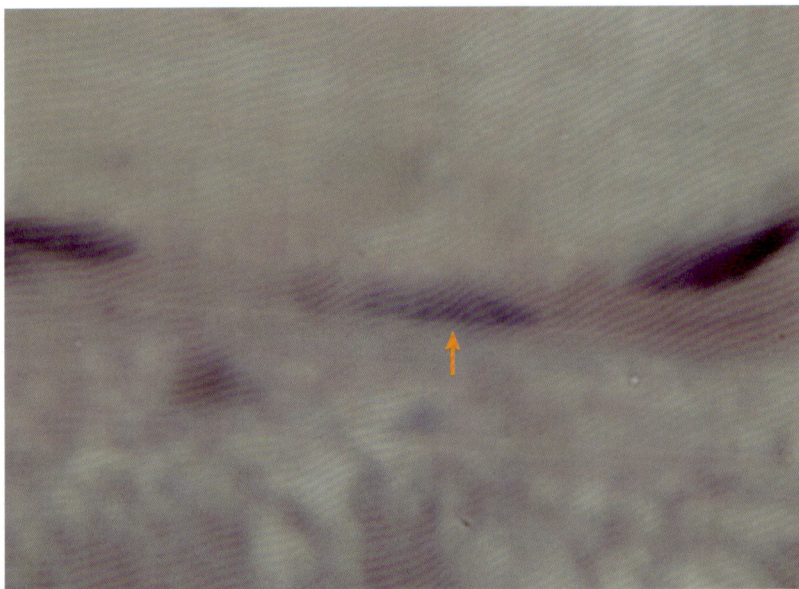

■ **图2-60　大白鼠视网膜盲部组织动力学（7）**
苏木素-伊红染色　×1 000
↑示盲部色素上皮层。

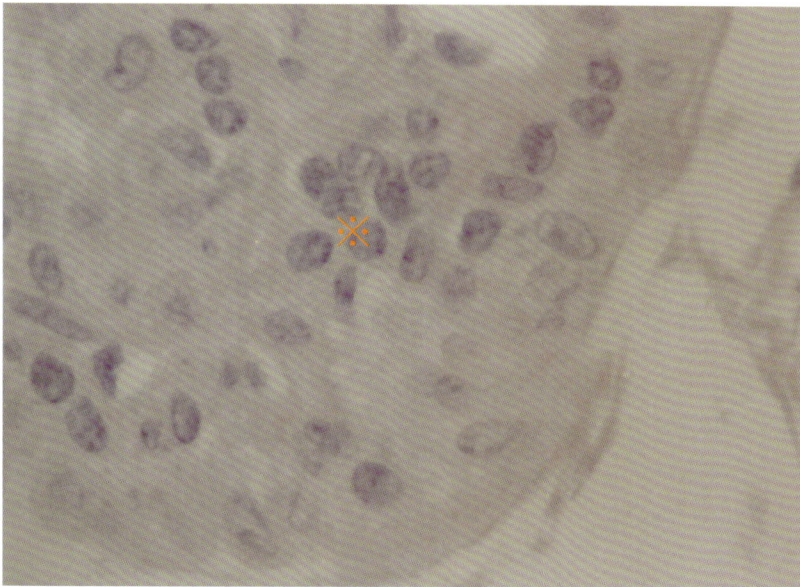

■ 图2-61　大白鼠视网膜盲部组织动力学（8）

苏木素-伊红染色　×400

※示视网膜盲部皱褶增生。

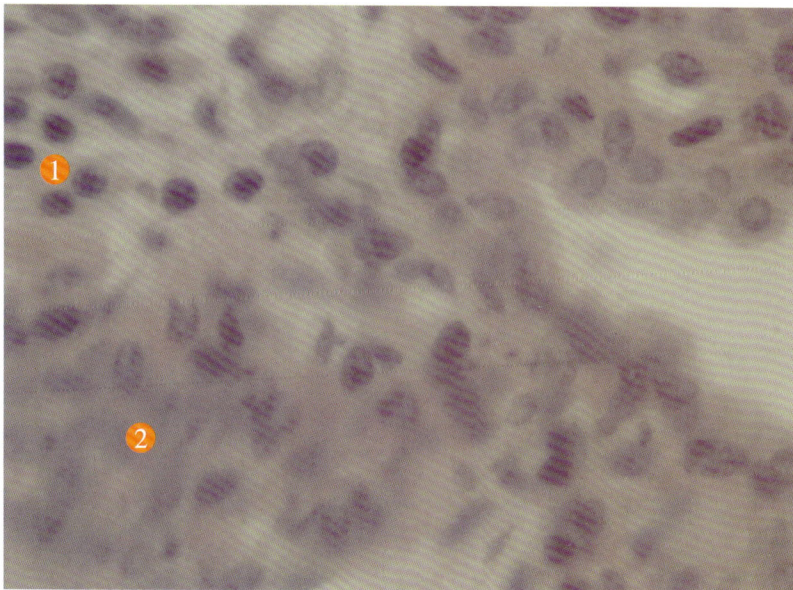

■ 图2-62　大白鼠视网膜盲部组织动力学（9）

苏木素-伊红染色　×400

❶示干细胞群；❷示视网膜盲部增生细胞群。

三、大白鼠视神经与视盘组织动力学

（一）视神经组织动力学

视网膜的视盘，即视乳头，与视神经相连（图2-63）。视神经属无髓神经类型，其中充满细胞串式神经束细胞同源群（图2-64、图2-65），可见视神经束细胞横隔式与侧凹式直接分裂（图2-66～图2-68）。

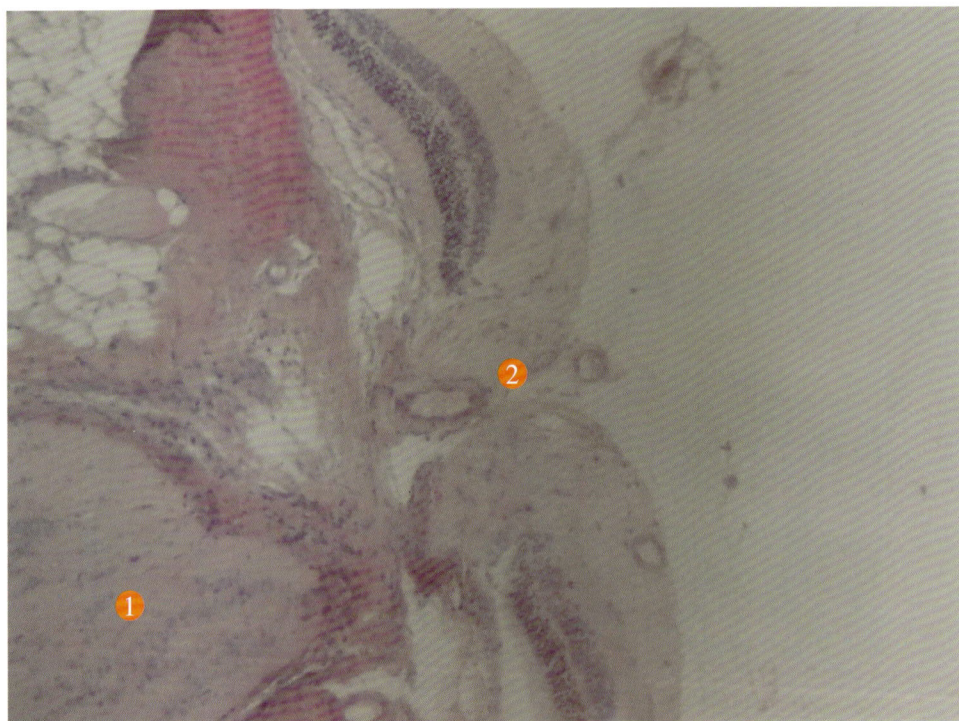

■ 图2-63　大白鼠视神经与视盘

苏木素–伊红染色　×100

❶示视神经；❷示视盘。

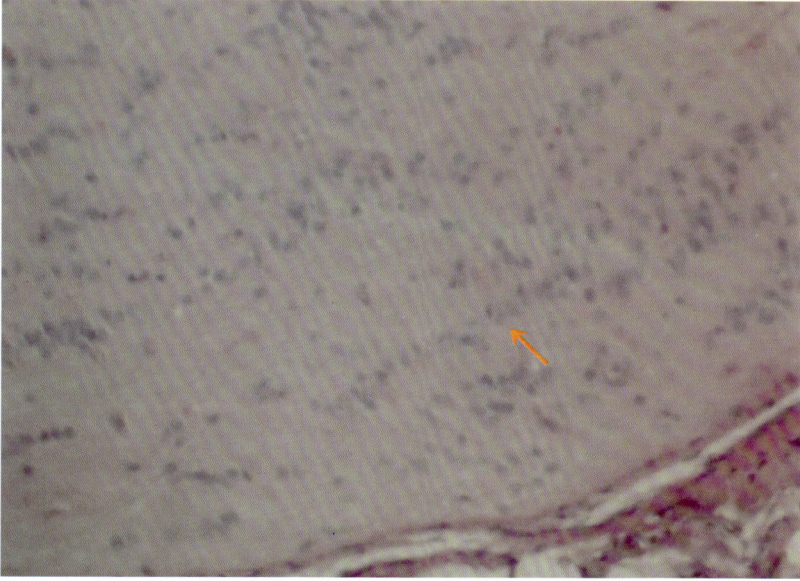

■ 图2-64　大白鼠视神经组织动力学（1）

苏木素-伊红染色　×200

↖ 示视神经细胞串式同源细胞群。

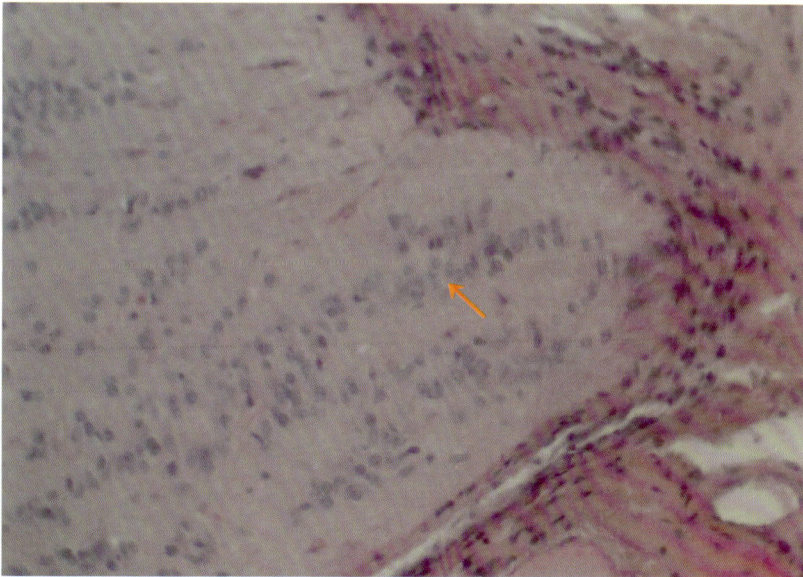

■ 图2-65　大白鼠视神经组织动力学（2）

苏木素-伊红染色　×200

↖ 示视神经细胞串式同源细胞群。

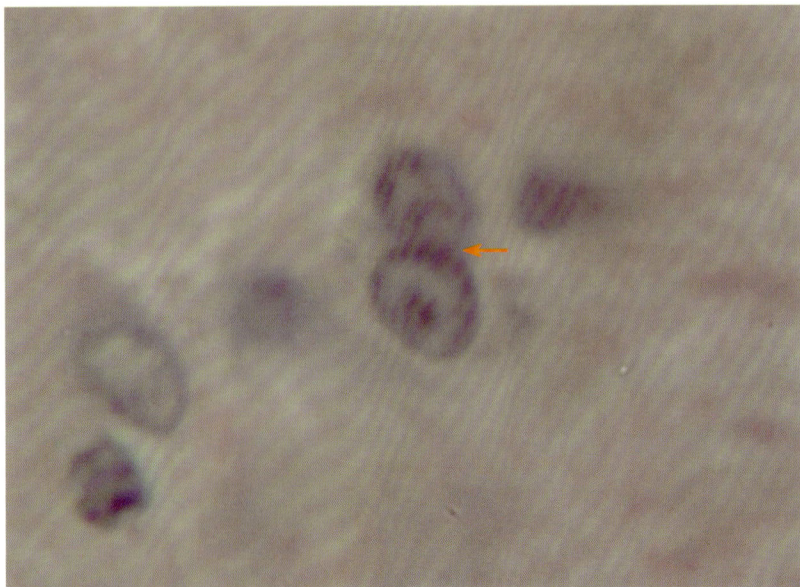

■ 图2-66　大白鼠视神经细胞直接分裂（1）

苏木素-伊红染色　×1 000

← 示视神经横隔式细胞直接分裂。

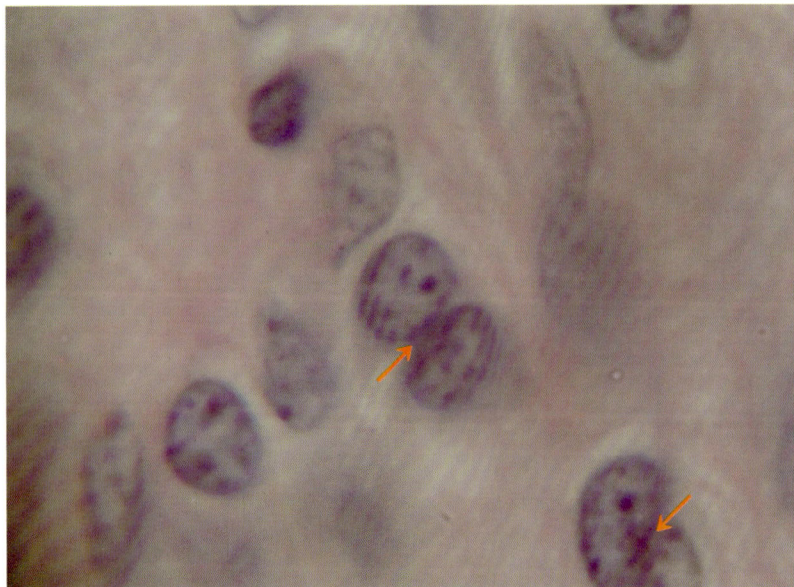

■ 图2-67　大白鼠视神经细胞直接分裂（2）

苏木素-伊红染色　×1 000

↗ 示视神经细胞横隔式直接分裂。　↙ 示视神经细胞侧凹型直接分裂。

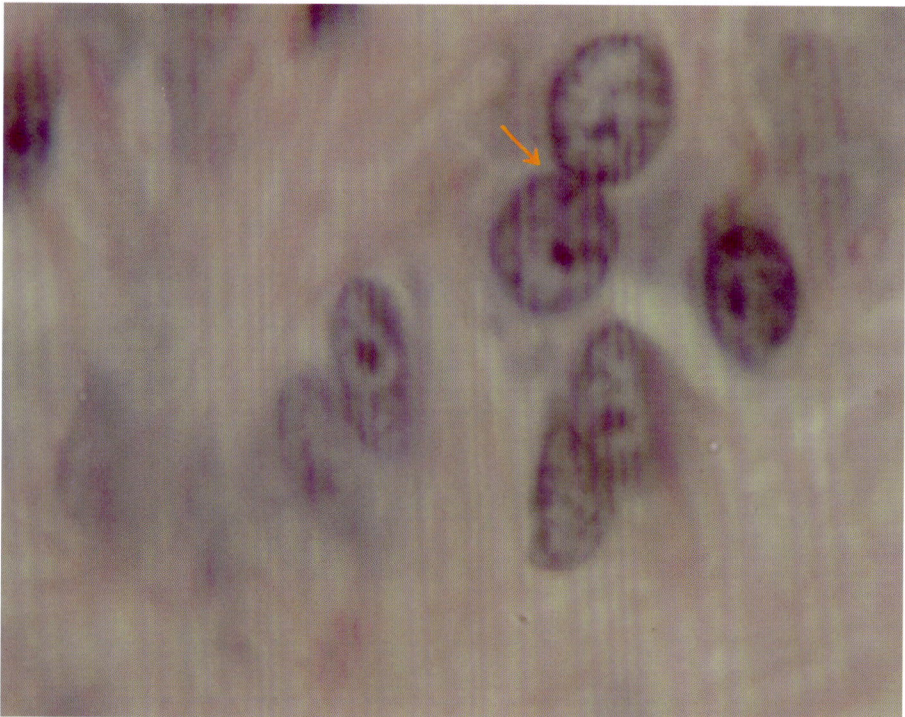

■ 图2-68 大白鼠视神经细胞直接分裂（3）

苏木素–伊红染色 ×1 000

示视神经细胞横隔式直接分裂。

（二）视盘组织动力学

视神经是视网膜干细胞的总来源，近轴心的神经束细胞流迁移演化形成节细胞层，近边缘的神经束细胞流折返向外演化形成内核层，而外核层细胞主要由内核层细胞分裂迁移形成，极少由神经束细胞演化形成（图2-69～图2-71）。色素上皮层由视神经最外层细胞流折转向外演化形成（图2-72、图2-73），这些细胞逐渐排列规则，最内侧细胞演化成为色素上皮细胞（图2-74～图2-76）。脉络膜与部分巩膜组织则不断由视神经衣演化形成（图2-77、图2-78）。原视柄外层演化为神经源纤维组织，向前扩展成为巩膜组织，以至角膜组织，成为其重要干细胞来源（图2-79、图2-80）。

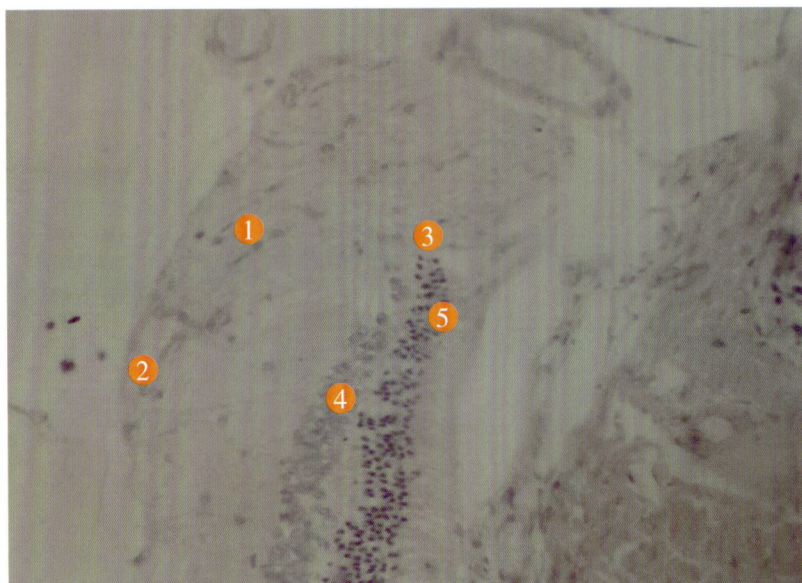

■ 图2-69　大白鼠视盘组织动力学（1）

苏木素-伊红染色　×100

❶示来自视神经近轴心细胞流；❷示视网膜节细胞层；❸示近视神经边缘细胞流；❹示内核层；❺示外核层。

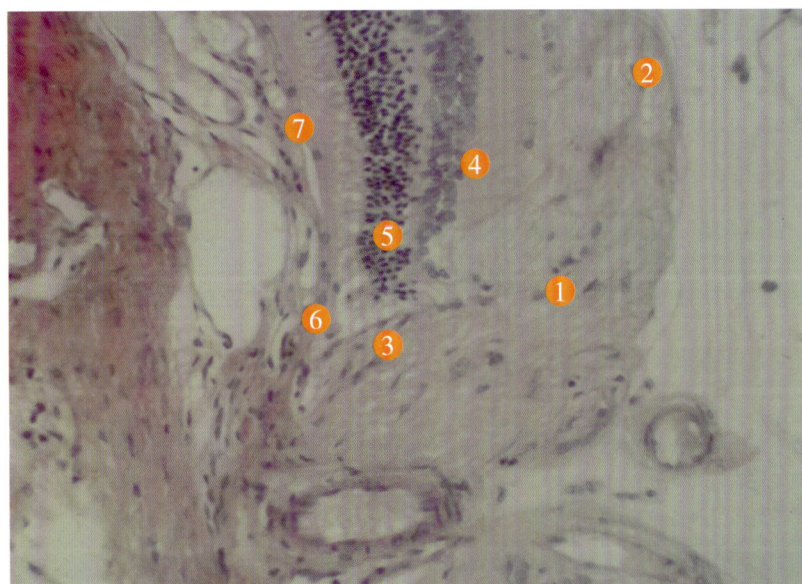

■ 图2-70　大白鼠视盘组织动力学（2）

苏木素-伊红染色　×100

❶示视神经近轴心细胞流；❷示节细胞层；❸示近视神经边缘细胞流；❹示内核层；❺示外核层；❻示边缘细胞流；❼示色素上皮层。

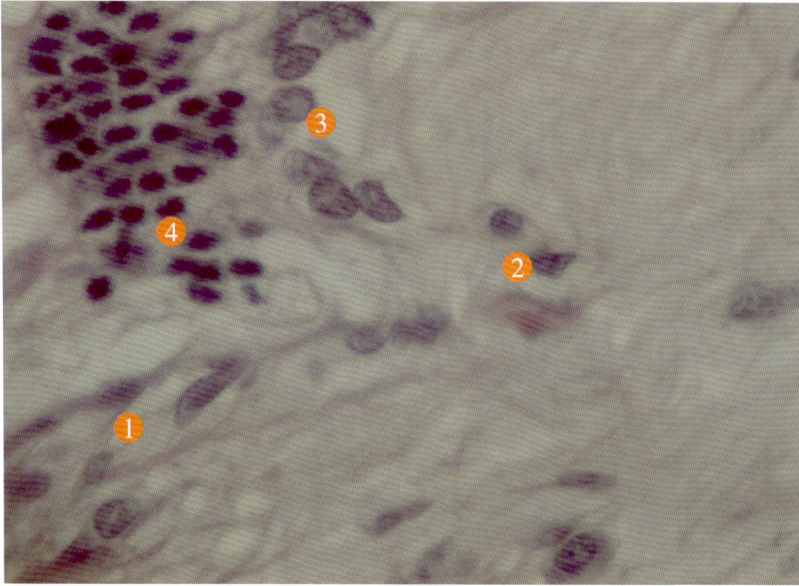

图2-71　大白鼠视盘组织动力学（3）

苏木素-伊红染色　×400

❶示近视神经边缘细胞流；❷示近边缘细胞流折返点；❸示内核层；❹示外核层。

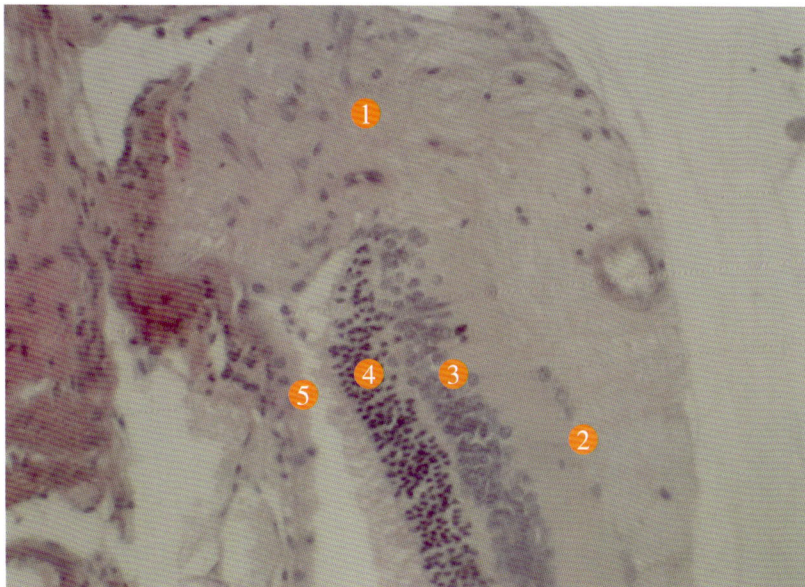

图2-72　大白鼠视盘组织动力学（4）

苏木素-伊红染色　×100

❶示视盘周边部；❷示节细胞层；❸示内核层；❹示外核层；❺示色素上皮层。

189

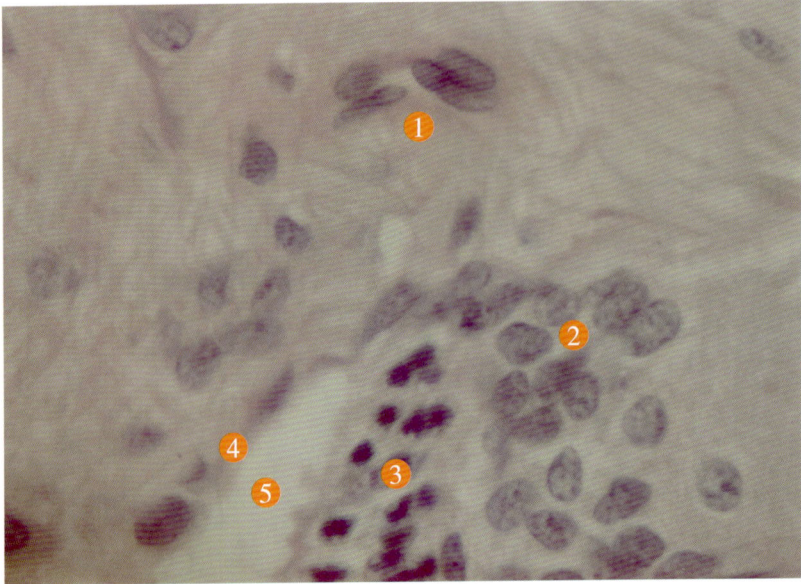

■ **图2-73　大白鼠视盘组织动力学（5）**

苏木素-伊红染色　×400

❶示近边缘细胞流折返点；❷示内核层；❸示外核层；❹示趋向色素上皮层的细胞流；❺示视泡腔残迹。

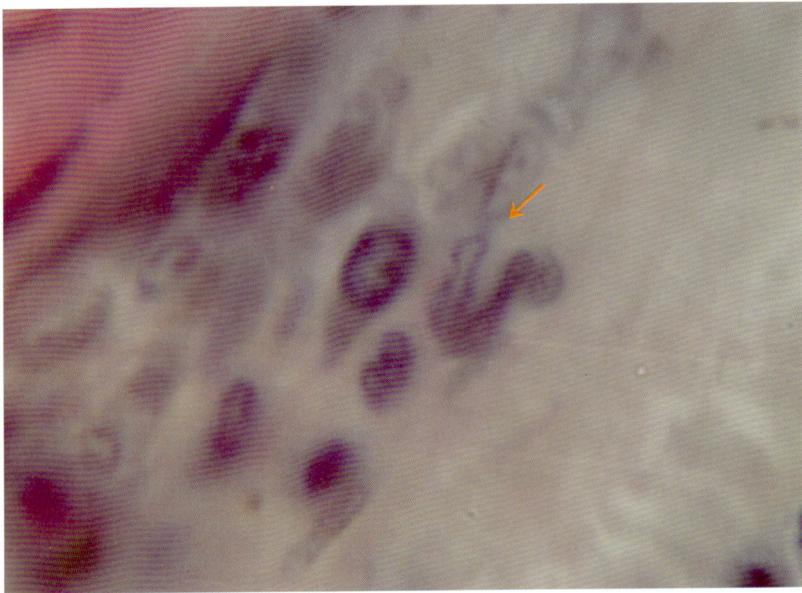

■ **图2-74　大白鼠视盘组织动力学（6）**

苏木素-伊红染色　×1 000

↙示色素上皮细胞流向。

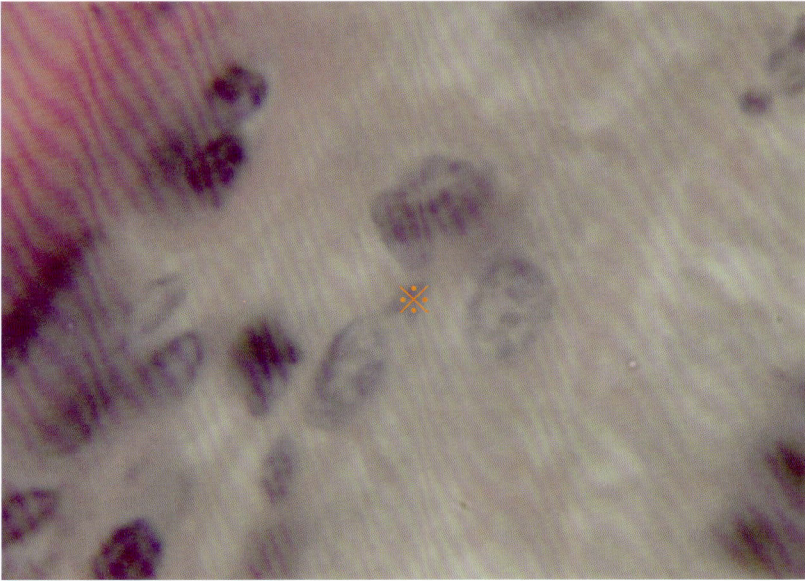

■ 图2-75 大白鼠视盘组织动力学（7）

苏木素–伊红染色 ×1 000

※示色素上皮细胞流整合成层。

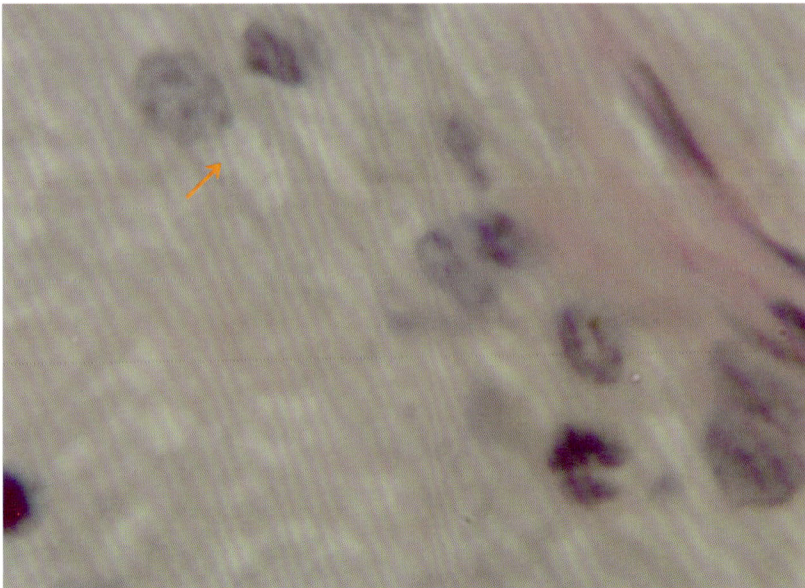

■ 图2-76 大白鼠视盘组织动力学（8）

苏木素–伊红染色 ×1 000

↗示色素上皮细胞流最内层细胞演化形成色素上皮细胞。

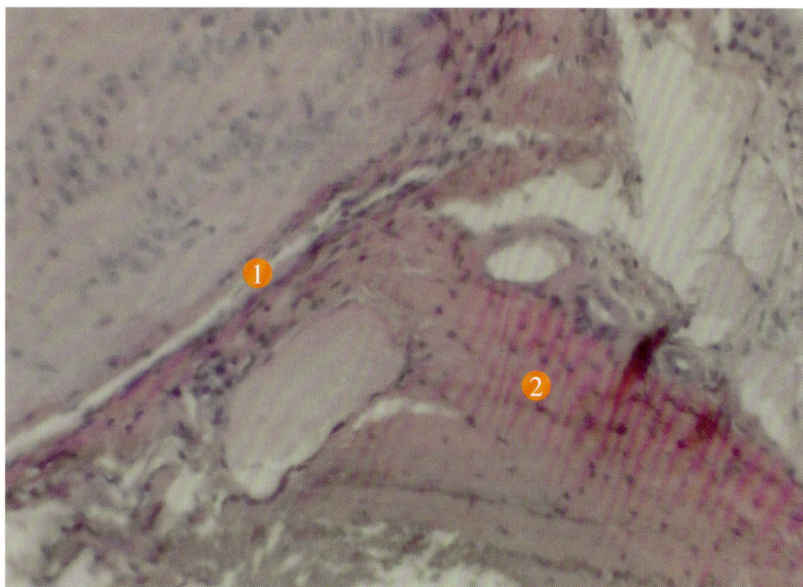

■ **图2-77 大白鼠视盘组织动力学（9）**

苏木素–伊红染色 ×200

❶示视神经衣；**❷**示巩膜。

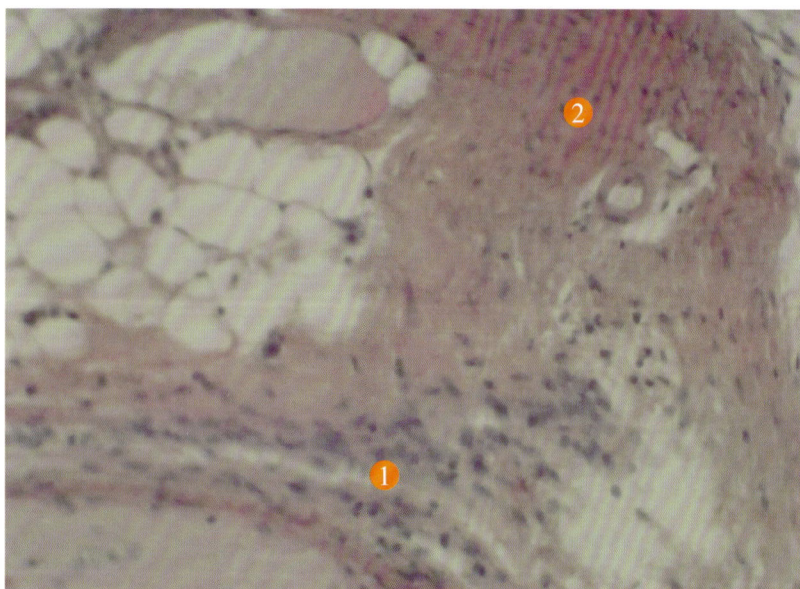

■ **图2-78 大白鼠视盘组织动力学（10）**

苏木素–伊红染色 ×200

❶示视神经衣；**❷**示巩膜。

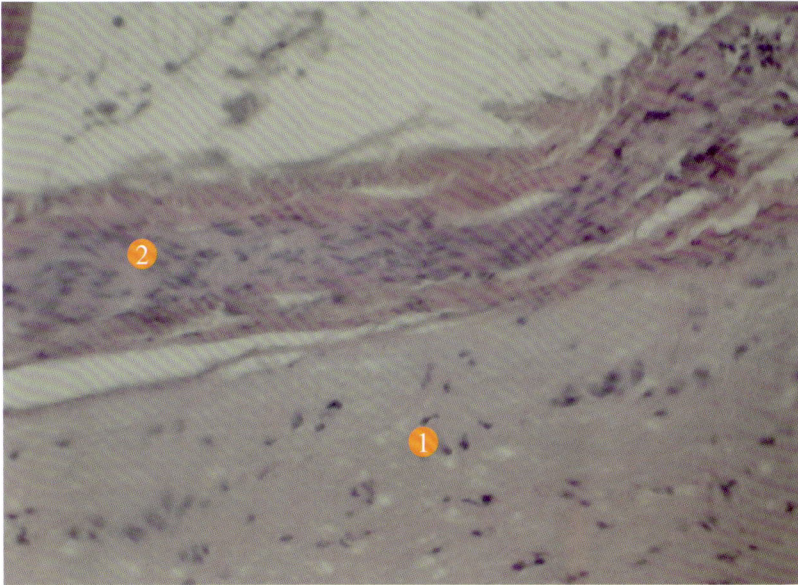

■ 图2-79　大白鼠视盘组织动力学（11）

苏木素–伊红染色　×200

❶示源自视柄内层的视神经；❷示源自视柄外层的神经源纤维组织束。

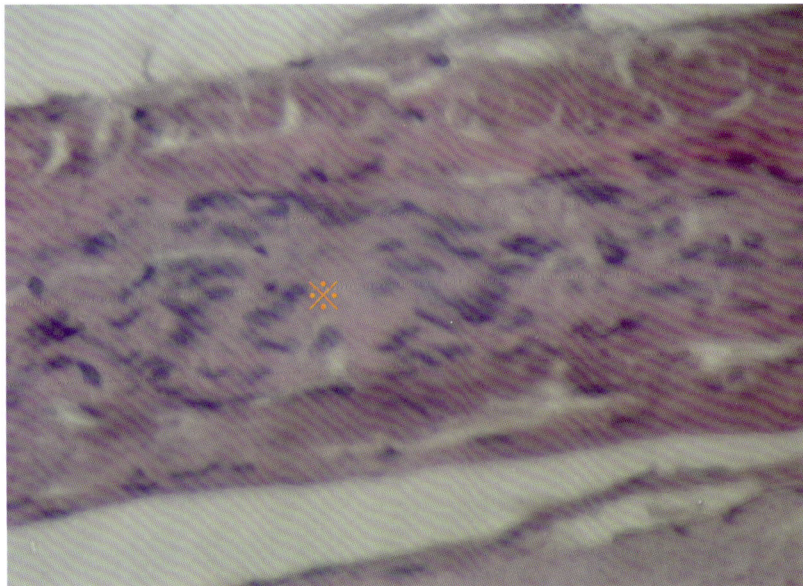

■ 图2-80　大白鼠视盘组织动力学（12）

苏木素–伊红染色　×400

※示源自视柄外层的神经源纤维组织束。

第二节　狗眼组织动力学

　　狗眼组织动力学分为视网膜层递演化、黄斑组织动力学、视网膜周向演化和视神经与视盘组织动力学四部分。

一、狗视网膜层递演化

　　与大白鼠视网膜相似，狗视网膜各层细胞均有其自身的增生与死亡细胞动力学过程，也有从内向外的层递演化和迁移过程。

（一）节细胞层组织动力学

　　狗视网膜节细胞层也可见直接分裂象（图2-81），并见直接分裂的下位细胞向内核层迁移（图2-82）。可观察到处于途中不同位置的迁移细胞（图2-83、图2-84），最终到达内核层，成为新的内核层细胞（图2-85）。

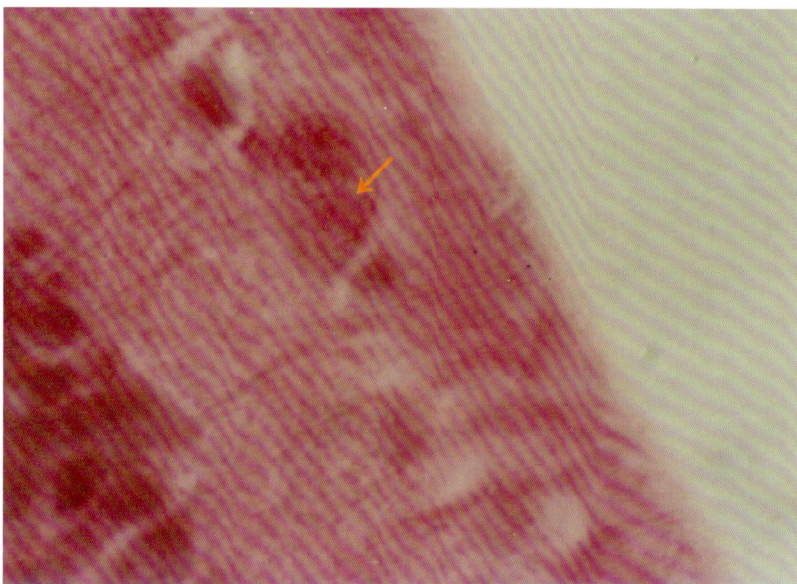

■ 图2-81　狗节细胞直接分裂
苏木素-伊红染色　×1 000
示狗视网膜节细胞直接分裂。

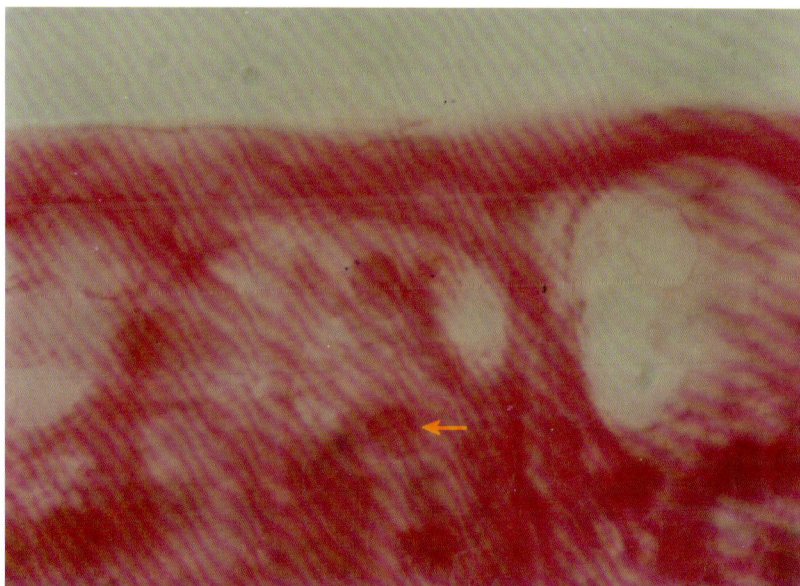

■ 图2-82　狗节细胞迁移（1）
苏木素-伊红染色　×1 000
示狗视网膜节细胞直接分裂后向内核层迁移。

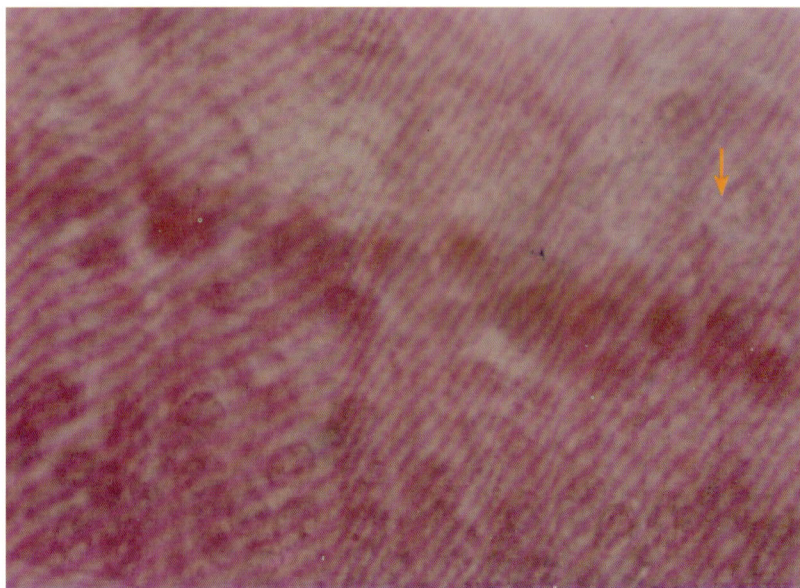

■ 图2-83 狗节细胞迁移（2）

苏木素−伊红染色 ×1 000

↓示视网膜节细胞向内核层迁移。

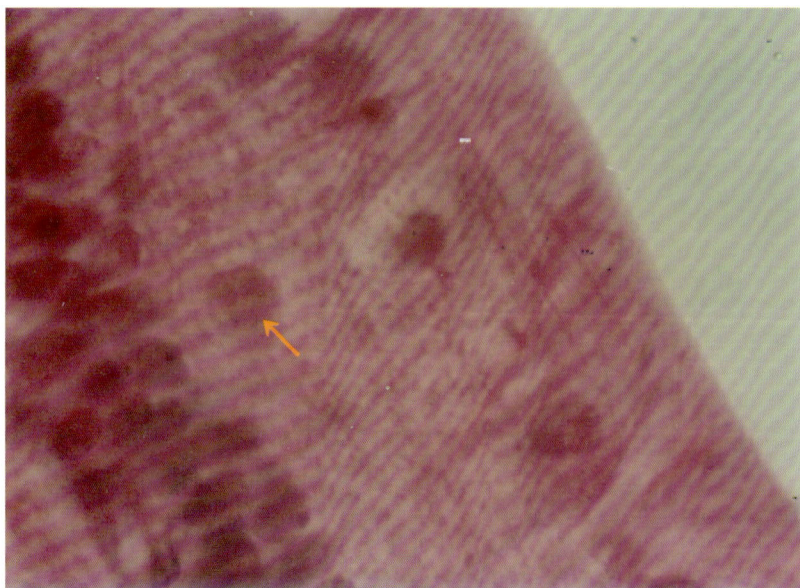

■ 图2-84 狗节细胞迁移（3）

苏木素−伊红染色 ×1 000

所示视网膜节细胞移近内核层。

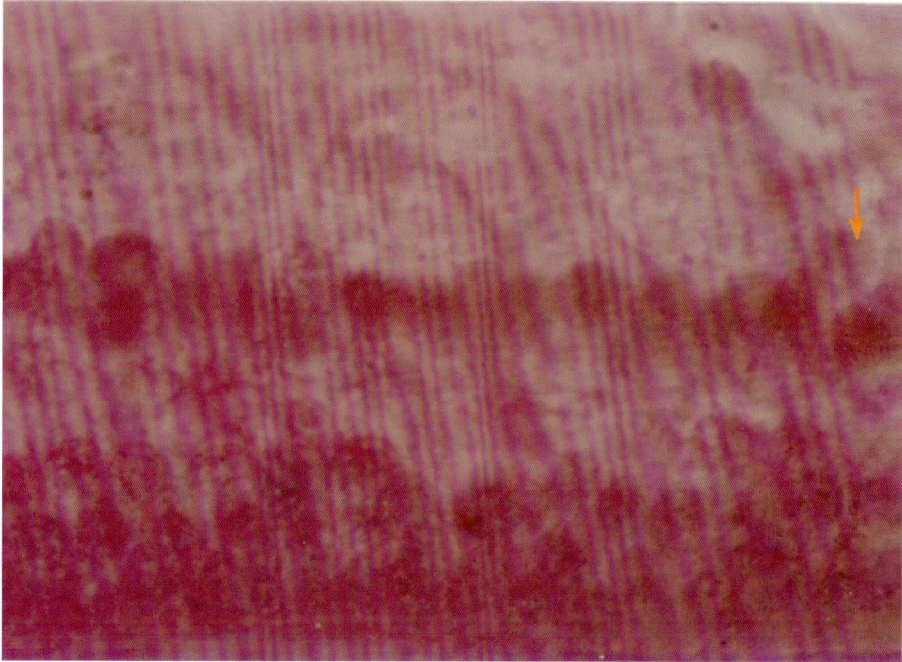

■ 图2-85 狗节细胞迁移（4）

苏木素-伊红染色 ×1 000

↓示新加入内核层的节细胞。

（二）内核层组织动力学

内核层可见不同位置迁移中的圆球形内核层细胞（图2 86、图2-87），迁移中细胞仍可进行直接分裂。狗视网膜外核层可见新由内核层迁移来的内核层细胞（图2-88）。有些迁移细胞则明显呈流线型变化（图2-89），有的还留下明显的原位空区及迁移轨迹（图2-90）。有时甚至可见内核层细胞成集群性迁往外核层（图2-91）。

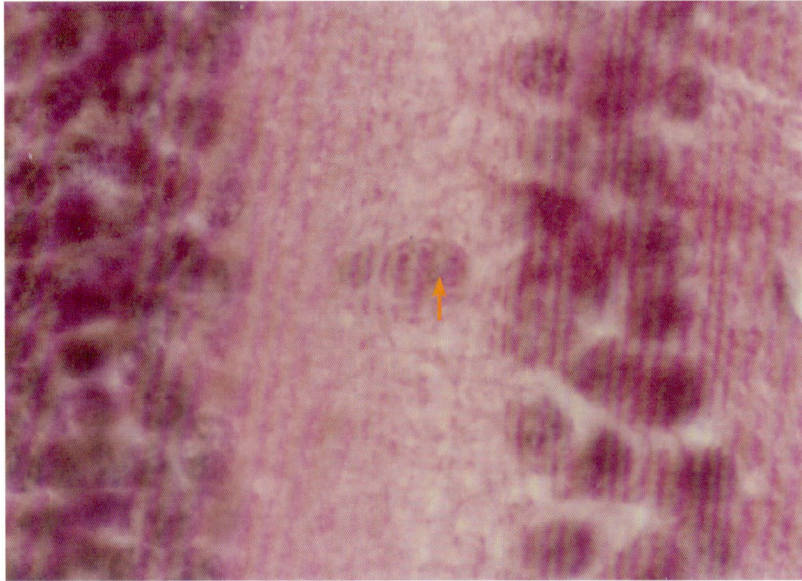

■ 图2-86　狗内核层细胞迁移（1）

苏木素-伊红染色　×1 000

↑示向外核层迁移，直接分裂中的内核层细胞。

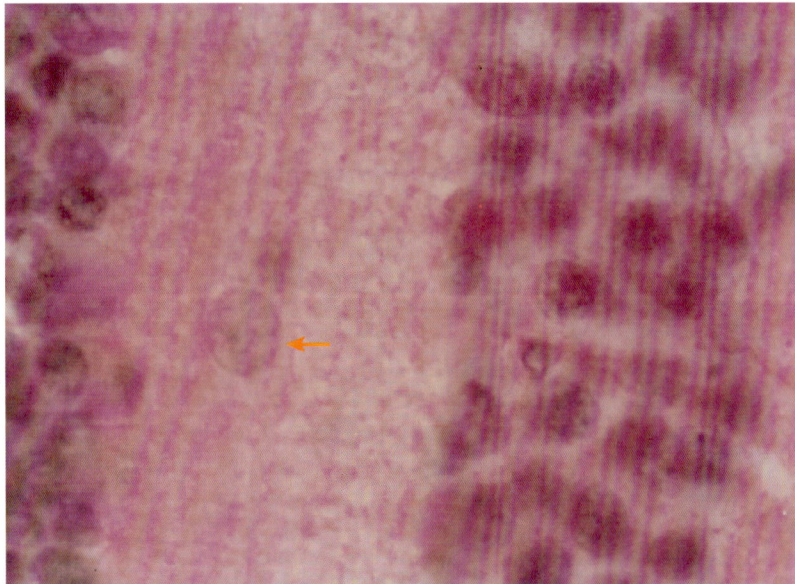

■ 图2-87　狗内核层细胞迁移（2）

苏木素-伊红染色　×1 000

←示内核层细胞向外核层迁移。

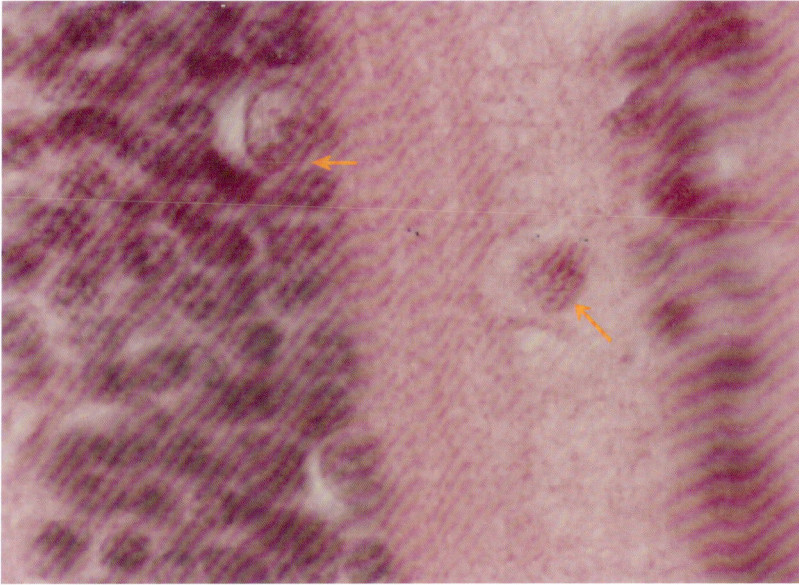

■ 图2-88　狗内核层细胞迁移（3）

苏木素–伊红染色　×1 000

↖ 示从内核层向外核层迁移的细胞。 ← 示新加入外核层的内核层细胞。

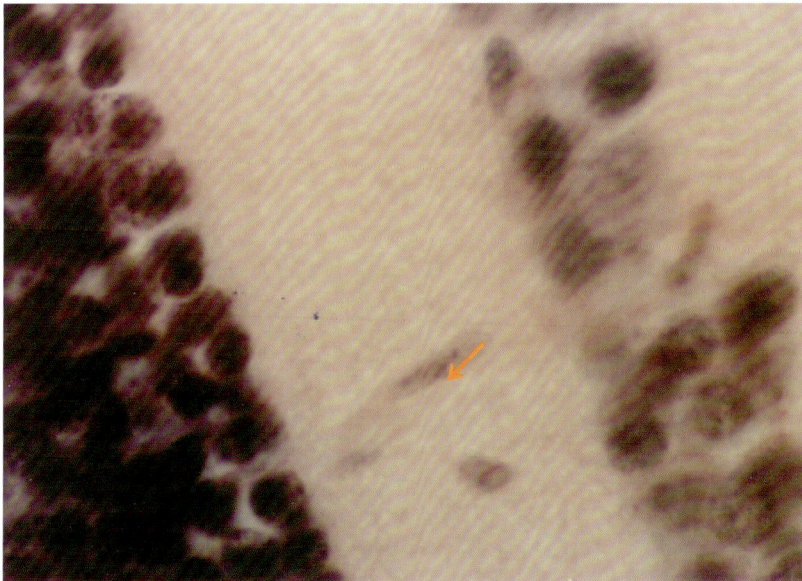

■ 图2-89　狗内核层细胞迁移（4）

苏木素–伊红染色　×1 000

↙ 示迁移细胞的流线型变化。

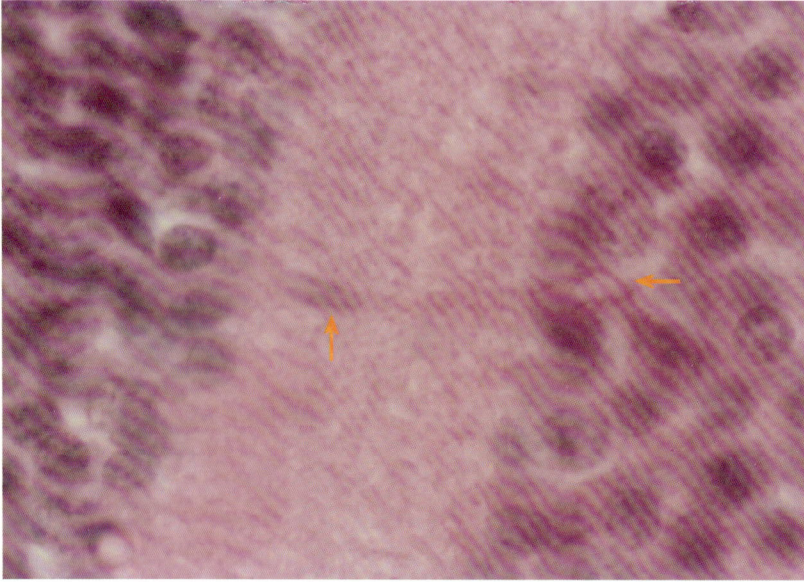

■ 图2-90　狗内核层细胞迁移（5）

苏木素-伊红染色　×1 000

↑示迁移细胞的流线型变化。 ←示迁移细胞原位空区。

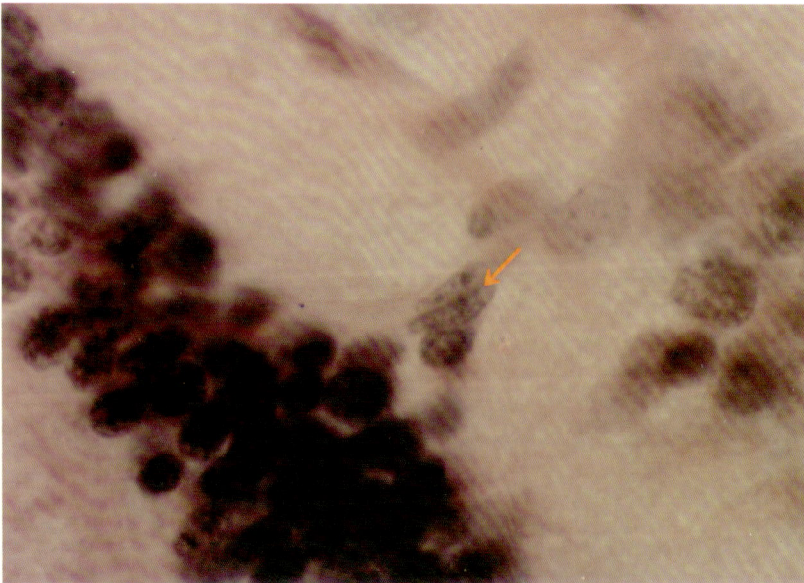

■ 图2-91　狗内核层细胞迁移（6）

苏木素-伊红染色　×1 000

↙示内核层细胞群体性迁移向外核层。

（三）外核层组织动力学

狗视网膜外核层细胞也属濒危细胞，细胞核多呈核固缩，向外界膜拥挤（图2-92）。

尽管有外界膜阻拦，仍可见部分外核层细胞核骑跨外界膜（图2-93、图2-94），以至于越过外界膜像飞蛾扑火样地趋向色素上皮层（图2-95、图2-96）。远离中心区的狗视网膜外核层外节明显多呈锥体状（图2-96）。

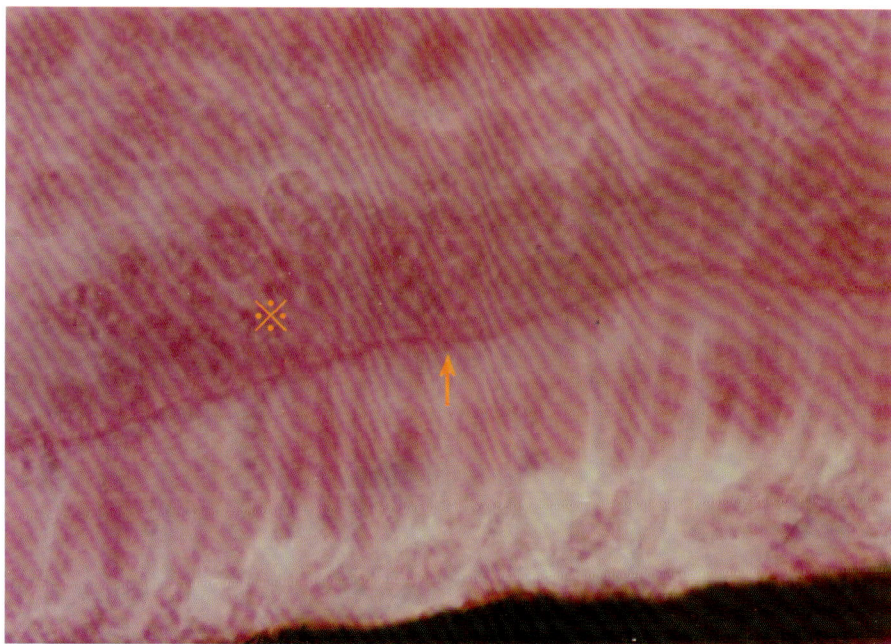

■ **图2-92　狗视网膜外核层**

苏木素-伊红染色　×1 000

※ 示拥挤的外核层细胞核。↑ 示外界膜。

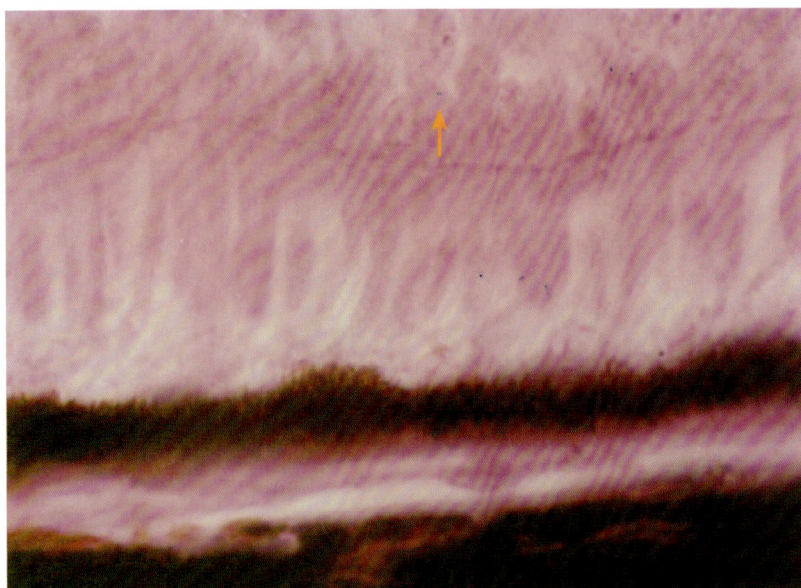

■ 图2-93 狗外核层细胞迁移（1）

苏木素–伊红染色 ×1 000

↑示跨外界膜的外核层细胞核。

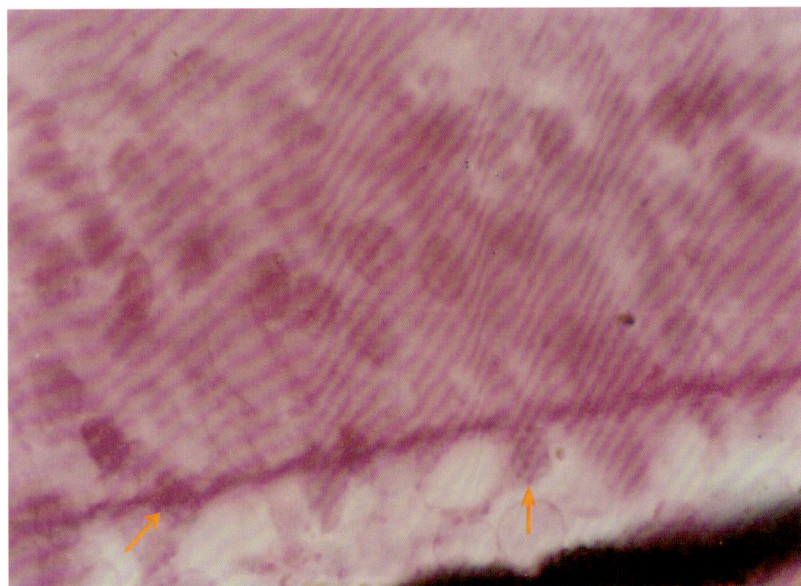

■ 图2-94 狗外核层细胞迁移（2）

苏木素–伊红染色 ×1 000

↗示跨外界膜的外核层细胞核。↑示越过外界膜向色素上皮层
迁移的外核层细胞核。

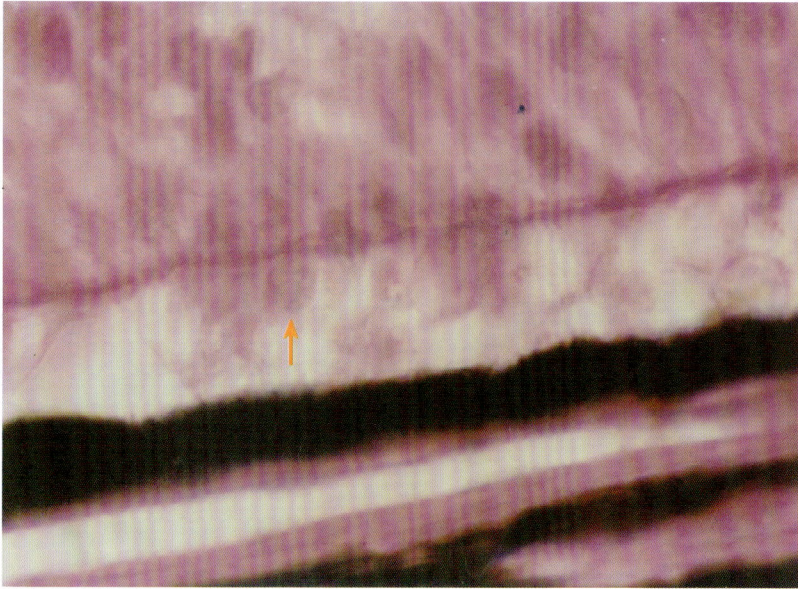

■ 图2-95　狗外核层细胞迁移（3）

苏木素–伊红染色　×1 000

↑示越过外界膜向色素上皮层迁移的外核层细胞核。

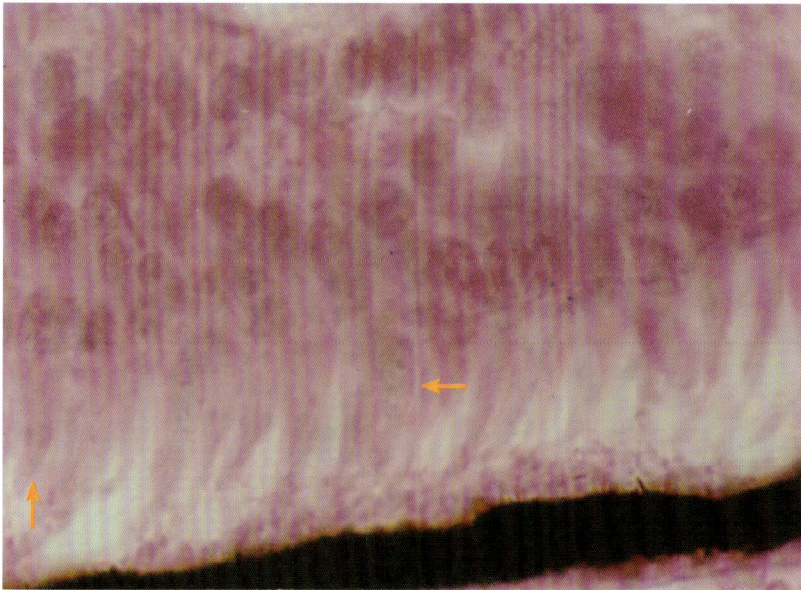

■ 图2-96　狗外核层细胞迁移（4）

苏木素–伊红染色　×1 000

←示锥状式细胞外节。↑示越过外界膜向色素上皮层迁移的外核层细胞核。

二、狗黄斑组织动力学

黄斑区可分为中央凹和黄斑周缘部两部分。

（一）中央凹组织动力学

黄斑中心凹陷，称为中央凹，只有外核层细胞及其覆盖层（图2-97）。狗视网膜中央凹视细胞外侧突的外节呈紧密排列的长杆状（图2-98～图2-100），外核层视细胞亦为危亡细胞，细胞核多见核固缩、核脱色或核碎裂（图2-101、图2-102）。

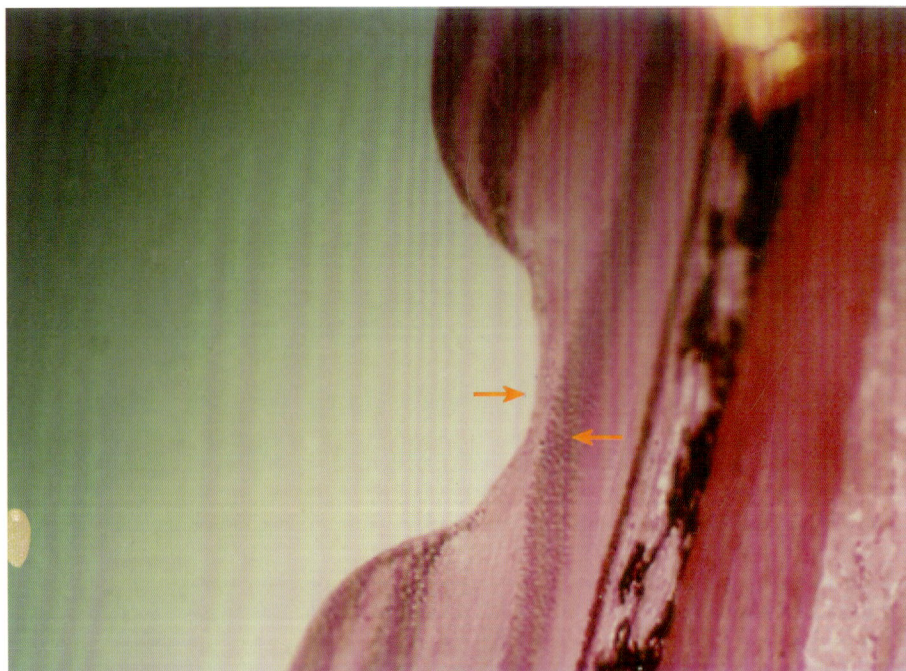

■ 图2-97 狗黄斑

苏木素-伊红染色 ×100

→ 示黄斑中央凹。 ← 示外核层。

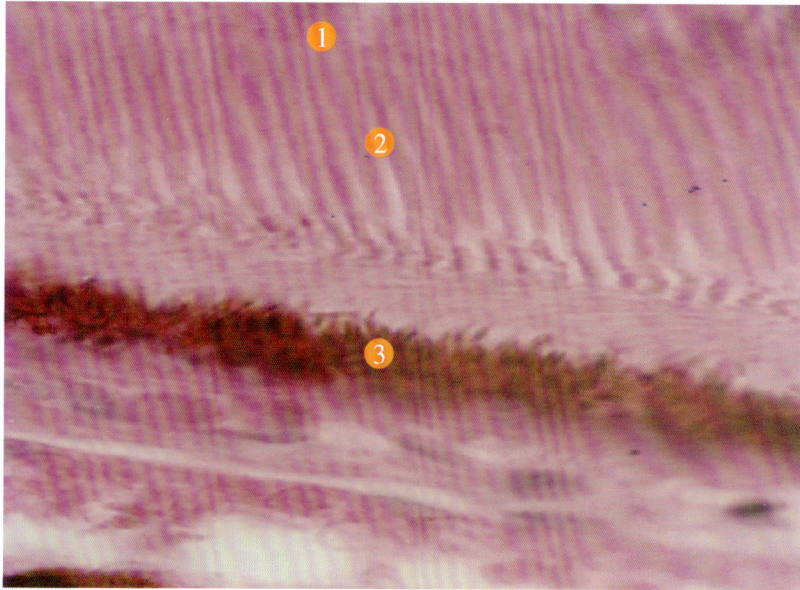

■ 图2-98　狗黄斑中央凹（1）
苏木素–伊红染色　×1 000
❶示外界膜；❷示视杆层；❸示色素上皮层。

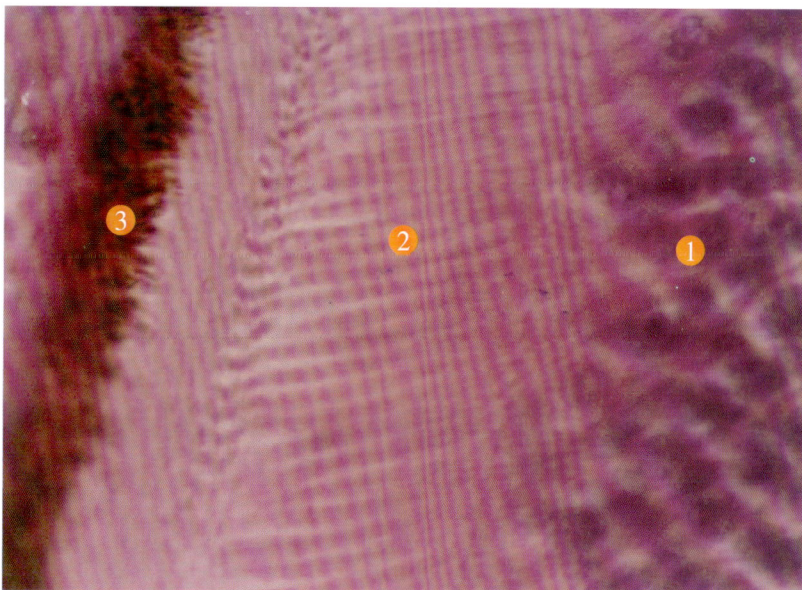

■ 图2-99　狗黄斑中央凹（2）
苏木素–伊红染色　×1 000
❶示外核层；❷示视杆层；❸示色素上皮层。

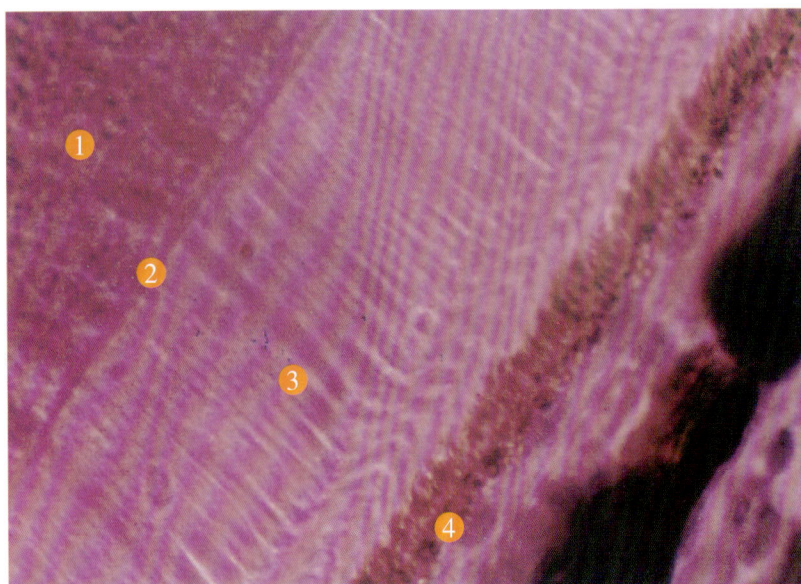

■ 图2-100　狗黄斑中央凹（3）

苏木素-伊红染色　×1 000

❶示外核层；❷示外界膜；❸示视杆层；❹示色素上皮层。

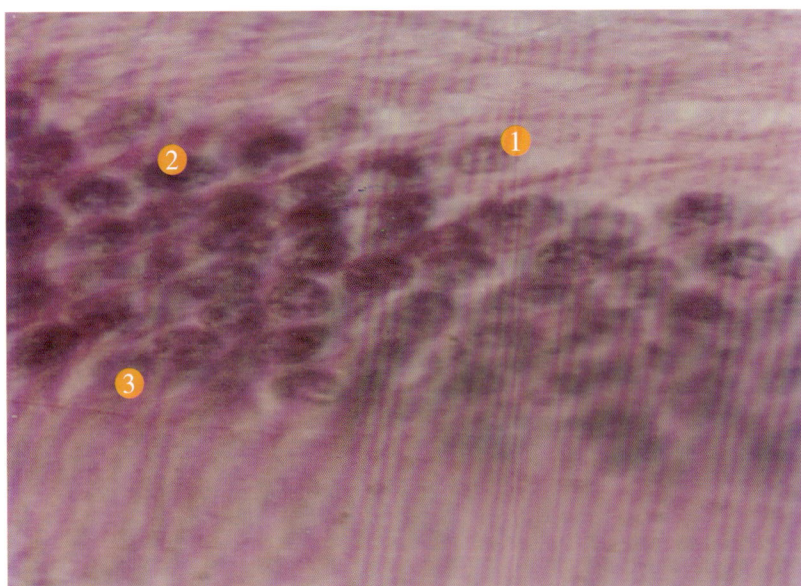

■ 图2-101　狗黄斑中央凹（4）

苏木素-伊红染色　×1 000

❶示新迁来外核层细胞；❷示核固缩；❸示核褪色。

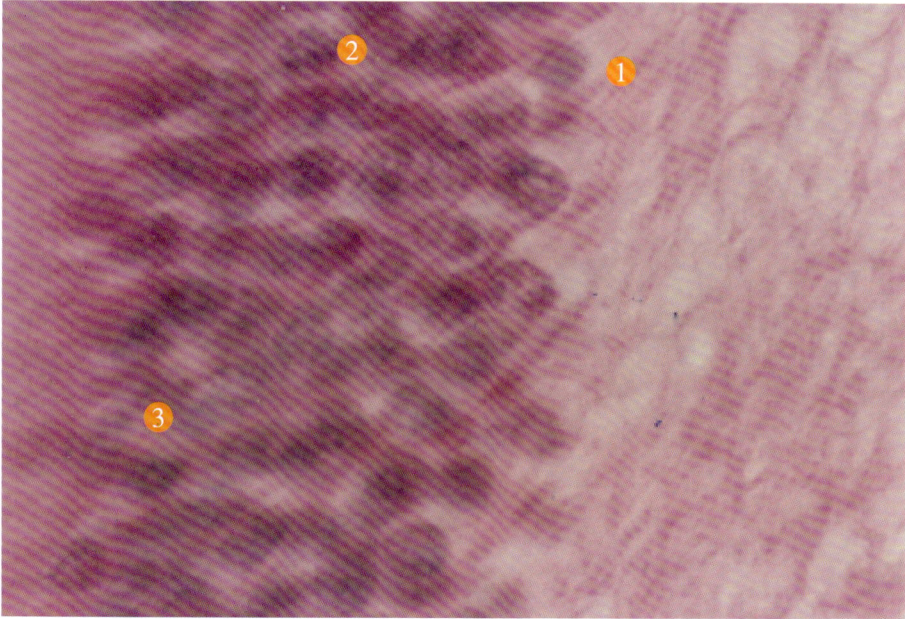

■ 图2-102　狗黄斑中央凹（5）

苏木素-伊红染色　×1 000

❶示新迁来外核层细胞；❷示核固缩；❸示核褪色。

（二）黄斑周缘部组织动力学

中央凹边缘的视网膜节细胞层与内核层细胞为避免光损害而靠向黄斑周缘部（图2-103、图2-104）。渐离黄斑中央凹的周缘部节细胞层与内核层细胞受适宜光诱导，大量增殖，明显逐渐增厚（图2-105～图2-107）。

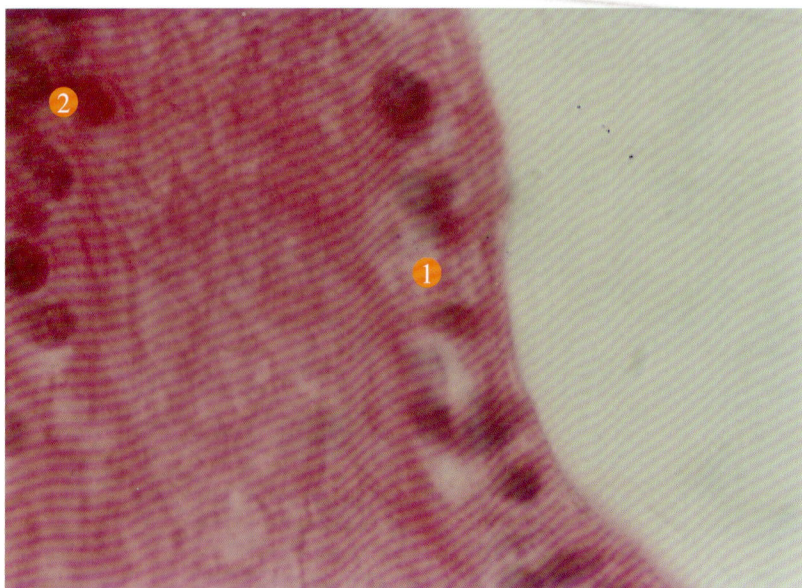

图2-103　狗黄斑周缘部（1）

苏木素-伊红染色　×1 000

❶示覆盖层；❷示中央凹沿内核层。

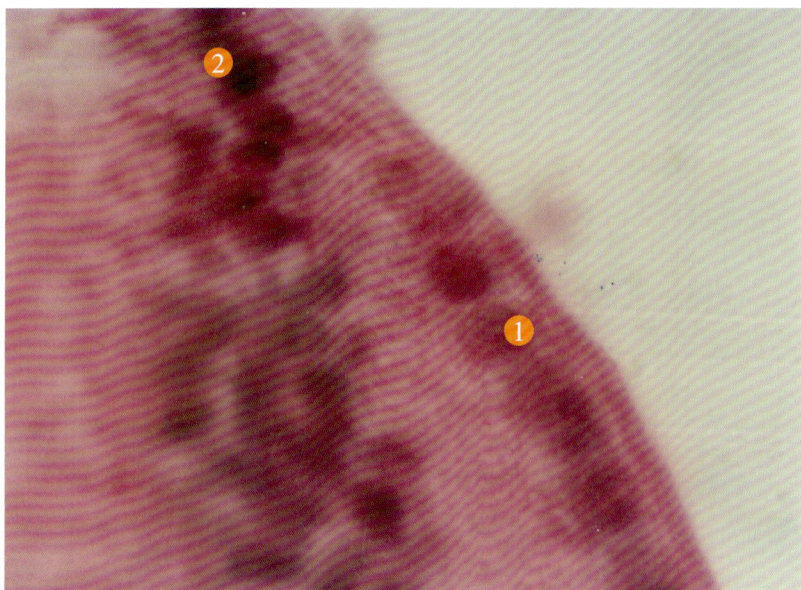

图2-104　狗黄斑周缘部（2）

苏木素-伊红染色　×1 000

❶示覆盖层；❷示中央凹沿内核层起始部。

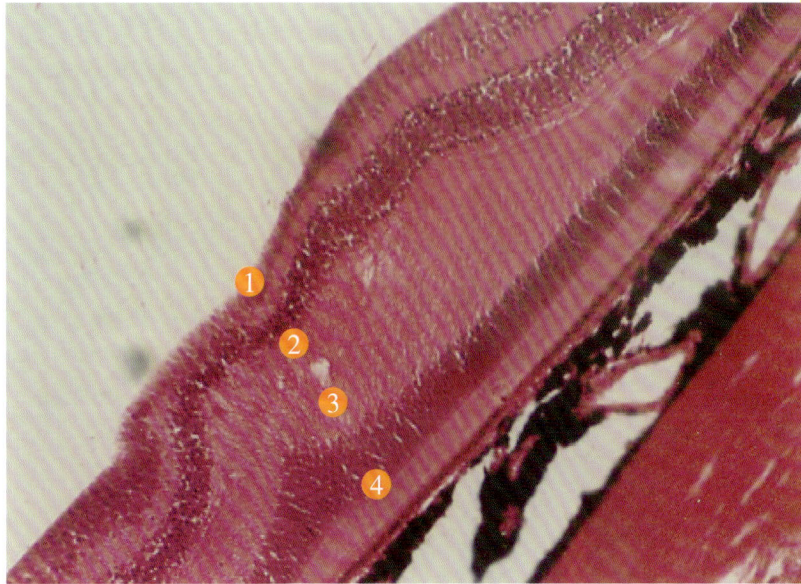

■ 图2-105 狗黄斑周缘部（3）

苏木素-伊红染色 ×100

❶示节细胞层变薄；❷示内核层变薄；❸示外网层增厚；❹示外核层增厚。

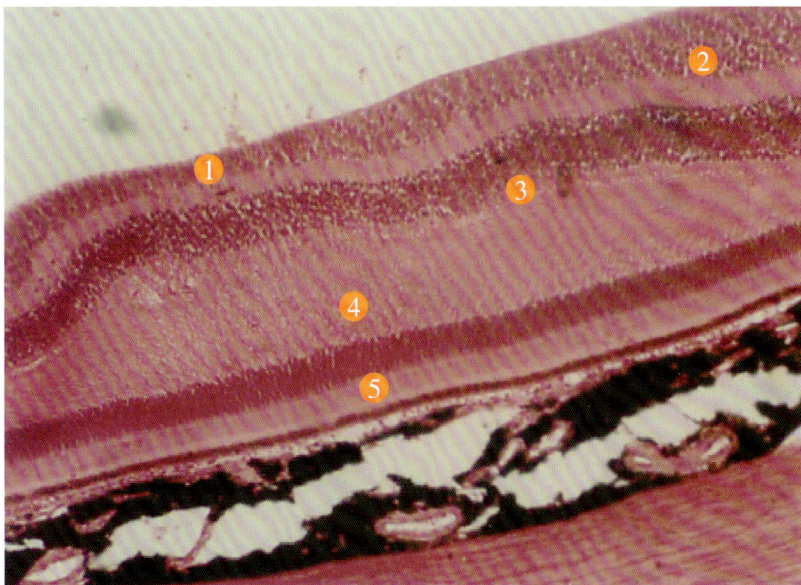

■ 图2-106 狗黄斑周缘部（4）

苏木素-伊红染色 ×100

❶示近中央凹节细胞层渐薄；❷示中央凹周围节细胞层增厚；❸示内核层增厚；❹示外网层增厚；❺示外核层。

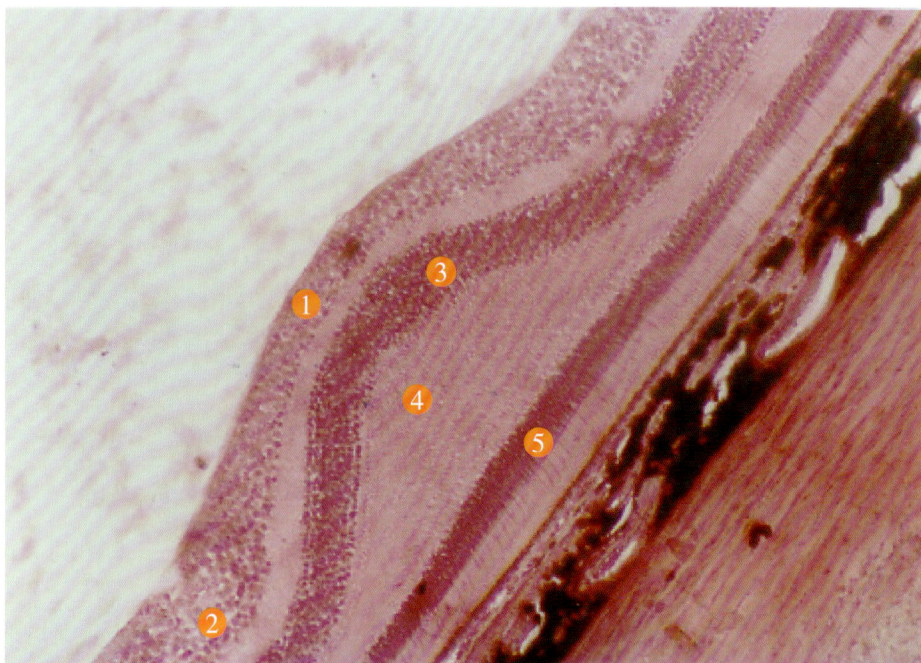

■ 图2-107　狗黄斑周缘部（5）

苏木素-伊红染色　×100

❶示较近中央凹节细胞层渐薄；❷示中央凹周围节细胞层增厚；❸示
内核层增厚；❹示外网层增厚；❺示外核层增厚。

三、狗视网膜周向演化

（一）视网膜周向演化梯度

　　狗视网膜也以视盘和黄斑为双生长中心，视盘是极终生长源，黄斑
周缘部为继发生长源，但黄斑周缘部受适宜光刺激诱导视网膜各层细胞迅
速大量增生，由其产生的周向生长势远超过视盘的生长势，二者共同组成
视网膜双生长中心，不断使视网膜向周边生长推移，并与视网膜层递演化
共同造成视网膜从中心到周边的结构演化梯度，节细胞层逐渐变薄，至细
胞稀少，内核层逐渐变薄（图2-108～图2-111），而外核层变化较晚，
且不明显。近周边部节细胞已极稀少，内核层与外核层逐渐接近融合（图
2-112、图2-113）。

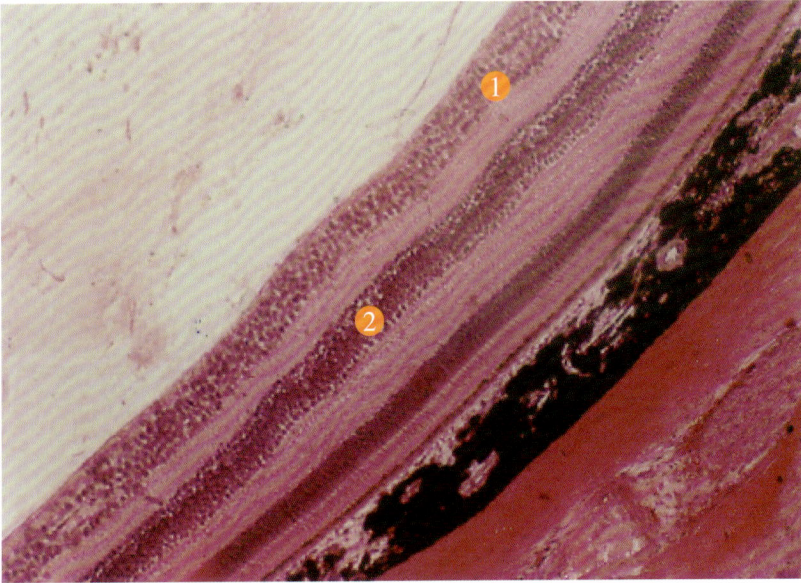

■ 图2-108　狗视部中心区视网膜
苏木素-伊红染色　×100
❶示节细胞层厚；❷示内核层较厚。

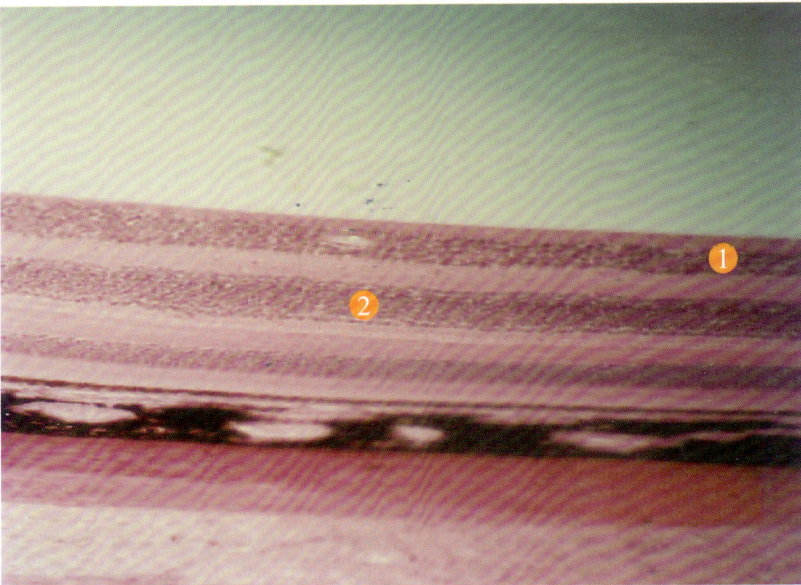

■ 图2-109　狗近中心区视网膜视部
苏木素-伊红染色　×50
❶示节细胞层逐渐变薄；❷示内核层较厚。

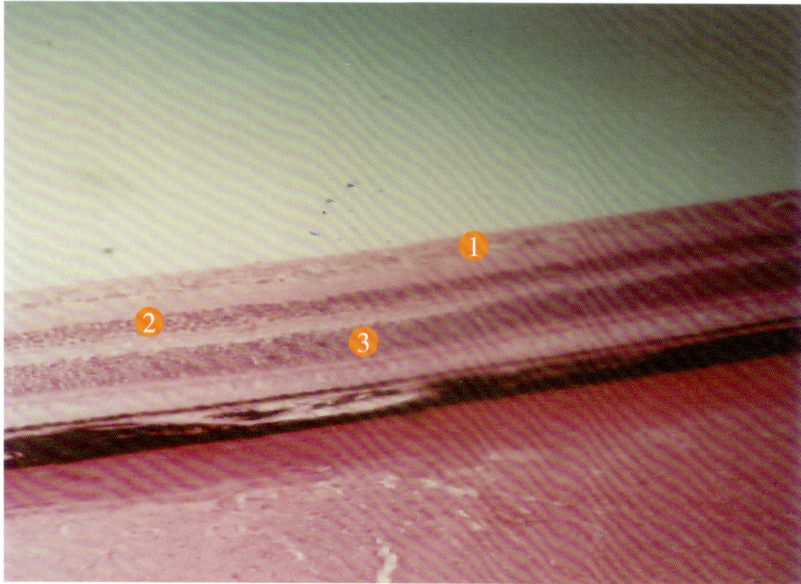

■ 图2-110　狗远中心区视网膜视部（1）

苏木素-伊红染色　×50

❶示节细胞层细胞稀疏；❷示内核层变薄；❸示外核层厚度不变。

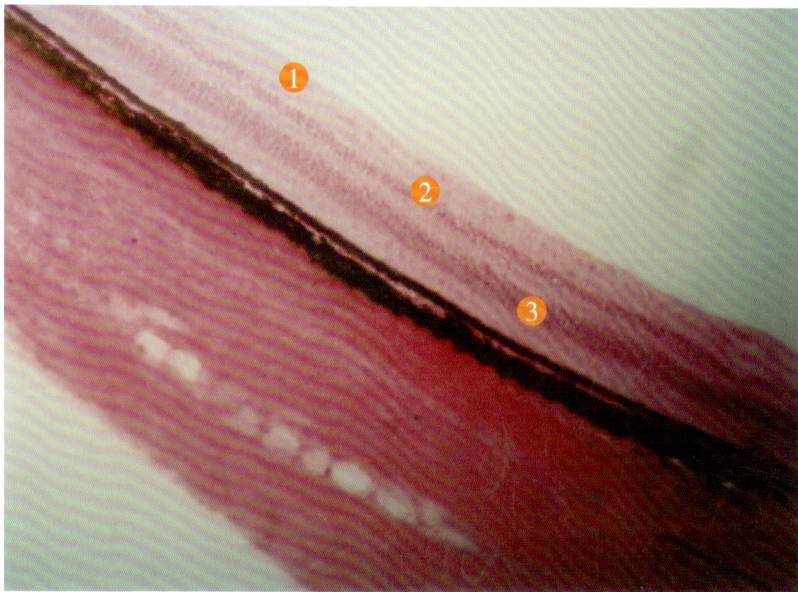

■ 图2-111　狗远中心区视网膜视部（2）

苏木素-伊红染色　×50

❶示节细胞层细胞更稀疏；❷示内核层更薄；❸示外核层略显变薄。

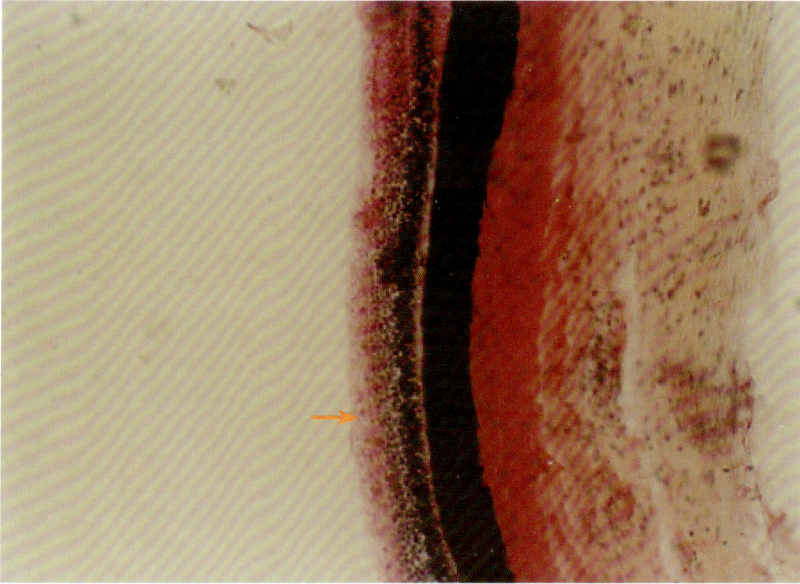

■ 图2-112　狗视网膜视部周边区（1）

苏木素-伊红染色　×100

→示边缘区视网膜节细胞稀少，内核层与外核层逐渐接近。

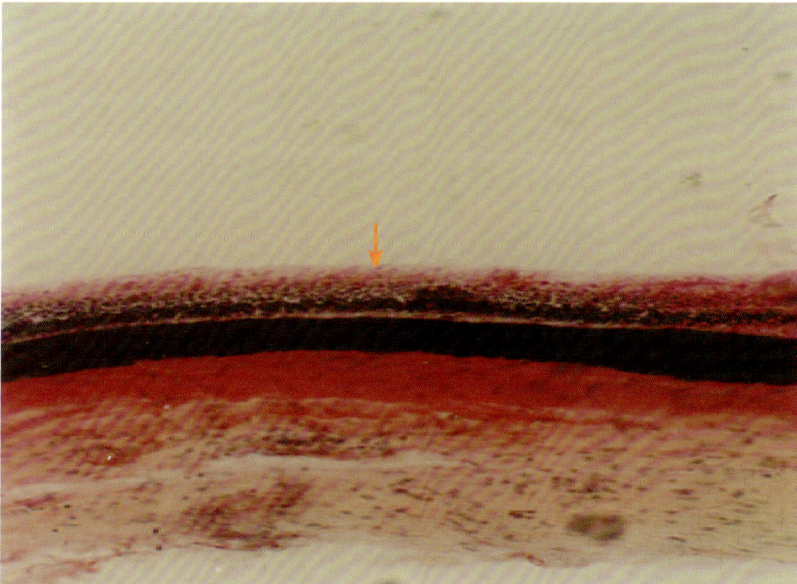

■ 图2-113　狗视网膜视部周边区（2）

苏木素-伊红染色　×100

↓示边缘区视网膜节细胞稀少，内核层与外核层几近融合。

（二）视网膜盲部组织动力学

狗视网膜视部边缘可经较宽移行区逐渐移行为盲部（图2-114），但也见以视网膜环静脉为界戛然变为盲部（图2-115、图2-116）。有时可见交界部因视部边缘向前推移受阻形成前倾视网膜皱褶（图2-117），或后倾视网膜皱褶（图2-118），有时则以多波皱褶逐渐移行为盲部（图2-119）。视网膜皱褶也可出现于视网膜视部深部，视网膜自视锥视杆层以外九层形成皱褶，而色素上皮层保留，很像生理性的视网膜脱离（图2-120、图2-121）。

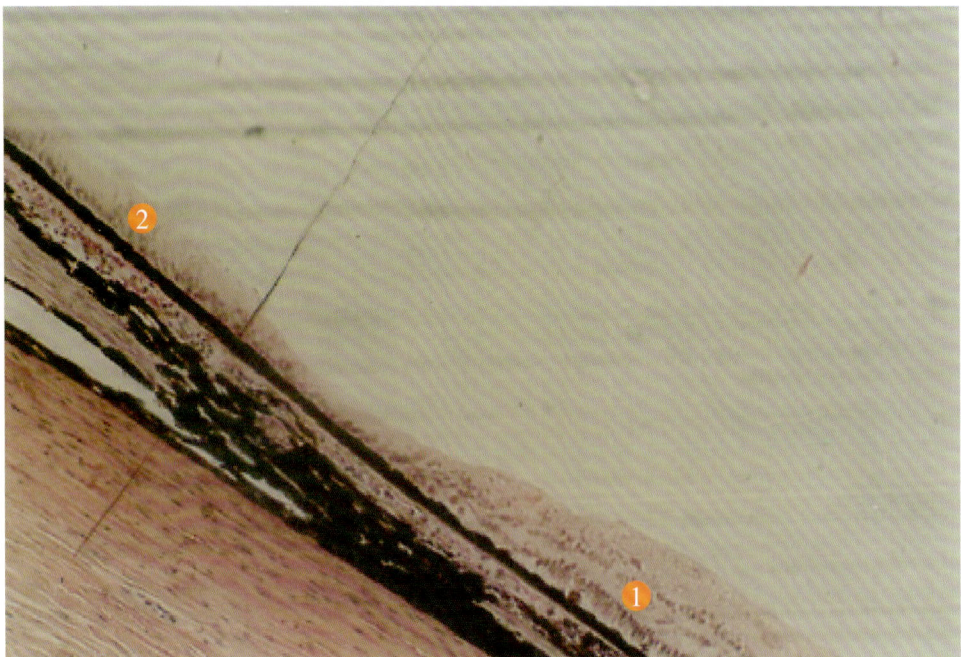

■ 图2-114 狗视网膜边缘区（1）
苏木素-伊红染色 ×100
❶示视网膜视部；❷示视网膜移行区。

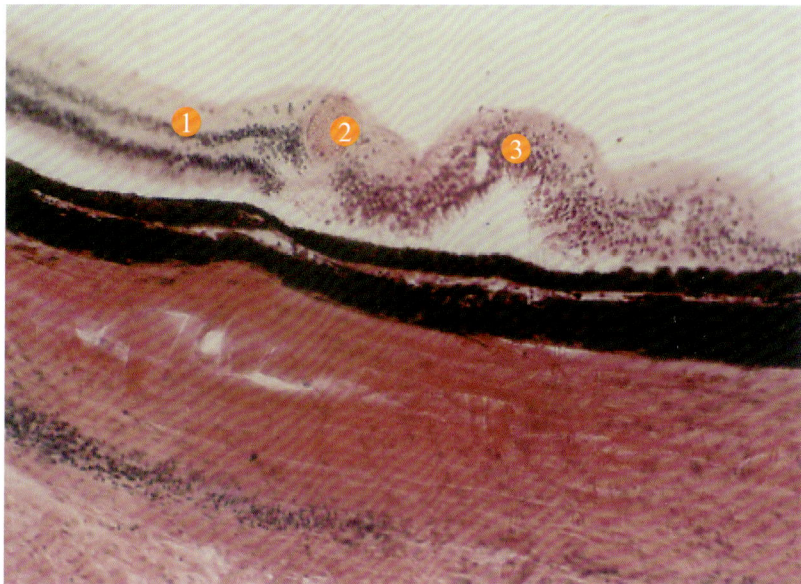

■ 图2-115 狗视网膜边缘区（2）

苏木素-伊红染色 ×100

❶示视网膜视部；❷示视网膜环静脉；❸示视网膜盲部。

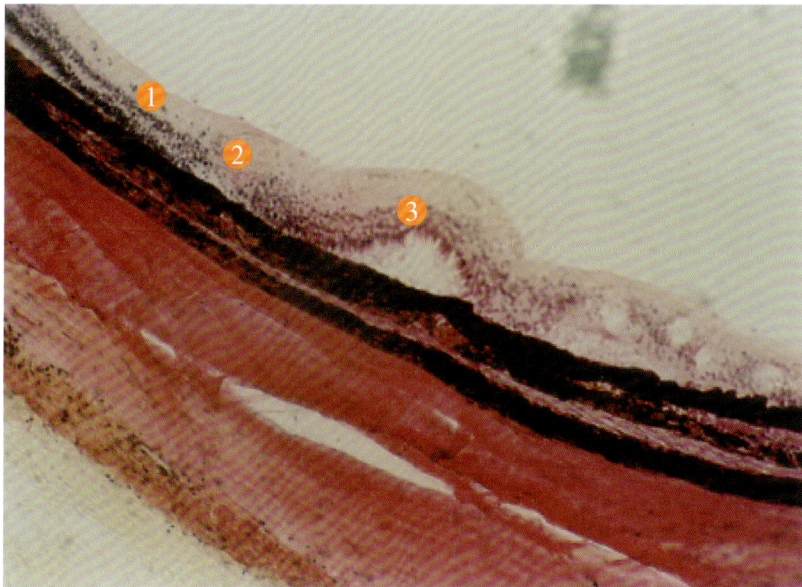

■ 图2-116 狗视网膜边缘区（3）

苏木素-伊红染色 ×100

❶示视网膜视部；❷示视网膜环静脉；❸示视网膜盲部。

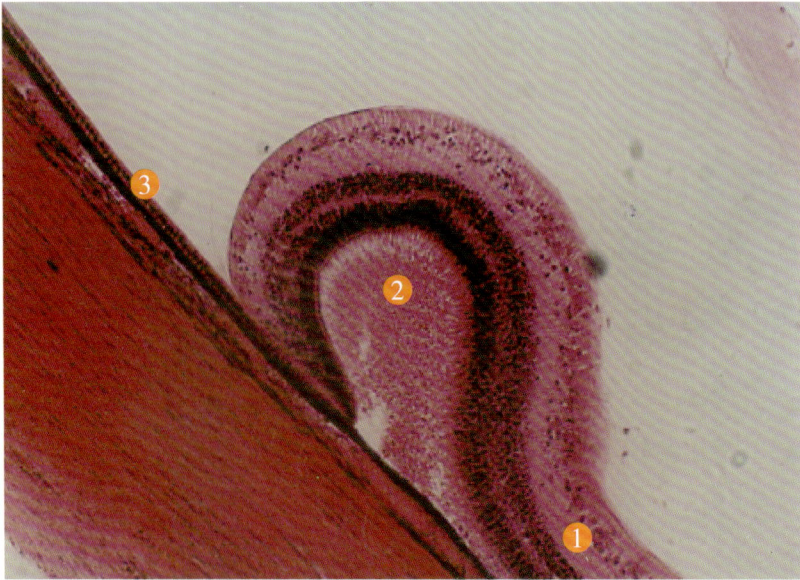

■ 图2-117　狗边缘区视网膜皱褶（1）

苏木素-伊红染色　×100

❶示视网膜视部；❷示视网膜前皱褶；❸示盲部。

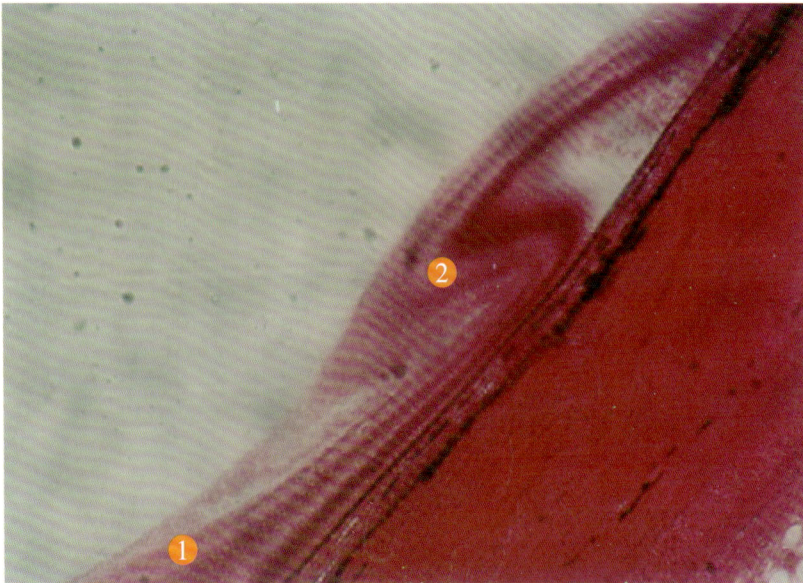

■ 图2-118　狗边缘区视网膜皱褶（2）

苏木素-伊红染色　×50

❶示视网膜视部；❷示视网膜皱褶。

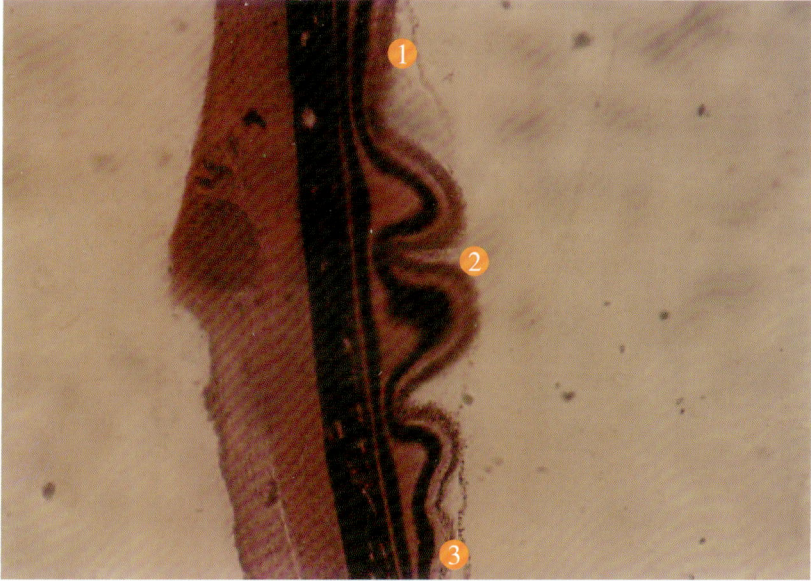

■ 图2-119　狗边缘区视网膜皱褶（3）

苏木素-伊红染色　×50

❶示视网膜视部；❷示视网膜皱褶区；❸示移行部。

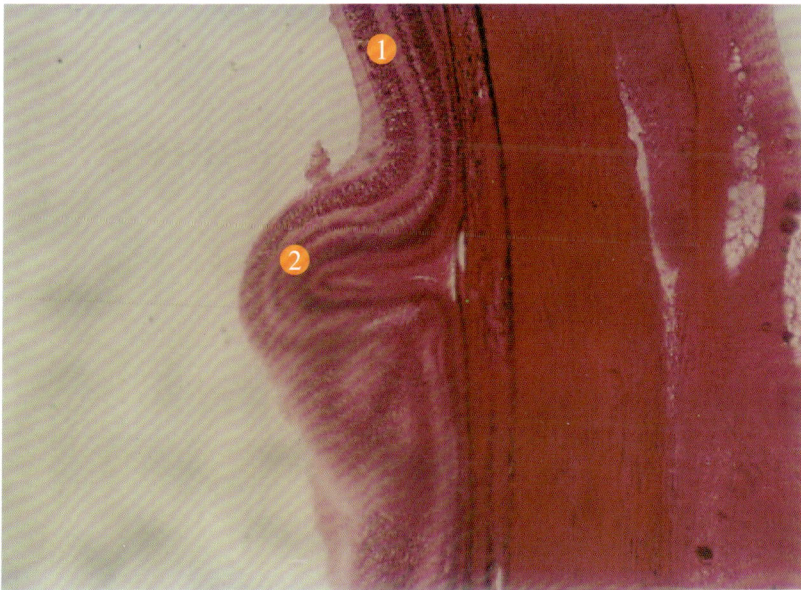

■ 图2-120　狗视部视网膜皱褶（1）

苏木素-伊红染色　×50

❶示视网膜视部；❷示视网膜皱褶。

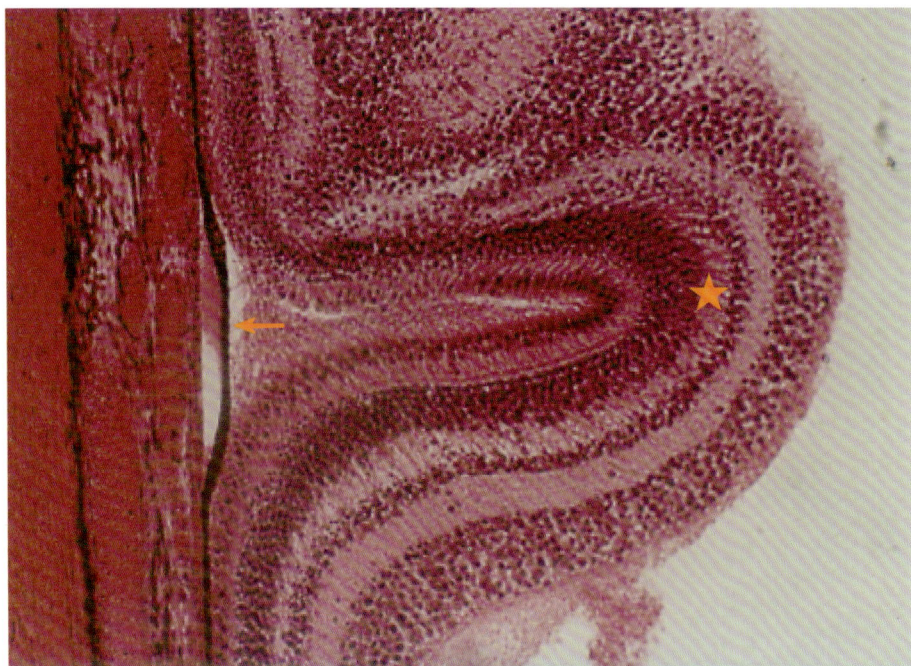

■ 图2-121　狗视部视网膜皱褶（2）

苏木素-伊红染色　×100

★示包括视部内九层的视网膜皱褶。◀━示色素上皮层。

四、狗视神经与视盘组织动力学

　　视盘区域无视网膜结构，外连视神经(图2-122、图2-123)。视神经是视网膜干细胞的最终来源，其中深染纵向条纹是视神经束细胞链式同源细胞群（图2-124）。视盘边缘可见视神经属来源的干细胞迁移演化为视网膜有关细胞层（图2-125、图2-126）。

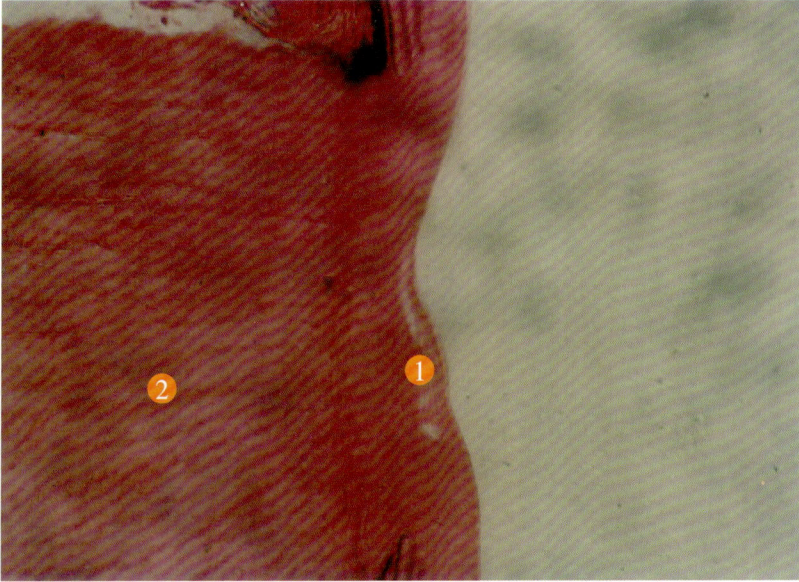

■ 图2-122　狗视盘与视神经（1）

苏木素–伊红染色　×50

❶示视盘；❷示视神经。

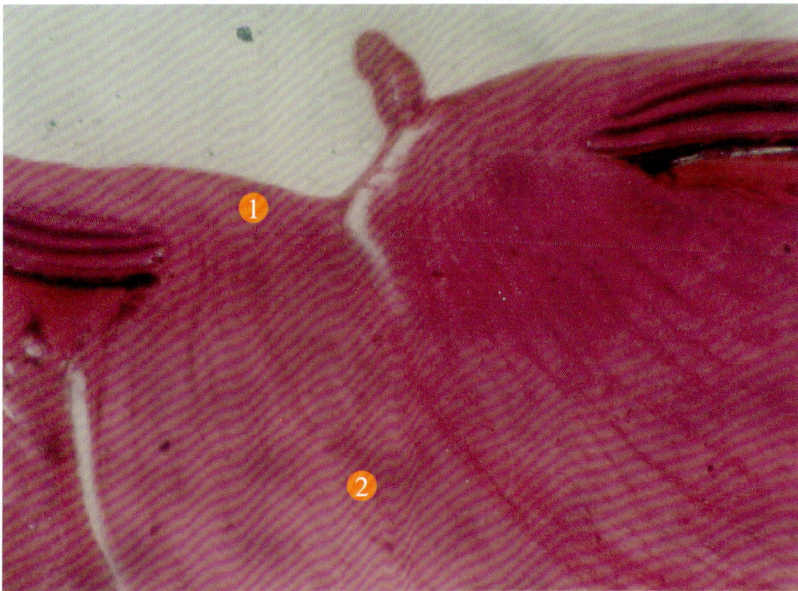

■ 图2-123　狗视盘与视神经（2）

苏木素–伊红染色　×50

❶示视盘；❷示视神经。

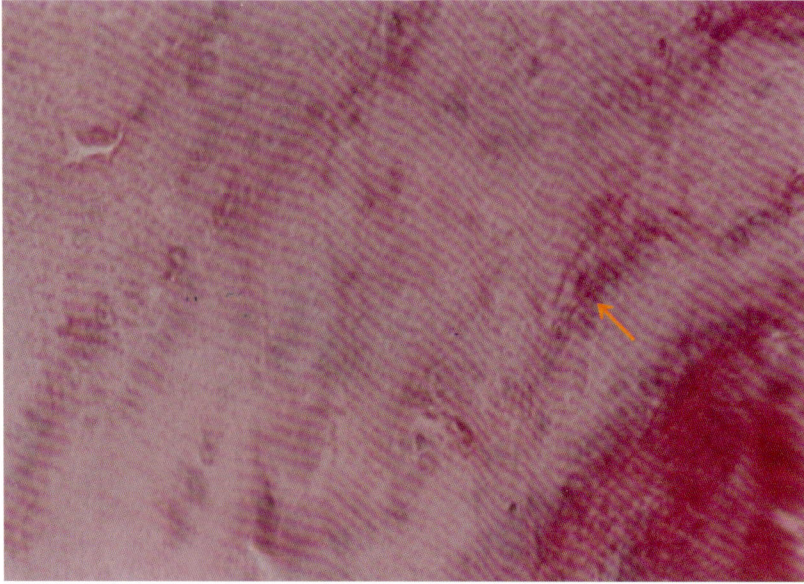

■ 图2-124　狗视神经演化

苏木素−伊红染色　×1 000

示狗视神经束细胞串式同源细胞群。

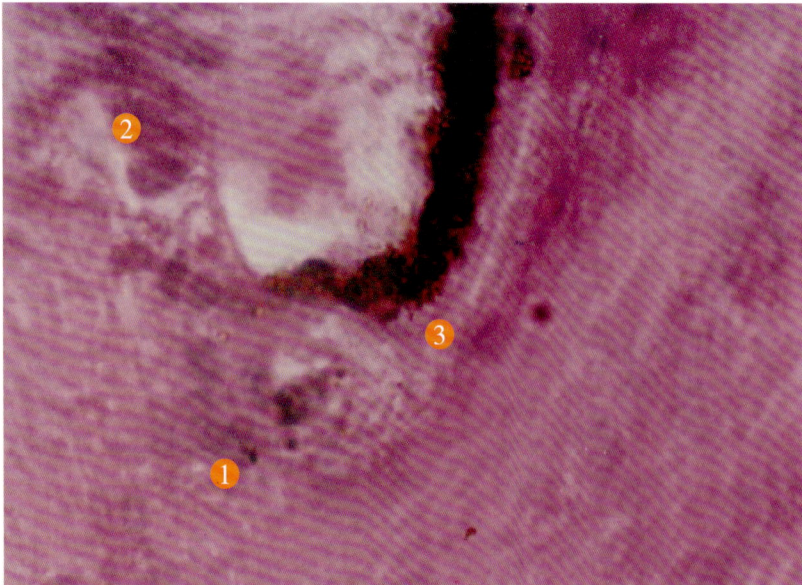

■ 图2-125　狗视盘演化（1）

苏木素−伊红染色　×1 000

❶示视神经源干细胞流；❷示内核层；❸示色素上皮层。

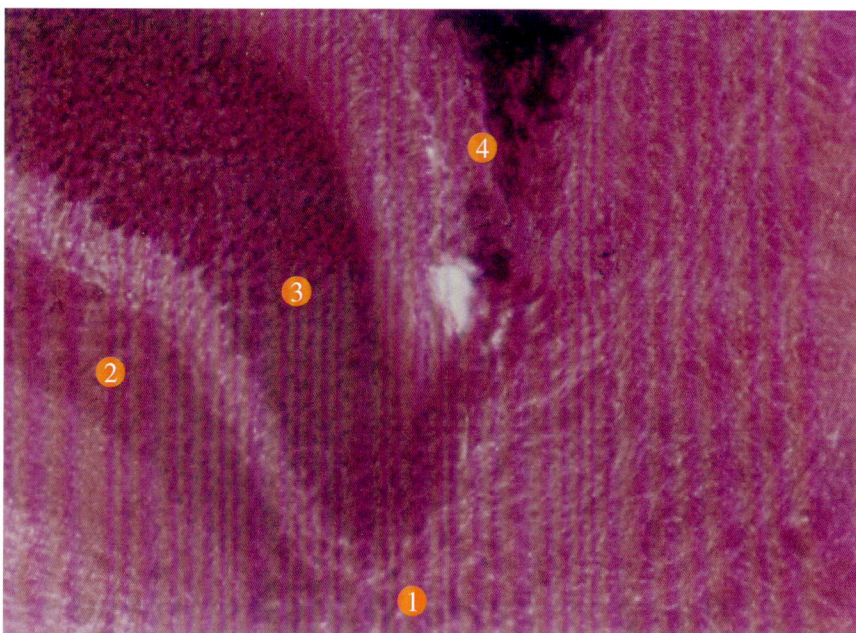

■ 图2-126　狗视盘演化（2）

苏木素-伊红染色　×400

❶示视神经源干细胞流；❷示内核层；❸示外核层；❹示色素上皮层。

第三节　人视网膜组织动力学特点

人眼球壁从外向内分为巩膜、脉络膜和视网膜三层（图2-127）。狗眼视网膜组织动力学过程与人眼视网膜更为接近。

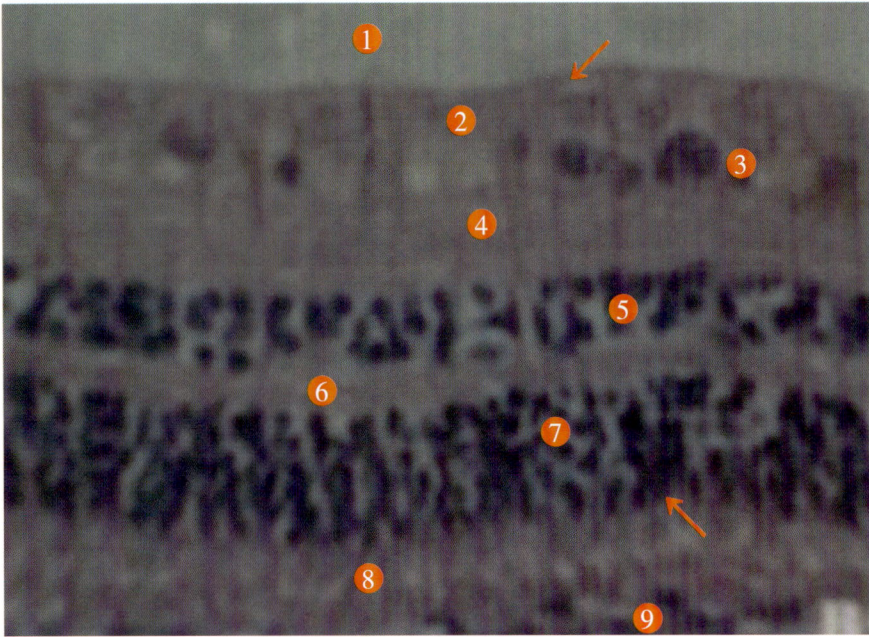

■ 图2-127　人视网膜

苏木素-伊红染色　×400

↙示内界膜。↖示外界膜。❶示玻璃体；❷示神经纤维层；❸示节细胞层；❹示内网层；❺示内核层；❻示外网层；❼示外核层；❽示视锥视杆层；❾示色素上皮层。

小　结

　　大白鼠视网膜视部从内向外的节细胞层、内核层、外核层和色素上皮层细胞均有增生与衰亡动力学过程，各层间又有层递演化与细胞迁移关系。大白鼠视网膜节细胞以直接分裂方式增殖，节细胞演化程度有明显差异，衰老节细胞常见核内巨大包含物，也可呈现核破裂或核褪色。节细胞层神经细胞可向外迁移到内核层。内核层细胞也可见横隔式、侧裂式、脱颖式和核仁出核式等直接分裂象。衰亡的内核层细胞可表现为核碎裂，但更多见的是核褪色。内核层细胞可向外核层迁移。外核层细胞处于危亡状态，其细胞核核膜淡薄甚或消失，染色质呈堆块状，但仍可进行细胞分裂，称为垂死核分裂，可有对称性和不对称性之分，此外还有核乳头式及内核分裂等方式。多数微核形成、染色质颗粒减少，或整个染色质块褪色均示细胞将要死亡。外核层细胞核或染色质块可越过外界膜迁移到色素上皮层。色素上皮层细胞可见明显的直接分裂象，主要以核褪色方式而衰亡。邻近的脉络膜内干细胞可演化成为色素上皮细胞。视神经属无髓神经类型，其中充满细胞链式神经束细胞同源群，视神经束细胞以横隔式与侧凹式直接分裂。视神经是视网膜干细胞的总来源，近轴心的神经束细胞流迁移演化形成节细胞层，近边缘的神经束细胞流折返向外演化形成内核层，色素上皮层由视神经最外层细胞流演化形成。脉络膜与部分巩膜组织则不断由视神经衣演化形成，原视柄外层演化为神经源纤维组织，向前扩展成为巩膜组织，以至成为角膜的主要干细胞来源。

狗视网膜各层细胞均有其自身的增生与死亡细胞动力学过程，也有从内向外的层递演化和迁移过程。狗视网膜节细胞层可见直接分裂象，并见节细胞迁移到达内核层。狗视网膜内核层细胞，以单个圆球形或流线型集群性迁往外核层。视网膜外核层细胞也属濒危细胞，细胞核多呈核固缩，蜂拥挤向外界膜，可见部分外核层细胞核骑跨外界膜，以至于越过外界膜向色素上皮层迁移，远离中心区的狗视网膜外核层外节明显，多呈锥体状。黄斑中央凹、节细胞层与内核层细胞为避免光损害而靠向黄斑周缘部，只有外核层细胞，视细胞外侧突的外节成紧密排列的长杆状。外核层视细胞亦为濒危细胞，细胞核多见核固缩、核褪色或核碎裂，外核层细胞由中央凹周缘部内核层迁移而来，并经自身直接分裂而增殖。黄斑周缘部为视网膜继发生长源，因受适宜光诱导，其生长势远超过视盘的生长势，二者共同推动视网膜向周边生长，并与视网膜层递演化共同造成视网膜从中心到周边的结构演化梯度，节细胞层逐渐变薄，至细胞稀少，内核层逐渐变薄，而外核层变化较晚，且不明显。近周边部节细胞已极稀少，内核层与外核层逐渐接近融合。狗视网膜视部边缘可经较宽移行区逐渐移行为盲部，但也见经有限移行段戛然变为盲部，有时可见交界部因视部边缘周向推移受阻形成视网膜皱褶。狗视神经有链式同源细胞群，也是以无髓神经纤维类型输送神经细胞的通道。视盘边缘可见视神经束来源的干细胞迁移演化为视网膜有关细胞层。

人视网膜依次分为十层：色素上皮层、视锥视杆层、外界膜、外核层、外网层、内核层、内网层、节细胞层、视神经纤维层和内界膜。人眼后极部的黄斑和视盘为视网膜细胞增殖双中心，增殖的视网膜细胞逐渐向四周演化推移。视网膜的干细胞最终来自视神经束细胞。

参考文献

[1] 李兴启，孙建和，杨仕明，等. 耳蜗病理生理学[M]. 北京：人民军医出版社，2011.

[2] 韩德民，许时昂. 听力学基础与临床[M]. 北京：科学技术文献出版社，2004.

[3] 李学佩. 神经耳科学[M]. 北京：北京大学医学出版社，2007.

[4] 丁大连，李明，姜泗长. 内耳形态学[M]. 哈尔滨：黑龙江科学技术出版社，2001.

[5] 王坚，蒋涛，曾凡钢. 听觉科学概论[M]. 北京：中国科学技术出版社，2005.

[6] 李华伟，汪吉宝. 内耳毛细胞再生前体细胞的来源、激活及调节因素[J]. 听力学和语言疾病杂志，1998，6（1）：51‐54.

[7] 薛涛，邱建华. 听觉干细胞与前体细胞[J]. 临床耳鼻咽喉头颈外科杂志，2009，23（10）：473‐476.

[8] 时文杰，时利，翟所强，等. 毛细胞前体细胞的分离和鉴定[J]. 天津医药，2005，33（6）：366‐368.

[9] 熊敏，翟所强，姜泗长，等. 碱性成纤维细胞生长因子对豚鼠椭圆囊毛细胞再生的影响[J]. 中国耳鼻咽喉颅底外科杂志，2002，8（2）：108‐110.

[10] 汪学勇，翟所强. 大上皮嵴与哺乳类耳蜗毛细胞的分化和再生[J]. 中华耳科杂志，2003，1（4）：31‐37.

[11] 石芊，彭秀军. 新生小鼠视网膜光感受器前体细胞的体外培养及鉴定[J]. 解放军医学杂志，2009，34（11）：1340‐1342.

[12] 舒卫宁，赵立东，张小兵，等. 内耳毛细胞再生的前体细胞及其发育调控基因[J]. 中国听力语言康复科学杂志，2010，38（1）：21‐24.

[13] 徐金操，杨仕明，黄德亮. 哺乳动物前庭毛细胞再生的研究进展[J]. 听力学及言语疾病杂志，2008，16（5）：433‐436.

[14] 杨文飞，黄建民. 干细胞诱导分化成毛细胞的研究进展[J]. 国际耳鼻咽喉头颈外科杂志，2011，35（3）：125－127.

[15] 翟所强，张媛，汪学勇，等. 转基因诱导新生大鼠耳蜗大、小上皮嵴细胞分化为毛细胞样细胞实验[J]. 中华耳科学杂志，2009，7（1）：1－4.

[16] 江红群，王正敏，李华伟. 干细胞与感音神经性耳聋[J]. 国际耳鼻咽喉头颈外科杂志，2006，30（6）：357－359.

[17] 俞海燕，沈丽，陈雪，等. 体外培养人胚胎来源视网膜干细胞的诱导分化[J]. 中华眼科杂志，2004，40（7）：448－452.

[18] 余德立，余资江. 大鼠视网膜干细胞的增殖和多向分化[J]. 中国组织工程研究，2012，16（6）：1015－1018.

[19] 计菁，罗敏，冯霞. 大鼠胚胎视网膜中神经干细胞的体外培养与鉴定[J]. 眼科新进展，2008，28（6）：429－431.

[20] ADLER H J，RAPHAEL Y. New hair cells arise from supporting cell conversion in the acoustically damaged chick inner ear[J]. Neurosci Lett，1996，205（1）：17－20.

[21] AHMAD I，DAS A V，JAMES J，et al. Neural stem cells in the mammalian eye：types and regulation[J]. Semin Cell Dev Biol，2004，15（1）：53－62.

[22] AHMAD I，TANG L，PHAM H. Identification of neural progenitors in the adult mammalian eye[J]. Biochem Biophys Res Commun，2000，270（2）：517－521.

[23] AOKI H，HARA A，NIWA M，et al. An in vitro mouse model for retinal ganglion cell replacement therapy using eye－like structures differentiated from ES cells[J]. Exp Eye Res，2007，84（5）：868－875.

[24] BARTSCH U，ORIYAKHEL W，KENNA P F，et al. Retinal cells integrate into the outer nuclear layer and differentiate into mature photoreceptors after subretinal transplantation into adult mice[J]. Exp Eye Res，2008，86（4）：691－700.

[25] BEISEL K，HANSEN L，SOUKUP G，et al. Regeneration cochlear hair cells：quo vadis stem cell[J]. Cell Tissue Res，2008，333（3）：373－379.

[26] BERGLUND A M，RYUGO D K. Hair cell innervation by spiral ganglion neurons in the mouse[J]. J Comp Neurol，1987，255（4）：560－570.

[27] BRIGGMAN K L，HELMSTAEDTER M，DENK W. Wiring specificity in the direction－selectivity circuit of the retina[J]. Nature，2011，471（7337）：183－188.

[28] BRYANT J, GOODYEAR R J, RICHARDSON G P. Sensory organ development in the inner ear: Molecular and cellular mechanisms[J]. Br Med Bull, 2002, 63: 39-57.

[29] BUI B V, EDMUNDS B, CIOFFI G A, et al. The gradient of retinal functional changes during acute intraocular pressure elevation[J]. Invest Ophthalmol Vis Sci, 2005, 46 (1): 202-213.

[30] CHEN W, JOHNSON S L, MARCOTTI W, et al. Human fetal auditory stem cells can be expanded in vitro and differentiate into functional auditory neurons and hair cell-like cells[J]. Stem Cells, 2009, 27 (5): 1196-1204.

[31] CICERO S A, JOHNSON D, REYNTJENS S, et al. Cells previously identified as retinal stem cells are pigmented ciliary epithelial cells[J]. Proc Natl Acad Sci U S A, 2009, 106 (16): 6685-6690.

[32] CORRALES C E, PAN L, LI H, et al. Engraftment and differentiation of embryonic stem cell-derived neural progenitor cells in the cochlear nerve trunk: growth of processes into the organ of Corti[J]. J Neurobiol, 2006, 66 (13): 1489-1500.

[33] CORWIN JT, COTANCHE DA. Regeneration of sensory hair cells after acoustic trauma[J]. Science, 1988, 240 (4860): 1772-1774.

[34] COTANCHE D A. Structural recovery from sound and aminoglycoside damage in the avian cochlea[J]. Audiol Neurootol, 1999, 4 (6): 271-285.

[35] DAHLMANN-NOOR A, VIJAY S, JAYARAM H, et al. Current approaches and future prospects for stem cell rescue and regeneration of the retina and optic nerve[J]. Can J Ophthalmol, 2010, 45 (4): 333-341.

[36] DALLOS P, POPPER A N, FAY R R. The Cochlea[M]. New York: Springer, 1996.

[37] DULON D, JAGGER D J, LIN X, et al. Neuromodulation in the spiral ganglion: shaping signals from the organ of corti to the CNS[J]. J Membr Biol, 2006, 209 (2-3): 167-175.

[38] Eiraku M, Takata N, Ishibashi H, et al. Self-organizing optic-cup morphogenesis in three-dimensional culture[J]. Nature, 2011, 472 (7341): 51-56.

[39] FEKETE D M, MUTHUKUMAR S, KARAGOGEOS D. Hair cells and supporting cells share a common progenitor in the avian inner ear[J]. J Neurosci, 1998, 18 (19): 7811-7821.

[40] FORGE A, LI L, CORWIN J T, et al. Ultrastructural evidence for hair cell regeneration in the mammalian inner ear[J]. Science, 1993, 259（5101）: 1616-1619.

[41] FUJINO K, KIM T S, NISHIDA A T, et al. Transplantation of neural stem cells into the explants of rat inner ear[J]. Acta Otolaryngol, Suppl 2004,（551）: 31-33.

[42] GUST J, REH T A. Adult donor rod photoreceptors integrate into the mature mouse retina[J]. Invest Ophthalmol Vis Sci, 2011, 52（8）: 5266-5272.

[43] HU Z, WEI D, JOHANSSON C B, et al. Survival and neural differentiation of adult neural stem cells transplanted into the mature inner ear[J]. Exp Cell Res, 2005, 302（1）: 40-47.

[44] IGUCHI F, NAKAGAWA T, TATEYA I, et al. Trophic support of mouse inner ear by neural stem cell transplantation[J]. Neuroreport, 2003, 14（1）: 77-80.

[45] ITO J, KOJIMA K, KAWAQUECHI S, et al. Survival of neural stem cells in the cochlea[J]. Acta Otolaryngol, 2001, 121（1）: 140-142.

[46] JEON S J, OSHIMA K, HELLER S, et al. Bone marrow mesenchymal stem cells are progenitors in vitro for inner ear cells[J]. Mol Cell Neurosci, 2007, 34（1）: 59-68.

[47] JIAN Q, XU H, XIE H, et al. Activation of retinal stem cells in the proliferating marginal region of RCS rats during development of retinitis pigmentosa[J]. Neurosci Lett, 2009, 465（1）: 41-44.

[48] KAMIYA K, FUJINAMI Y, HOYA N, et al. Mesenchymal stem cell transplantation accelerates hearing recovery through the repair of injured cochlear fiberocytes[J]. Am J Pathol, 2007, 171（1）: 214-216.

[49] KARL M O, HAYES S, NELSON B R, et al. Stimulation of neural regeneration in the mouse retina[J]. Proc Natl Acad Sci USA, 2008, 105（49）: 19508-19513.

[50] KARLSTETTER M, EBERT S, LANGMANN T. Microglia in the healthy and degenerating retina: Insights from novel mouse models[J]. Immunobiology, 2010, 215（9-10）: 685-691.

[51] KIMURA R S. The ultractructure of the organ of Corti[J]. Int Rev Cytol, 1975, 42: 173-222.

[52] KLASSEN H J, NG T F, KURIMOTO Y, et al. Multipotent retinal progenitors express developmental markers, differentiate into retinal neurons, and preserve

228

lightmediated behavior[J]. Invest Ophthalmol Vis Sci, 2004, 45（11）: 4167-4173.

[53] LAMBA D A, KARL M O, WARE C B, et al. Efficient generation of retinal progenitor cells from human embryonic stem cells[J]. Proc Natl Acad Sci USA, 2006, 103（11）: 12 769-12 774.

[54] LAWRENCE J M, SINGHAL S, BHATIA B, et al. MIO - M1 cells and similar Müller glial cell lines derived from adult human retina exhibit neural stem cell characteristics[J]. Stem Cells, 2007, 25（8）: 2033-2043.

[55] LI H, CORRALES C E, EDGE A, et al. Stem cells as therapy for hearing loss[J]. Trends Mol Med, 2004, 10（7）: 309-315.

[56] LIH, LIU H, HELLER S. Pluripotent stem cells from adult mouse innerear[J]. Nat Med, 2003, 9（10）: 1293-1299.

[57] LI H, ROBLIN G, LIU H, et al. Generation of hair cells by stepwise differentiation of embryonic stem cells[J]. Proc Natl Acad Sci USA, 2003, 100（23）: 13 495-13 500.

[58] LIBERMAN M C, DODDS L W, PIERCE S. Afferent and efferent innervation of the cat Cochlea: quantitative analysis with light and electron microscopy[J]. J Comp Neurol, 1990, 301（3）: 443-460.

[59] LIM D J. Functional structure of the organ of Corti: a review[J]. Hear Res, 1986, 22: 117 - 146.

[60] LIM D, RUEDA J. Structural development of the cochlea in: Romand R, ed. Devedo pment of auditory and vestibulclr system[M]. New York: Elsevier, 1992.

[61] LIMB G A, DANIELS J T. Ocular regeneration by stem cells: present status and future prospects[J]. Br Med Bull, 2008, 85: 47-61.

[62] LIMB G A, SALT TE, MUNRO P M, et al. In vitro characterization of a spontaneously immortalized human Müller cell line（MIO - M1）[J]. Invest Ophthalmol Vis Sci, 2002, 43（3）: 864-869.

[63] LIN J, FENG L, FUKUDOME S, et al. Cochlear stem cells/progenitors and degenerative hearing disorders[J]. Curr Med Chem, 2007, 14（27）: 2937-2943.

[64] MACLAREN R E, PEARSON R A, MACNEIL A, et al. Retinal repair by transplantation of photoreceptor precursors[J]. Nature, 2006, 444（7116）: 203-207.

[65] MALGRANGE B. THIR Y M, VAN DE WATER TR, at al. Epithelial supporting

cells can differentiate into outer hair cells and Deiters cells in the cultured organ of Corti[J]. Cell Mol Life Sci, 2002, 59（10）：1744-1757.

[66] MARTINEZ - MONEDERO R, YI E, OSHIMA K, et al. Differentiation of inner ear stem cells to functional sensory neurons[J]. Dev Neurobiol, 2008, 68（15）：669 - 684.

[67] MATSMOTO M, NAKAQAWA T, HIQASHI T, et al. Innervation of stem cell - derived neurons into auditory epithelia of mice[J]. Neuroreport, 2005, 16（8）：787 - 790.

[68] NAITO Y, NAKAMURA T, IGUCHI F, et al. Transplantation of bone marrow stromal cells into cochlea of the chinchilla[J]. Neuroreport, 2004, 15（1）：1-4.

[69] NEWMAN E, REICHENBACH A. The Müller cell：α functional element of the retina[J]. Trends Neurosci, 1996, 19（8）：307-312.

[70] NORAMLY S, GRAINGER R M. Determination of the embryonic inner ear[J]. J Neurobiol, 2002, 53（2）：100-128.

[71] ONG J M, DA CRUZ L. A review and update on the current status of stem cell therapy and the retina[J]. Br Med Bull, 2012, 102：133-146.

[72] OSAKADA F, IKEDA H, MANDAI M, et al. Toward the generation of rod and cone photoreceptors from mouse, monkey and human embryonic stem cells[J]. Nat Biotechnol, 2008, 26（2）：215-224.

[73] PARKER M A, COTANCHE D A. The potential use of stem cells for cochlear repair[J].Audiol Neurootol, 2004, 9（2）：72-80.

[74] PIERRO L, GAGLIARDI M, IULIANO L, et al. Retinal nerve fiber layer thickness reproducibility using seven different OCT instruments[J]. IOVS, 2012, 53（9）：5912 -5920.

[75] RAMSDEN C M, POWNER M B, CARR A J, et al. Stem cells in retinal regeneration：past, present and future[J]. Development, 2013, 140（12）：2576 - 2585.

[76] RAPAPORT D H, DORSKY R I. Inductive competence, its significance in retinal cell fate determination and a role for Delta - Notch signaling[J]. Semin Cell Dev Biol, 1998, 9（3）：241-247.

[77] RAPHAEL Y. Evidence for supporting cell mitosis inresponse to acoustic trauma in the avian inner ear[J]. J Neurocytol, 1992, 21（9）：663-671.

[78] REH T A, FISCHER A J. Retinal stem cell[J]. Methods Enzymol, 2006, 419: 52-73.

[79] RUBEL E W, DEW L A, ROBERSON D W. Mammalian vestibular hair cell regeneration[J]. Science, 1995, 267 (5198): 701-707.

[80] RUBEN R J. Development of the inner ear of the mouse: A radioautographic study of terminal mitosis[J]. Acta Otolaryngol, 1967, (Suppl) 220: 1-44.

[81] RYALS B M, RUBEL E W. Hair cell regeneration after acoustic trauma in adult Coturnix quail[J]. Science, 1988, 240 (4860): 1774-1776.

[82] SELLÉS-NAVARRO I, ELLEZAM B, FAJARDO R, et al. Retinal ganglion cell and nonneuronal cell responses to a microcrush lesion of adult rat optic nerve[J]. Exp Neurol, 2001, 167 (2): 282-289.

[83] SHARMA R K, ZHOU Q, NETLAND P A. CNS targets support and sustain differentiation of cultured neuronal and retinal progenitor cells[J]. Neurochem Res, 2011, 36 (4): 619-626.

[84] SIDMAN R L. Histogenesis of the mouse retina studied with [3H]thymidine[M]. // Smelser G K. The structure of the eye. New York: Academic Press, 1961.

[85] SINGHAL S, BHATIA B, JAYARAM H, et al. Human Müller glia with stem cell characteristics differentiate into retinal ganglion cell (RGC) precursor in vitro and partially restore GRC function in vivo following transplantation[J]. Stem Cells Trans Med, 2012, 1 (3): 188-199.

[86] SINGHAL S, LAWRENCE J M, BHATIA B, et al. Chondroitin sulfate proteoglycans and microglia prevent migration and integration of grafted Müller stem cells into degenerating retina[J]. Stem Cells, 2008, 26 (2): 1074-1082.

[87] SIQUEIRA R C. Stem cell therapy for retinae diseases: update[S]. Stem Cell Res Ther, 2001, 2 (6): 50-59.

[88] SRIDHAR A, STEWARD M M, MEYER J S. Nonxenogeneic growth and retinal differentiation of human induced pluripotent stem cells[J]. Stem Cells Transl Med, 2013, 2 (4): 255-264.

[89] STRAUSS O. The retinal pigment epithelium in visual function[J]. Physiol Rev, 2005, 85 (3): 845-881.

[90] TAKAHASHI M, PALMER T D, TAKAHASHI J, et al. Widespread integration and

survival of adult – derived neural progenitor cells in the developing optic retina[J]. Mol Cell Neurosci, 1998, 12（6）: 340-348.

[91] TATEYA I, NAKAGAWA T, IGUCHI F, et al. Fate of neural stem cells grafted into injured inner ears of mice[J]. Neuroreport, 2003, 14（13）: 1677-1681.

[92] TORRES M, GIRÁLDEZ F. The development of the vertebrate inner ear[J]. Mech Dev, 1998, 71（1-2）: 5-21.

[93] TROPEPE V, COLES B L, CHIASSON B J, et al. Retinal stem cells in the adult mammalian eye[J]. Science, 2000, 287（5460）: 2032-2036.

[94] VOSSMERBAEUMER U, KUEHL S, KERN S, et al. Induction of retinal pigment epithelium properties in ciliary margin progenitor cells[J]. Clin Experiment Ophthalmol, 2008, 36（4）: 358-366.

[95] WARCHOL M E. Characterization of supporting cell phenotype in the avian inner ear: Implicantions for sensory regeneration[J]. Hear Res, 2007, 227（1-2）: 11-18.

[96] WHITE P M, DOETZLHOFER A, LEE Y S, et al. Mammalian cochlear supporting cells can divide and trans – differentiate into hair cells[J]. Nature, 2006, 441（7096）: 4984-4987.

[97] YANG H J, SILVA A O, KOYANO – NAKAGAWA N, et al. Progenitor cell ma turation in the developing vertebrate retina[J]. Dev Dyn, 2009, 238（11）: 2823-2836.

[98] ZHAI S, SHI L, WANG B E, et al. Isolation and culture of hair cell progenitors from postnatal rat cochleae[J]. J Neurobiol, 2005, 65（3）: 282-293.

[99] ZHANG Y, ZHAI S Q, SHOU J, et al. Isolation, growth and differentiationof hair cell progenitors from the new born rat cochlear greater epitheial ridge[J]. J Neurosci Meth, 2007, 164（2）: 271-279.

[100] ZHENG J L, FRANTZ G, LEWIS A K, et al. Heregulin enhances regenerative proliferation in postnatal rat utricular sensory epithelium after ototoxic damage[J]. J Neurocytol, 1999, 28（10-11）: 901-912.

[101] ZHENG J L, GAO W Q. Overexpression of Math1 induce robust production of extra hair cells in postnatal rat inner ears[J]. Nat Neurosci, 2000, 3（6）: 580-586.

[102] ZHENG J L, SHOU J, GUILLEMOT F, et al. Hes1 is a negative regulator of inner ear hair cell differentiation[J]. Development, 2000, 127（21）: 4551-4560.